2113. Setartt

LE GENTILHOMME

CULTIVATEUR.

TOME PREMIER.

Omnium
Mater
Artium
et Nutrix
Chalmandrier Sculpsit.

LE GENTILHOMME

CULTIVATEUR,

OU

CORPS COMPLET

D'AGRICULTURE,

TIRÉ de l'Anglois, & de tous les Auteurs qui ont le mieux
écrit sur cet Art.

Par Monsieur DUPUY DEMPORTES, *de l'Académie de Florence.*

Omnium rerum ex quibus aliquid acquiritur, nihil est Agriculturâ melius, nihil uberius, nihil homine libero dignius. Cicer. liv. 2. de Offic.

TOME PREMIER.

A PARIS,

Chez P. G. SIMON, Imprimeur du Parlement, rue de la Harpe.

A BORDEAUX,

Chez CHAPUIS l'aîné.

M. DCC. LXI.
Avec Approbation.

PREFACE.

M ALGRE' les progrès des Arts frivoles, il semble que l'Agriculture reprenne faveur. Trop long-tems négligée & méprisée, cette mere nourrice des autres Arts offre aujourd'hui aux personnes de la premiere distinction des amusemens, que par un honteux préjugé elles méprisoient autrefois. Comment se peut-il, en effet, que l'exemple de Rome ait eu si peu d'ascendant sur les esprits éclairés? Personne n'ignore que dans sa rustique, mais heureuse simplicité, elle ne dut l'étendue & la solidité de sa puissance qu'à l'Agriculture & aux honneurs qu'elle lui rendit. Les Loix que les Romains firent sur ce point important, furent la pierre angulaire de ce grand édifice, qui devoit étonner l'Univers & lui commander. De cette bonne Agriculture sortirent ces essains de soldats, dont les bras durcis aux travaux champêtres, frappoient sur les ennemis des coups si assurés. Si dans ces siécles de l'aimable & heureuse simplicité, la terre sembloit, pour ainsi dire, s'épuiser par les abondantes récoltes, dont elle gratifioit le cultivateur, elle faisoit des efforts pour répondre aux soins empressés du Citoyen qui venoit de cueillir des lauriers en combattant pour la patrie. Quelle reconnoissance ne devoit-elle point aux grands hommes qui la cultivoient avec les mêmes lumieres qu'ils portoient aux affaires publiques? Mais à peine Rome se glorifia de ses conquêtes, qu'elle fut corrompue par les richesses des Nations. Bientôt elle s'écarta de ses premiers principes, abandonna la réalité pour la figure, s'amollit par le luxe, & vit sa premiere splendeur s'éclipser insensiblement. Plus elle se crut riche, séduite par l'apparence, plus elle se trouva pauvre en effet. Ces mêmes soldats qui autrefois ne connoissoient, après avoir défendu la patrie, d'autre douceur que celle de cultiver la terre, s'énerverent dans une sale volupté; leurs bras s'engourdirent & tomberent dans une espece de paralisie. Ces hommes, qui anciennement étoient marqués au vrai coin de l'héroïfme, devinrent effeminés. Le Citoyen entraîné par l'amour d'un bien imaginaire, refufa fes foins & fes attentions à la terre : comme fi l'or eût pu fervir d'aliment, on crut pofféder l'agréable & le néceffaire en poffédant ce métal. C'eft à cette funefte illufion qu'on doit fixer l'époque de la décadence des Romains. Si dans le fort de leurs conquêtes & de cette opulence repréfentative, Rome parut jouir d'un embonpoint qui allarma tout l'Univers, on eut lieu peu de tems après de reconnoître que ce n'étoit qu'une bouffifure. Aveuglés qu'ils étoient, les Romains ne s'appercevoient pas que le luxe affoibliffoit les refforts de la République avec la lime fourde du tems. N'eft-ce pas, en effet, de cette funefte erreur que date la chute de toutes les Monarchies & de tous les Empires que le luxe, toujours fuivi du mépris & de la négligence de l'agriculture, a renverfés ?

Si nos campagnes peu fertilifées ne nous rappellent plus les noms de ces célebres Romains qui furent les confervateurs de leur patrie ; fi nous n'avons plus de *Caton*, plus de *Fabius*, plus de *Serranus*, plus de *Quintus Cincinnatus* ; fi panchés vers la terre nos païfans ouvrent fon fein avec auffi peu d'intelligence que l'animal compagnon de leurs travaux, ce n'eft fans doute que parce que le vulgaire fortuné eft affez cruel pour les confondre avec lui. Les pénibles travaux fous lefquels ils fuccombent leur fourniffent à peine une ingrate fubfiftance : en proie aux befoins les plus urgents, environnés d'opprobre, découragés & fans émulation, ils bornent tous leurs vœux à la feule certitude d'avoir de quoi *pâturer*. Ils furent cependant honorés autrefois, & leurs foins furent ennoblis. Et pourquoi ne l'auroient-ils pas été ? Le plus ferme appui de l'Etat ils le nourriffoient, ils le défendoient, ils l'enrichiffoient.

Si nous portons nos regards fur l'hiftoire de nos Rois, nous les voyons prefque tous adopter chérement les intérêts de l'Agriculture, travailler à fes progrès par des Loix fages ; mais dont l'exécution fut fans doute retardée par des circonftances critiques.

Louis XIV. grand Monarque, fous fon Regne grands Miniftres, grands hommes dans tous les genres. Mais M. Colbert, dont le Miniftere eft à jufte titre fi vanté, n'a-t-il pas peut-être trop tourné fes regards vers les arts de luxe ? Tous fe font reffentis de la magnificence de Louis le Grand. Mais où eft le laboureur qui attentif à fon état, ait été décoré de quelque marque de diftinction ? Où eft la récompenfe coulée du trône jufqu'à lui ? Si M. Colbert avoit appuyé les Ordonnances fages qu'il fit donner fur l'Agriculture, du même zèle qu'il eut pour les Manufactures, nos campagnes négligées ne peindroient plus si énergiquement le deuil qu'elles portent, & nous ne gémirions pas du larcin que ce Ministre leur a fait involontairement; les Inspecteurs d'Agriculture qu'il auroit créés auroient été aussi favorables aux progrès de cet Art, que ceux qu'il établit pour l'industrie devoient lui devenir peu avantageux; celle-ci plus libre produiroit tout l'effet qu'il s'étoit proposé, & l'une plus instruite & plus encouragée, auroit ajouté à la force & à la solidité de l'autre (*a*).

Sully, ce vrai modèle des grands Ministres, établit toute son Administration sur l'encouragement de l'Agriculture. Qu'on vante tant qu'on voudra le Ministere de Richelieu & de Colbert, qu'on les compare avec le premier, on verra, pour peu qu'on possede le Code de l'Administration, l'extrême différence qui est entre eux.

Témoins les Maures fugitifs, pourquoi Richelieu ne les accepter-il point ? Ils veulent occuper les Landes de Bordeaux. Si la Religion les chasse de l'Espagne, en France guidée par les principes d'une charité plus éclairée, pourquoi ne les reçoit-elle pas ? N'est-elle pas absolument liée aux intérêts de l'Etat ? Je ne conçois donc pas le motif qui peut déterminer un si grand Ministre à refuser l'acquisition de trente-six mille Citoyens qui auroient servi d'aliment au zèle des Ministres du Seigneur, & qui par leur pénible industrie auroient fait de ces Landes un petit Univers riant & fleuri; au lieu qu'elles n'offrent à nos regards que le lugubre spectacle des tuyes & des bruyeres.

Mais enfin le mal n'est point défesperé. Tout semble rire aujourd'hui à l'Agriculture. Les Cultivateurs, cette portion infortunée de l'humanité, bien-loin de se décourager, doivent, au contraire, prendre de nouvelles forces; on a éclairé le Citoyen sur le commerce; on lui a déja fait sentir les avantages qui résultent de l'échange des productions d'un Royaume avec les productions d'un autre. Il y a lieu d'espérer, qu'après avoir connu l'utilité des effets, on sentira la nécessité de la cause, & que notre Agriculture animée par celle de nos voisins, trouvera dans nos bras tous les secours qu'elle exige. Un Monarque, plus pere de ses Sujets que leur Roi, sans cesse occupé de leur soulagement, comme il le proteste tous les jours sur sa foi

---

(*a*) Lorsque je vois des Fabricants demander des Inspecteurs, il me semble voir les grenouilles demander un Roi. En effet, le véritable Inspecteur, c'est le consommateur, c'est lui qui commande au Fabricant, puisque c'est de lui qu'il attend tous les fruits de son industrie; son sort & son état sont dans ses mains. Consd. sur le Commerce.

facrée, & qui fait fon délaffement de ce qui fait leur occupation (*a*) ; un Miniftre de Finances verfé dans tous les détails dont la connoiffance eft indifpenfable pour remplir cet objet important, cultiveront ce grand arbre dont tous les arts font les branches. Ils traiteront en premiers Citoyens cette partie de l'Etat qui nourrit toutes les autres. On fera enfin pénetré de l'injuftice qui réfulte de laiffer dans l'aviliffement deux millions de fourmis qui lutent fans ceffe contre la voracité de feize millions de fauterelles.

Auffi eft-ce pour répondre à des vûes fi fages que nous nous livrons à tout notre zèle, en préfentant des inftructions, qui par leur fimplicité font à la portée du Cultivateur le moins intelligent.

La méthode qu'un Auteur Anglois obferve nous a paru fi claire, que nous la fuivons avec confiance, perfuadés que c'eft peut-être la feule propre à éclairer le laboureur fur les avantages qu'il peut tirer de fes travaux, du moins s'il les fuit dans l'ordre que nous donnerons. L'Ouvrage qui nous fert de bouffole eft fi connu & fi eftimé en Angleterre, que nous ofons préfumer de fon fuccès en France. Nous croyons fervir utilement la Patrie en tranfportant dans notre langue toutes les connoiffances que ce précieux Livre contient. Qu'on ne penfe pas cependant que, Traducteurs ferviles, nous nous foumettrons aveuglément à tous les ufages propofés dans l'original, quoiqu'autorifés par Meffieurs *Randolph*, *Hawkins*, *Storey*, *Ofborne*, *Turner*, & autres célebres Auteurs dont la mémoire eft confacrée par leur application affidue, à fuivre pas à pas la nature dans fes opérations. Il eft des points en Agriculture, qui fondés fur les expériences dans un pays, fe démentent dans l'autre. Ce feroit expofer le Cultivateur à des frais immenfes & inutiles, que de lui faire efpérer de la même pratique un fuccès également affuré dans tous les pays. Les terres varient fuivant les climats. C'eft donc à celui qui s'érige en Citoyen utile, à s'éclairer fur les matieres, qu'il traite de fon propre fonds, ou d'après les Auteurs étrangers, s'il veut être un guide affuré. Nous ofons dire que c'eft là précifément la pierre d'achopement de tous les Auteurs François qui ont écrit fur l'Agriculture. Ils ont cru voir tout le Royaume dans le Domaine où ils ont fait d'heureufes expériences. Ils font partis de ce point, pour ainfi dire, imperceptible, pour établir des regles générales, dont la pratique infructueufe fur les différens fols du Royaume, a dégoûté le Cultivateur ; parce qu'il a été le jouet du payfan qu'il fe

<hr>

(*a*) On fçait que le Roi a une charrue à Triannon, & qu'il en fait fon amufement, ne dédaignant pas d'y mettre lui-même la main.

croyoit capable d'inftruire. Tomber dans l'erreur vis-à-vis de ces perfonnes groffieres, c'eft prêter des aîles à leur ignorance.

Nous n'aurions jamais entrepris un Ouvrage de cette importance, fi nous ne nous étions affuré des fecours de toutes parts. Il eft des vrais Citoyens, qui intimement attachés à la caufe commune, travaillent aux progrès de l'Agriculture. Ils nous ont fait part de leurs Obfervations. L'Académie de Florence nous a offert toutes fes découvertes.

On voit par cet aveu, que nous ne prétendons point nous parer du bien d'autrui, & que nous bornons toute notre ambition au feul titre d'Editeur. Nous déteftons cette folle vanité de fe faire une réputation que des Auteurs trahis ou volés font en droit de revendiquer. Nous promettons même dans la continuation de cet Ouvrage, de nommer toutes les perfonnes qui daigneront y contribuer. Leur nom fe trouvera à la fin des Mémoires qu'elles voudront bien nous communiquer ; nous les donnerons tels que nous les recevrons, à moins que fe défiant du ftile, ou de la vérité de leurs expériences, elles ne nous permettent d'y faire les changemens convenables. Si leur modeftie nous défend de les nommer, nous leur demandons d'avance la permiffion de mettre au moins la lettre initiale de leur nom. Des raifons qu'il eft inutile de rapporter, nous obligent à prendre cette précaution.

Deux motifs nous déterminent à donner cette Préface en forme de *Profpectus*, avec la Table des Matieres, divifées en feize Livres, qui font fous-divifés en Parties & en Chapitres. Le premier pour ne pas faire un double emploi ; le fecond, afin que le Lecteur voye l'enfemble de l'Ouvrage, & que les amateurs ayent fous les yeux les diverfes branches d'Agriculture, dont ils s'occupent par préférence, & qu'ils ayent par conféquent le choix des Articles fur lefquels ils voudront nous communiquer leurs Obfervations.

Voici donc à peu près le Plan de l'Ouvrage. Nous remontons à l'Agriculture la plus ancienne, nous devenons, autant qu'il eft poffible, contemporains de tous les âges, & Citoyens de tous les Pays, pour fixer de la maniere la moins équivoque, fes progrès & fon dépériffement. Cette recherche nous fait rétrograder vers les tems les plus reculés & chez les peuples, qui les premiers ont fenti que l'Agriculture eft le principe vivifiant & confervateur de la bonne & folide induftrie. De-là nous paffons aux moyens de l'encourager en France.

Comme nous avons pour objet de conduire le Cultivateur dans

toutes les parties de l'Agriculture, nous l'introduifons d'abord à la connoiffance du fol. Le prémier Livre eft deftiné à lui donner cette connoiffance. Nous le regardons d'abord ou comme terre glaife, argile, fable, gravier, craye; ou comme terre molle. Si c'eft de la terre glaife, nous examinons à laquelle des autres quatre principales elle tient plus particulierement, & nous donnons le moyen d'amélioration qui lui eft le plus propre. Nous indiquons le cas dans lequel il convient de faire des foffes pour établir une potterie ou une thuillerie.

Après avoir fcrupuleufement recherché la nature & la qualité des autres terres, leur amélioration, & les différentes façons de les mettre à profit, nous examinons à quel ufage leur fituation les rend propres, & nous fixons celles qui conviennent au labourage, & celles qui peuvent fervir aux pâturages. De nos recherches il réfulte pour le cultivateur des moyens de tirer parti des imperfections même de la nature. Nous annonçons la maniere dont on peut tirer d'un marais ftérile des avantages confidérables.

De la connoiffance du fol nous paffons à celle des engrais, dont nous donnons toutes les différences & les proprietés. Nous fixons à chaque terre le fumier qui lui convient relativement à fon tempérament, froid ou chaud, fec ou humide : Par-là nous nous engageons à indiquer les divers degrés d'extinction qu'il convient de donner à l'engrais que l'on veut répandre fur une terre, qui eft d'un tel ou tel tempérament. Ces différens degrés d'extinction que nous donnerons aux fumiers, ou de chaleur que nous leur laifferons, feront analogues aux différens climats. De-là, on doit conclure que cette méthode eft inféparable de la bonne Agriculture. Ce fecond Livre eft divifé en engrais naturels & en engrais artificiels. Nous nous y occupons effentiellement du mélange des fumiers, point important que les Auteurs ont cependant négligé.

Dans le troifiéme Livre nous parlons de la nature des enclos, de leurs différences, de leurs avantages & défavantages relativement à la fituation du terrein; nous faifons voir que l'Auteur des Améliorations a donné des regles trop générales, & que les exceptions font pour le moins auffi étendues. Nous indiquons la meilleure maniere d'enclorre avec des foffés, de faigner les terres, & de planter des hayes.

Enfuite nous paffons aux profits qui réfultent des bois taillis, des arbres de haute futaye qui peuvent profperer dans différens fols. Nous indiquons l'expofition & la fituation qui leur eft le plus

favorable. Le chêne , le frêne , l'érable , l'orme , le hêtre , le
noyer , le poirier , &c. fixent en partie notre attention. A l'article
chêne , nous mettons sous les yeux du Lecteur les différentes
manieres de semer le gland & d'élever l'arbre jusqu'à son parfait
accroissement. Nous poussons nos observations jusqu'à donner des
regles pour juger du bois de charpente. Nous donnons la maniere
de le sécher & conserver ; nous donnons la préférence à toutes les
méthodes justifiées par l'expérience. Tous les détails qu'exige une
matiere de cette importance , composent le quatriéme Livre.

Après avoir suffisamment éclairé notre Lecteur sur la maniere de
planter , élever , sécher & conserver le bois, nous donnons dans
le cinquiéme Livre la meilleure façon possible de pourvoir de tout
le nécessaire, & d'établir une ferme dans une exposition salubre, soit
pour le Cultivateur, soit pour les animaux nécessaires à l'agriculture.

Nous calculons les profits qui peuvent résulter du cheval, du
bœuf, des moutons , des cochons , de la volaille. Nous mettons
dans la balance le travail du bœuf & son prix intrinseque. Nous
comparons sa lenteur avec la vîtesse du cheval , la consommation
que l'un & l'autre font, ce qu'ils produisent lorsqu'ils ne sont plus
propres au travail. Ainsi les frais , les risques , les profits scrupuleusement calculés , nous rendent la somme claire & nette , qui
détermine à la préférence que l'on doit à l'un ou l'autre de ces
deux animaux.

Le sixiéme Livre se forme des Articles qui tiennent plus immédiatement à l'Agriculture , proprement dite ; nous la considérons
en général & en particulier ; nous présentons les avantages & les
désavantages de l'une & de l'autre ; mais toujours d'après des
connoissances acquises par des essais.

Nous donnons ensuite les différentes pratiques de diverses Provinces. Après en avoir recherché le bon & le défectueux , le laboureur attentif à nos instructions , ne peut manquer avec un peu de
travail , de se trouver pleinement instruit des façons les plus avantageuses de labourer , semer , herser , de se servir du cilindre ou
rouleau , d'arracher , de tailler , & de voiturer.

De ces considérations générales , nous conduisons le Cultivateur à
la considération & à l'examen des différentes sortes de semences ;
ce qui doit conséquemment lui donner la connoissance de la nature , des propriétés & des préparations du froment , de l'orge ,
du seigle , de l'avoine , des feves , des pois , des lentilles , &
même de l'ivraye que nous regardons comme une graine nuisible.

Nous nous attachons à lui faire sentir tout le prix de l'herbe commune, du trefle commun, du trefle mieleux, du sain-foin; de la luzerne, du ray-gras ou faux seigle, &c. Tous ces articles intéressans sont rassemblés dans le septiéme Livre.

Dans le huitiéme nous nous étendons beaucoup sur les racines, comme navets; patates, carottes, &c. La faculté qu'elles ont de porter dans la terre des principes de fécondité, outre la grande consommation qu'on en fait pour la subsistance des hommes & pour la nourriture des bestiaux, mérite une attention particuliere.

L'Article vigne nous oblige de donner quelqu'étendue à nos observations sur cette importante partie de l'Agriculture, aussi avantageuse en certains cantons du Royaume, que peu favorable en d'autres. Nous examinons si le Ministere ne devroit point employer toute son autorité pour arrêter la manie de certains Cultivateurs, qui tournent toutes leurs vûes vers cette production toujours & partout dispendieuse, mais de nulle utilité dans certaines parties du Royaume : heureux si nous parvenons à vaincre, ou du moins à affoiblir leur obstination, qui très-souvent avec une récolte abondante, les réduit à l'affligeante extrémité de ne pouvoir pas même payer les impôts. La différente culture des vignes dans les différentes Provinces ; les abeilles, la façon de les châtrer, & de récolter le miel sans s'exposer à leur piqueure ; le ris, sa culture, la maniere de le récolter, les grands avantages que le Gouvernement trouveroit à le faire cultiver ; les vers à soye, la maniere de les élever & de rendre la soye de la meilleure qualité ; les mûriers, la culture qui leur est le plus favorable, & la maniere de les planter, cultiver, & de cueillir la feuille ; l'olivier, sa culture, la maniere de faire le plus parfaitement l'huile, forment le neuviéme Livre, que nous fermons par une Dissertation sur l'incinération, point essentiel qui jusqu'ici n'a été traité que très-imparfaitement, si l'on excepte les observations qu'a faites l'Auteur des défrichemens.

Nous donnons une nouvelle construction de poulailler & une nouvelle façon d'élever la volaille. Nous espérons par-là ranimer la vigilance de la femme du Cultivateur ; & cette partie de la ferme qui est la plus négligée, attirera son attention par les grands profits qui en résulteront. Cet Article & les détails qu'il exige, forment le dixiéme Livre.

Dans le onziéme la bierre & le cidre ; la maniere de faire l'une & l'autre & de les conserver, fixent toute notre attention.

Les accidens auxquels les récoltes & les bestiaux de la ferme sont sujets, font l'objet du douziéme. Dans

Dans le treiziéme nous traitons à fond les maladies des animaux, & nous indiquons les remedes reçus & approuvés par des expériences répetées avec succès.

Le quatorziéme est destiné aux maladies des arbres, des racines & des herbages.

Dans le quinziéme nous nous occupons très-attentivement des plantes nuisibles & venimeuses. Nous nous arrêtons principalement à l'orobanche; elle fait des ravages affreux sur les plantes, c'est un serpent qu'elles échauffent dans leur sein, & qui les empoisonne & les tue.

Le seiziéme & dernier est composé d'Articles qui ne sont pas moins utiles. Nous établissons les avantages de la culture du houblon, du lin, du chanvre, de la guéde, du navet, de la réglisse & du safran. Nous nous attachons principalement à faire des changemens absolument nécessaires dans les préparations du chanvre & du lin, usitées dans le Royaume. Nous donnons des instructions sur la garance & sur plusieurs autres plantes peu cultivées en France, qui pourroient cependant y procurer de grands avantages.

Nous venons ensuite à la considération des produits de l'industrie du Cultivateur. Ainsi nous parlons de tout ce qui a rapport à la laiterie, aux laines, (cet Article-ci nous jettera dans des recherches les plus détaillées) aux cuirs & aux peaux. Nous entrons dans le détail des maladies, dont les animaux qui composent la ferme sont attaqués: nous ne nous bornons point à la méthode de les guérir, nous donnons encore celle de les prévenir. Nous poussons plus avant nos recherches, puisque nous parlons des moyens d'animer & d'augmenter leur multiplication.

Il est fort inutile de donner plus d'étendue à cette Préface pour mettre au jour l'utilité de cet Ouvrage; le Lecteur après avoir vû par la Table des Matieres que nous joignons ici, les Loix que nous nous imposons, & l'ordre que nous devons garder, décidera par lui-même. Passons au point le plus flatteur & en même-tems le plus affligeant pour nous. Nous nous engageons à fournir *gratis* un certain nombre d'exemplaires pour chaque Intendance du Royaume. On doit présumer que ce don n'est qu'en faveur des Cultivateurs qui seront déclarés hors d'état de faire l'acquisition de l'Ouvrage. Une fortune bornée resserre une libéralité à laquelle nous voudrions pour le bien de l'humanité, donner beaucoup plus d'étendue. Le grand nombre de planches qui sont inévitables dans cet Ouvrage, en augmente considérablement les frais. Nous voudrions pouvoir donner des preuves plus marquées de notre défintéreffement, nous nous trouverions pleinement récompenfés par le titre de Citoyen utile.

Quant à l'agréable de l'Agriculture, nous nous réfervons de le traiter en forme de Supplément, afin que les Cultivateurs peu aifés ne foyent point obligés d'en faire l'acquifition , & que cependant ils ayent l'Ouvrage complet, relativement à l'ufage qu'ils peuvent & doivent en faire.

TABLE GÉNÉRALE

DES MATIERES.

LIVRE PREMIER.

L I V R E I I.

Des Engrais en deux Parties.

P A R T I E P R E M I E R E.

PARTIE II.

Des Engrais artificiels.

LIVRE III.

Des enclos & des différentes sortes de clôtures.

LIVRE IV.

Des Bois taillis & du bois de charpente en trois Parties.

PARTIE PREMIERE.

PARTIE II.

PARTIE III.

L I V R E V.

Des animaux néceffaires dans l'Agriculture & dans les Fermes
en quatre Parties.

P A R T I E P R E M I E R E.

PARTIE II.

Des Oiſeaux.

TABLE

PARTIE III.

Des Poiſſons.

PARTIE IV.

Des Inſectes.

LIVRE VI.

Du Labourage en ſix Parties.

PARTIE PREMIERE.

Des Plantes & de leur nourriture.

PARTIE II.

Des avantages de l'Agriculture.

PARTIE III.

Des instrumens d'Agriculture & de leurs différens usages.

P A R T I E   I V.

Des différentes manieres de semer.

P A R T I E   V.

Du Semoir & de la Charrue à Houe.

LIVRE VII.

Des Herbes naturelles & artificielles en deux Parties.

PARTIE PREMIERE.

PARTIE II.

LIVRE VIII.

Des racines que l'on peut cultiver avantageufement dans les Champs.

VIII.

LIVRE IX.

En cinq Sections.

SECTION PREMIERE.

De la Vigne.

Tome I. d

SECTION II.

SECTION III.

Du Mûrier blanc & noir.

SECTION IV.

De l'Olivier & de l'Amandier.

SECTION V.

LIVRE X.

Des produits naturels & artificiels de la Ferme.

LIVRE XI.

Maniere de faire de la Bierre & du Cidre ; en deux Parties.

PARTIE PREMIERE.

Des Liqueurs de Drêche.

PARTIE II.

Du Cidre.

L I V R E X I I.

Des accidens auxquels les récoltes & les beftiaux font fujets.

LIVRE XIII.

Des maladies des Beftiaux & les remedes, en cinq Sections.

SECTION PREMIERE.

Des Chevaux.

SECTION II.

Des Vaches & des Bœufs,

SECTION III.

Des Maladies des Moutons.

SECTION IV.

Des Maladies des Cochons.

SECTION V.

Des incommodités de la Volaille.

LIVRE XIV.

Des indiſpoſitions des Arbres , Racines & Herbages , cauſées
par des Inſectes , autres animaux , & par
de mauvaiſes Herbes.

En trois Sections.

PREMIERE SECTION.

Des Inſectes.

LIVRE XV.

Des Plantes nuifibles d'Angleterre & dont la plûpart fe trouve en différens cantons de la France.

En deux Sections.

SECTION PREMIERE.

Des Plantes venimeufes,

LIVRE XVI.

De pluſieurs Articles avantageux dans l'Agriculture , mais qui ſont moins recherchés que les autres.

Fin de la Table des Matieres.

LE GENTILHOMME

CULTIVATEUR,

LIVRE PREMIER.

De la Connoissance du Sol.

CHAPITRE PREMIER.

Contenant quelques moyens d'encourager l'Agriculture.

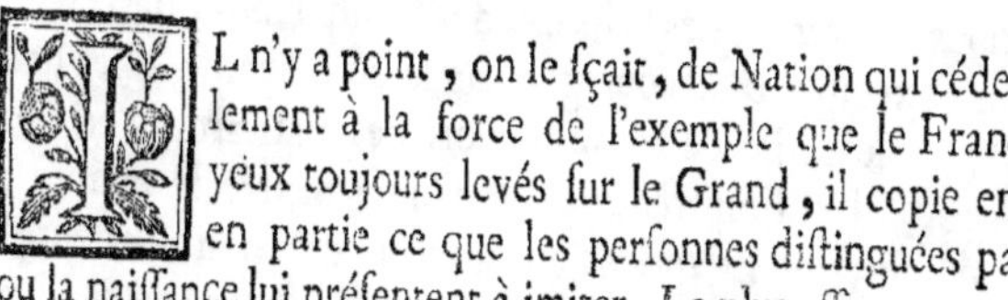

IL n'y a point, on le sçait, de Nation qui céde plus facilement à la force de l'exemple que le François. Les yeux toujours levés sur le Grand, il copie en tout ou en partie ce que les personnes distinguées par le rang ou la naissance lui présentent à imiter. Le plus efficace moyen d'encourager l'Agriculture seroit donc de ramener les Grands d'un préjugé qui traverse si sensiblement ses progrès. Seroit-il donc impossible de les déterminer à rendre les hommages qu'ils doivent à ce premier des Arts? Qu'ils parcourent l'Histoire, qu'ils rétrogradent vers ces jours heureux de Rome, où les *Quintus Cincinnatus,*

Tome I.   A quand ils étoient nommés Dictateurs, quittoient leurs champs, se mettoient à la tête des Armées, cherchoient l'ennemi, l'attaquoient, le faisoient passer sous le joug, recevoient les honneurs du triomphe, & retournoient à leur champ couronnés des lauriers qu'ils avoient quelquefois eux-mêmes cultivés ; qu'ils se représentent les *Camilles* si souvent les sauveurs de la Patrie, volant à son secours dans les tems orageux, & le danger disparu, reprenant aussi-tôt la charrue. Qu'ils se transportent à ces âges de l'aimable simplicité, où les Princes regardant l'Agriculture comme le principe seul & invariable de la félicité des Peuples & de la force des Etats, ouvroient l'année par un culte qu'ils lui rendoient en mettant la main à la charrue. De-là cet amour qu'ils inspiroient aux Peuples pour un Art qui fournit le premier nécessaire, & qui est le principe fécond d'une bonne & nombreuse population.

Aussi le Fondateur de Rome convaincu que la bonne Agriculture est la base d'un Gouvernement solide, porta-t-il tous ses soins à mettre cet Art en considération. Il ordonna aux Prêtres d'offrir aux Dieux les prémices de tous les fruits de la terre. Il poussa si loin son attention, qu'il voulut lui-même être aggregé au nombre des personnages sacrés qu'il avoit destinés à cet auguste emploi. De la sagesse de cette Loi émanoit sans doute l'usage établi dont parle *Suetonne* ; le premier hommage que rendoit un homme en naissant, appartenoit à la terre ; on la lui faisoit d'abord toucher avant que de lui donner aucun secours. N'étoit-ce pas, en effet, lui faire implorer pour sa subsistance sa protection, & lui faire tacitement promettre tous ses soins & toutes ses attentions pour cette mere nourrice des hommes ?

Parcourons les Histoires ; remontons aux Peuples les plus éloignés de nous par l'intervalle des lieux ou des tems. Partout & toujours nous trouverons des Princes, des Conquérans, des Prêtres animer par l'exemple & encourager par la récompense & les honneurs l'Art le plus utile de tous. Je vois des Patriarches en faire leurs délices, des Empereurs de la Chine mettre la main à la charrue, des Prêtres Egyptiens en faire un des points essentiels de l'initiation au Sacerdoce. J'admire surtout la réponse du vieillard Abdolomine, issu du sang des Rois de Babylone, qui visité par Alexandre, & interrogé comment il avoit pu vivre jusqu'à un âge si avancé dans un état si misérable, lui répond avec une noble simplicité. *Nihil habenti nil defuit : eæ manus suffecere desideriis meis.*

Mais aujourd'hui les hommes devenus frivoles, semblent traiter de préjugé ces principes fondamentaux de la saine politique. Demandez-leur quel est l'état le plus florissant de l'Europe, ils vous répondront avec une confiance qui touche à l'effronterie, *celui qui a le plus de millions*; qui peut, ajoutent-ils, faire la Loi à un Roi assis sur un Trône soutenu par quatre colonnes de cent millions chacune? Ne peut-il pas quand il veut jouer le rolle d'Arbitre & de Médiateur des Puissances qui l'environnent? Est-on en guerre, demandez-leur à qui restera l'avantage, *à celui qui aura le dernier écu*, vous répondront-ils d'un ton assuré, *c'est lui qui reste le vainqueur.*

Pitoyables Politiques ! Je leur répondrai ce que répondit un Prince à un riche Financier, qui parlant de matieres qui lui étoient inconnues, rapportoit tout à son coffre fort, & en faisoit le principe & le centre de toutes les opérations : *va-t'en*, lui dit ce Prince, *va-t'en cuver ton or.*

En effet, si nous examinons avec un peu d'attention les révolutions qu'ont éprouvé les Royaumes voisins, ne peut-on pas dire que l'or du nouveau monde a ruiné l'Espagne, que les diamans du Brésil, qui font la richesse du Portugal, tiennent continuellement ce Royaume dans un état violent. Car enfin supposons que l'Anglois, ce qui cependant est difficile à croire, revienne de son idolatrie, & qu'il abjure le culte du Veau d'or, dans quel état se trouvera le Portugal ? Au milieu de ses richesses imaginaires, il expirera réellement d'inanition.

Cependant l'Angleterre a dessillé les yeux à ses voisins. Ces Insulaires, que leur mélancolie innée rend spéculatifs, ont tant combiné pour se rendre formidables, qu'ils ont enfin trouvé la base de leur Puissance, c'est l'Agriculture. Ils ont donné des aîles à cet Art par les Loix Agraires & les ont allongées par les récompenses. Si l'on suppute depuis cet établissement les progrès que cette Monarchie a faits, on verra qu'elle a triplé sa puissance, & que ses forces sont accrues en raison des progrès de l'Agriculture.

Convaincus par l'évidence, les François ont senti qu'il étoit tems de sortir de leur létargie; quelques Citoyens ont consacré leurs veilles à la gloire d'éclairer leurs compatriotes. Plusieurs Ecrits ont porté la lumiere dans le sein du Ministere. On a vû les progrès de la Nation Angloise qui se fait des deux mers un pont de communication avec les Peuples les plus reculés pour les mettre à contribution. Frappés de la rapidité de ce commerce, nos Ecrivains ont d'abord commencé par nous le présenter sous un

point de vûe, propre, à la vérité, à nous en faire fentir les avantages; mais rien de plus : qu'il me foit permis de dire qu'ils ont pris
l'effet pour la caufe, & qu'ils ont, comme dit *l'Ami des Hommes*,
arrofé l'arbre par les branches. S'ils en avoient avec foin recherché
le feul & premier principe, ils auroient vû que l'Angleterre ne doit
fon commerce floriffant qu'à l'encouragement qu'elle avoit long-
tems auparavant donné à l'Agriculture.

Comment fe peut-il donc qu'un exemple auffi convaincant ne ré-
veille point le Citoyen fur les foins qu'il doit à l'Agriculture? Trifte
effet d'un préjugé qui mérite qu'on lui oppofe les armes toujours
triomphantes de l'intérêt.

J'ai, je le vois bien, à combattre la vanité ridicule de plufieurs
Membres de certains Etats qui ont pris naiffance dans la molleffe.
Mais lorfqu'on eft animé de l'amour du bien public, on ne craint
point la piqueure de ces frêlons. Je dis donc à ces Etres prétendus
fublimes, qui craignent tant d'avilir leur ennuyeufe exiftence :
Daignez-vous du moins defcendre au titre de Citoyen ? *Eh, qui
le feroit, me répondent-ils, fi nous ne l'étions pas ? N'eft-ce pas
notre magnificence qui a créé & qui foutient tant d'Arts, qui feroient
anéantis fi nous refferrions nos dépenfes.* Créateurs frivoles, leur
répondrai-je, lifez & retenez bien ce que *l'Ami des Hommes* vous
apprend dans fon Code de l'Humanité ; apprenez de lui qu'on
n'eft digne du nom de Citoyen que lorfqu'on ne perd jamais de
vûe le bien public. Ouvrez ce Livre, chaque ligne vous convaincra
de l'inutilité de votre exiftence, ou du moins s'il vous apprend
que le Créateur n'a rien fait d'inutile, il vous démontrera que vous
n'êtes dans ce vafte Univers que comme une ombre qui releve l'éclat
du Citoyen exact à tous les devoirs qu'impofe cet augufte nom.
Quel eft, leur dirai-je toujours avec le même Auteur, le premier
befoin d'un état ? N'eft-ce pas les fruits de la terre ? Quel eft le fecond ?
n'eft-ce pas la multiplication de l'efpece humaine ? Mais croyez-vous
que cette terre, mere reconnoiffante qui ne reçoit jamais de fecours
qu'elle ne le paye avec ufure, vous fournira fes fruits, fi vous ne
l'aidez à les produire ? Elle eft fans bras : les vôtres lui appartiennent. N'eft-ce pas, en effet, de fes fruits qu'ils ont tiré leur
accroiffement & tirent encore leur vigueur ? D'où vient que vous les
abandonnez à la molleffe, & que vous rougiffez, je ne dis pas
d'ouvrir fon fein, mais même de protéger, d'encourager, je dis
plus, d'honorer cet infortuné Païfan ? Il laboure & s'expofe à
toutes les intemperies de l'air, pour faire venir & moiffonner

vôtre subsistance : il vous la donne presque entiere : à peine peut-il
s'en réserver pour réparer la dissipation que font dans son individu
les travaux dont vous consommez inutilement tous les fruits.

Point d'Art qui n'honore celui qui l'exerce, s'il a pour objet le
bien de la Patrie ; or quel est l'Art qui part plus directement de
ce principe que l'Agriculture ? Les Arts superflus servent à son orne-
ment. Rien de plus vrai ; mais l'Agriculture en doit-elle souffrir ?
Ne suis-je pas en droit de comparer une République, qui au mépris
de l'Agriculture ne feroit cas que des Arts frivoles, à une vieille
coquette décharnée qui cherche à cacher les dévastations de la
débauche sous le fard des Arts de luxe ?

La sainteté d'un état n'interdit point l'amusement de l'Agriculture. Personnes revêtues de la plus auguste des Dignités & du
Ministere le plus respectable, pourquoi rougissez-vous de tendre
vos bras à la terre qui vous envoye assiduement les prémices de
ses productions, & qui vous en paye si exactement la dixiéme
partie ? Craignez-vous de vous deshonorer en la cultivant ? Elle
vous fournit la substance qui vous unit si intimément à son Créateur.
Cette délicatesse ne feroit-elle pas l'effet d'une pieuse indolence,
toujours fertile en excuses lorsqu'il est question de se mettre en
mouvement ? Tant de Patriarches, tant de Pontifes, tant de pieux
Prêtres, tant de Religieux ont éclairé sur cette matiere les peuples
confiés à leur zèle ; que je gémis pour vous de vous voir dans
l'impuissance de vous justifier. Un Albert le Grand (1), un Ferdi-
nand Nuzzi (2), un Vital Magazzini (3), un Boulai (4), Prêtre
& Chanoine de la Cathédrale d'Orleans, & tant d'autres qui ont
écrit si utilement sur l'Agriculture, n'étoient-ils pas aussi vivement
pénetrés que vous de la grandeur du Sacerdoce ?

L'Agriculture est la premiere Partie de l'Histoire Naturelle.
Combien d'entre vous passent leur tems à la recherche d'une coquille,
ou à d'autres découvertes qui font partie de cette même Histoire, &
qui ne font pas si nécessaires que l'Agriculture ? Vous Religieux,
apprenez que de l'application que vous y donnerez, dépend le main-
tien & même l'accroissement de vos terres. N'est-ce pas l'Agriculture qui vous fait vivre & qui entretient parmi vous l'obser-
vance réguliere, qui vous donne enfin, objet important, la facilité

(1) Il a écrit un Traité sur l'Agriculture.
(2) On peut lire les discours sçavans qu'il a faits sur la maniere de cultiver les campagnes de Rome.
(3) Il a fait un très-bon Traité sur la culture des terres de la Toscane.
(4) Traité sur les vignes & sur la maniere de faire le vin.

de foulager les pauvres ? Argumentez tant que vous voudrez ; prouvez que le flux & reflux fe font par attraction ou par compreffion ; tous vos fillogifmes ne feront point venir un épi de froment. Au lieu, croyez-moi, de difputer fur la nature & fur la variété des couleurs, accordez-vous fur la qualité des terres & des femences. Cette étude vous ramenera infenfiblement à cette fimplicité religieufe qui étoit l'objet de vos faints Inftituteurs, & dont la contagion du fiécle vous a fi fort écartés.

Imitez cet Ordre religieux, qui parmi vous tient à fi jufte titre le premier rang ; cet affemblage de Sçavans à qui l'Eglife eft redevable de tant d'Ouvrages ; ces Bénédictins enfin à qui nous devons tant de lumieres qu'ils ont fauvées de la tyrannie de l'ignorance. Voyez-les déraciner des forêts, deffécher des marais, faire entrer la charrue dans les terres les plus incultes, & faire de la France le jardin de l'Europe : heureux ce Royaume, fi les Colons avoient voulu marcher fur les traces de ces refpectables perfonnages.

Je ne vous demande point qu'à l'exemple de ces faints Solitaires (1), dont la plûpart a répandu une partie de fon fang pour la défenfe de la Patrie, & facrifié l'autre à fon Dieu, vous alliez fortant d'un duvet qui amolliroit le travail même s'il pouvoit être perfonnifié, expofer aux intemperies de l'air une fanté trop délicatée. Je vous demande, ce que vous ne pouvez me refufer fans rougir, qu'après être forti d'une table délicatement fervie, vous alliez dans votre chambre exciter votre méridienne par la lecture de quelqu'Ouvrage fur l'Agriculture ; cela ne feroit-il pas plus décent, & en même-tems plus utile, que d'aller chez votre Seigneur de Village fcandalifer les Etres raifonnables du Château (fi tant eft qu'il y en ait) par les impatiences que vous caufe dans un *Tri* l'abfence des *As noirs.* J'exige enfin, & ce n'eft pas trop, qu'au lieu de paffer le tems à tirer au fort la robbe du Seigneur, vous alliez endoctriner & encourager l'infortuné Payfan.

Grands, puifqu'il faut enfin que vous me le paroiffiez, permettez que je vous parle en Citoyen. Vous demanderai-je que vous preniez la charrue ? ce feroit choquer votre hauteur. Vifitez vos Domaines ; voyez de tems en tems fi vos terres font auffi-bien cultivées que votre chaffe eft gardée : du moins, puifqu'il faut que le malheureux Payfan fe prive du néceffaire pour donner le fuperflu

____

(1) Les Peres de la Trappe, on le fçait, ne vivent que des productions des terres qu'ils cultivent de leurs mains.

aux animaux qui servent à vos plaisirs, encouragez-le par votre affabilité, secourez-le dans l'impuissance où le jettent souvent vos vexations. Traitez avec distinction ceux de vos Paysans dont les champs sont bien cultivés. N'allez pas au contraire, sortant de la Cour d'un Roi, qui ne goute du pouvoir suprême que les douceurs de la paternité, marquer chaque jour de ceux que vous passez dans vos terres au coin de la tyrannie. Et vous pauvres victimes aussi méprisées qu'infortunées, ne vous découragez point : encore un coup de force, & vous touchez à une nouvelle existence. On doit tout espérer d'un Regne qui accorde tout ce qui est juste ; bientôt les douceurs de la paix succederont aux dévastations de de la guerre. Notre pere commun, cet auguste Monarque, n'ayant plus à soutenir des Alliés fidelles, tournera toutes ses vûes sur vous.

CHAPITRE II.

PLUSIEURS Auteurs de nos jours ont écrit avec distinction sur les bons effets d'une bonne Agriculture, & l'on a vû par la somme du produit de la France, que la Nation ne tiroit point parti des grands avantages que la situation de ce Royaume lui donne sur les Puissances voisines. Terreins de toute sorte, deux mers qui en arrosent une grande partie, beaucoup de fleuves, de rivieres & de ruisseaux, des canaux, mais moins multipliés qu'ils ne pourroient & qu'ils ne devroient l'être ; Pays coupés & très-bien distribués, population nombreuse, mais qui déperit à vûe d'œil, & que les Arts de luxe épuisent ; habitans vifs & ingénieux, climat temperé ; voilà, je pense, des avantages qu'on ne peut disputer au vaste Royaume dont je parle, & que l'on ne doit point soupçonner être l'effet de l'aveuglement d'un amour Nationnal.

Mais il me semble qu'il ne suffisoit pas que ces célebres Ecrivains fissent sentir la nécessité de faire fleurir l'Agriculture, & qu'ils indiquassent quelques moyens trop profondément spéculés. Ceux que je propose sont simples, j'aime mieux me tenir terre à terre pour me mettre à portée de tout le monde.

En effet, point de documens plus solides que ceux que nous avons eu depuis quelque tems. On les voit tous établis sur l'évidence irrésistible de l'expérience. Mais s'apperçoit-on que ces Ecrits qui par rapport à leur cherté, ne passent point les barrieres de la

Capitale, ayent converti beaucoup de Cultivateurs ? Depuis que cet Art est abandonné à cette portion de l'Etat, qui naît & qui vit ignorante, croit-on qu'elle soit capable de saisir des vérités cachées sous les ornemens d'un stile pompeux & élevé ? Ne sçait-on pas qu'elle est aussi religieusement attachée aux erreurs qu'elle a hérité de ses peres, qu'aux contes qu'on lui fait du Saint de sa Paroisse ? Présente-t-on au Paysan quelqu'un de ces Ouvrages si réputés ? *Tout cela est trop beau pour nous*, vous dit-il, *car nous n'y entendons rien.* D'ailleurs à peine trouve-t-on deux Paysans dans une Paroisse qui soient en état d'aider le Curé à célebrer l'Office Divin ; il seroit donc très-avantageux de remédier à cet inconvénient.

L'Auteur des *Essais sur l'amélioration des terres*, a en quelque façon proposé le moyen que je présente, mais il n'a pas donné la faculté de l'exécution. Le Gouvernement ne pourroit-il pas exiger des Curés qu'ils donnassent aux Subdélegués de Messieurs les Intendans, un état des enfans de leur Paroisse depuis sept à huit ans jusqu'à douze ? Cet ordre une fois bien établi & exactement exécuté, le Subdélegué appuyé d'une Ordonnance de son Intendant, obligeroit chaque chef de famille d'envoyer ses enfans à l'Ecole. Les Curés seroient tenus de veiller à l'exécution, ils fourniroient aux enfans des Paysans qui ne seroient point en état d'en faire la dépense, les Livres nécessaires. Quiconque désobéiroit seroit d'abord réprimandé, & le Curé seroit tenu d'en informer le Subdélegué. Si l'on récidivoit, on seroit condamné à quelque somme pécuniaire, laquelle seroit prélevée sur la récolte de celui qui auroit désobéi.

Mais je prévois que la fourniture des Livres deviendroit onéreuse aux Curés, aussi ai-je un moyen que je me propose de donner, par lequel je n'aurai besoin ni d'eux, ni du secours du Roi pour suppléer à cette dépense. Non-seulement je fournirai à ces frais, mais encore à tous ceux qui seront inévitables, puisqu'il s'agit de créer beaucoup de Maîtres d'Ecole, & pour le moins trente-deux Inspecteurs d'Agriculture, dont la fonction sera de sonder les divers terreins, de tenir un état de la qualité & quantité de ceux qui sont incultes, de donner les moyens les plus propres & les moins dispendieux de les mettre en valeur, & de veiller enfin par des visites fréquentes sur la conduite des Maîtres d'Ecole.

Je voudrois encore que les Curés ou leurs Vicaires fussent tenus après avoir satisfait les Dimanches & Fêtes aux Offices Divins de

lire

lire à la sortie de l'Eglise un chapitre d'un Ouvrage d'Agriculture que l'on enverroit, & à la composition duquel tous les Cultivateurs & amateurs seroient priés de concourir de leurs Mémoires. Par ce moyen, les Maîtres d'Ecole, les Curés, & les personnes de tout âge se trouveroient en état d'expliquer aux enfans les questions qu'ils pourroient leur faire sur quelques Articles du Catéchisme d'Agriculture qu'on se propose de donner incessamment au Public. Il est très-avancé.

Lorsque les Maîtres d'Ecole, après les instructions précédentes, se seroient rendus capables de subir l'examen sur les élémens d'Agriculture, ils se présenteroient à l'Inspecteur. L'examen subi devant le Seigneur, Curé & Vicaire de la Paroisse, il seroit décoré d'une marque quelconque de distinction. On voit déja que le nombre des Inspecteurs monteroit à trente-deux, & que leurs appointemens font un objet de dépense considérable, mais qui ne nous allarme point ; notre moyen est une corne d'abondance.

Les innovations ont toujours des obstacles à vaincre. Celle-ci est de nature à en trouver plus que les autres ; mais l'émulation est en France la Médecine universelle : point de mal auquel elle ne remédie ; point de bien qu'elle n'opere : honneur & gloire ; voilà l'or philosophique qui attire le plus irrésistiblement le François : Je voudrois donc qu'à l'exemple de l'Auteur des Défrichemens, ce citoyen respectable, on établît des prix pour chaque Ecole, dont la valeur seroit prise sur le produit que nous nous promettons de l'établissement que nous avons en vûe : la distribution en seroit faite suivant toutes les formes les plus convenables pour en imposer & pour encourager.

J'ajouterois encore à cette distinction la préséance à l'Eglise pendant le cours de l'année pour celui qui auroit remporté le prix. Les Seigneurs des lieux seroient intéressés à se trouver à cet acte pour lui donner plus d'autenticité ; ils ne dédaigneroient pas même d'admettre ce jour le triomphateur à leur table.

Ce n'est pas encore tout, j'exigerois, pour rendre la concurrence plus générale & plus fructueuse, qu'on établît un Prix d'une plus grande valeur entre deux, trois ou quatre Ecoles ; & c'est ce que l'Auteur des Défrichemens a pratiqué avec succès dans ses terres. A la distribution de celui-ci assisteroient le Seigneur, le Magistrat quelconque, les Curés & Vicaires des différentes Ecoles. Cette publicité donneroit des aîles à l'Art dont nous plaidons les intérêts ; les fruits de cette rivalité deviendroient sensibles à mesure qu'elle seroit fomentée par l'utile & l'honorifique.

J'entends déja crier à la dépense exorbitante. Point de moyen sans argent, dit-on ; la découverte n'est elle pas bien ingénieuse ? Avec un nouvel impôt on peut faire cela, & il arrivera ce qu'on n'a jamais vû, l'effet détruira la cause : livres, croix à acheter, Maîtres d'Ecole & Inspecteurs à payer. J'ai dit qu'il n'en coûteroit rien au Roi, & presque rien à la glebe de l'Etat. Je tiendrai ma parole.

En nous prêtant à l'avarice & à la cupidité d'un chacun, nous tirerons de ce vice le plus grand des biens, le rétablissement de l'Agriculture, & nous rendrons la plûpart des Citoyens utiles sans qu'ils veuillent l'être. Pourquoi refuseroit-on à l'Agriculture pour son encouragement, les secours que l'on donne à tant d'Etres que souvent le dépit, mais plus souvent encore un barbare intérêt de famille & un cruel orgueil ont jettés dans ces pieuses prisons, où l'inaction est presque toujours la source du désespoir. Ils prient, dira-t-on ; tant mieux : mais ils consomment ; tant pis. D'ailleurs, le travail ne peut manquer d'être la plus sainte des prieres, si l'oisiveté est la mere de tous les vices. Je demande donc pour satisfaire à toutes les dépenses mentionnées, une Loterie d'un écu le billet en faveur des Ecoles d'Agriculture que je veux établir. Qu'on calcule à douze tirages par an, le produit du douze pour cent que j'exige, on me trouvera encore une marge, dont le montant seroit réparti à trois pour cent par an aux Cultivateurs peu aisés qui voudroient entreprendre des défrichemens.

Et dans le cas que l'on sente l'utilité de ce moyen, & que les produits de ma Loterie ne soient pas suffisans pour remplir un objet si étendu, mais qui le deviendroit encore plus, au moins d'un huitiéme ; il me reste une ressource aussi solide que je la crois juste.

Je trouve soixante mille bouches qui lutent sans cesse contre mes pauvres Paysans. Que les soixante mille personnes employées directement ou indirectement au service des Fermes, payent l'une portant l'autre trois livres à la Caisse d'Agriculture qui sera établie : que le nombre innombrable de sujets qui ont déserté les campagnes & ont engorgé les Villes y versent vingt sols par tête, c'est un tribut qu'ils doivent à la mere commune des Arts. Dans cet impôt, dont le nom seroit ennobli par son objet, je voudrois cependant une répartition proportionnelle, & l'on verroit alors qu'il n'y auroit pas cinq sols à payer pour les plus foibles : or cinq sols ne sont point la quatriéme partie d'une promenade aux Porcherons.

Si ce moyen fait entrevoir quelqu'avantage , j'en hazarderai
d'autres qui me fourniront dequoi répondre à la difette d'hommes
que l'on eft en droit de m'objecter. Le premier qui fe préfente me
paroît auffi jufte que folide : jufte en ce que fur quelque objet
qu'on veuille nous éclairer & nous donner des exemples , on nous
cite les Romains pour modeles. Eh bien, cette Nation fi fage ne
diftribuoit-elle pas des terres aux Soldats, qui pendant de longues
& fatigantes guerres, foupiroient après le moment de fe repofer à
l'ombre de leurs lauriers ? N'étoit-ce pas là la récompenfe qu'ils
attendoient de leurs travaux militaires , & l'unique en effet que
le Capitole leur affignoit , fi l'on en excepte la diftribution des bu-
tins dont il ne leur revenoit qu'une bien mince partie? Et en effet, y
avoit-il rien de plus jufte que d'accorder quelqu'arpent de terrein à
un pauvre Soldat qui avoit aidé la République à conquerir des
Royaumes ?

J'ai dit que mon moyen étoitfolide, il n'eft pas bien difficile de
s'en convaincre. Ce Soldat ufé par des marches longues, par le
poids des bagages qu'il portoit , quelquefois par la difette des
vivres , par les devoirs militaires qu'il devoit remplir journellement,
quelque defir qu'il eût d'être utile à l'Etat dans cette partie , ne
pouvoit plus que foupirer après un honnête repos, qui ne fût pas
cependant une inaction odieufe dans laquelle nous voyons aujour-
d'hui un Soldat qu'on licencie. Durci aux travaux qu'exige une
République conquérante , le Romain auroit bientôt langui, & fe
feroit ennuyé dans fon oifiveté. Il lui falloit donc une occupation.
La République fçavoit tirer parti des jours qui lui reftoient. Bien
loin de le regarder comme un être fimplement confommateur , elle
en faifoit un être effentiel à l'Etat. Elle lui donnoit un champ à cultiver. Tous les fruits appartenoient au nouveau Colon. Surpris de la
douceur de la vie paifible & unie dont il jouiffoit en cultivant les
productions qui fervoient à fon honnête fubfiftance , il fe retrouvoit
quelquefois affez lui-même pour fe remplacer au grand avantage
de la République.

Si l'on fe repréfente bien la vie tumultueufe des armes, & les
charmes de la vie champêtre , quand celle-ci lui fuccéde, on fentira
combien le Soldat devoit s'eftimer heureux dans la culture des
terres qui lui tomboient en partage. Auffi cette récompenfe étoit-
elle toujours l'objet de fes defirs.

Quoiqu'on devine ce que je vais dire, je le dirai cependant: François que faites - vous de tant de vaftes campagnes où la tuye & la

fougere insultent, pour ainsi dire, aux chênes les plus élevés: partout où ces plantes croissent, le terrein est plein de suc: vos troupeaux y paissent, dites-vous: vous vous trompez; ils font semblant d'y paître. Il n'y a pas cent pointes d'herbe dans un arpent: tout y est consommé par ces plantes voraces; dites donc plutôt que vous y envoyez vos troupeaux seulement pour les empêcher de mourir de faim. Vous ajoutez que ces terres sont ordinairement en communes, qu'elles appartiennent à la Paroisse. Eh que m'importe qu'elles lui appartiennent! Une Paroisse n'est, suivant moi, qu'un particulier vis-à-vis de l'Etat. Si celui-ci trouve l'accroissement de son bien être à les cultiver, que ne les donne-t'il à tant de Soldats malheureux, qui couverts des haillons de la gloire, sont réduits à la honteuse nécessité de mandier?

Encore un autre moyen. Faites la distribution de ces terres en proportion du terrein qu'un chacun occupe & cultive dans la Paroisse: que chaque portion soit coupée par de petits fossés, soit mise en prairie artificielle, & vos troupeaux bien nourris vous fourniront des Engrais qui doubleront le produit des terres que vous mettez en valeur.

Mais dira-t-on, ces terres appartiennent souvent aux Seigneurs, ils tirent un droit de padouantage dont ils ne se désisteroient pas volontiers. Objection pitoyable. Pourquoi défendez-vous la cause des Tyrans & des Usurpateurs? Renvoyez-les à Pepin. Et si leur droit étoit alors bien établi sur le consentement des Vassaux, qu'ils en jouissent, je le veux.

Jusqu'ici j'ai bien trouvé des hommes. Qui leur apprendra cet Art, me dira-t-on? Manieront-ils la charrue comme le sabre & le mousquet? Porteront-ils leur marmite au bout du Sillon? Bouillira-t-elle aux rayons du Soleil? Le Soldat Romain étoit marié, le François ne l'est pas. Mais tant-pis: vous avouez un mal qui résulte d'un préjugé enraciné dans le gouvernement, & que la raison doit guérir.

Mais lorsque j'ai proposé de faire de mes héros des Laboureurs, j'avois des femmes en main. Qu'on fasse la guerre à la débauche qui, comme dit *l'Ami des Hommes*, n'a jamais pû ni ne pourra jamais donner des enfans à l'Etat: qu'on se transporte dans cet enfer dont l'entretien coûte des sommes immenses à l'Etat, par les droits que la paresse leve sur le travail. Que ce lieu, monument honteux de la cruauté & de l'infamie soit renversé. Otez cette pomme de discorde qui a divisé la Justice & la Religion: livrez-moi toutes ces créatures dont la honte a commencé par la foiblesse, & la débauche par la nécessité ; qu'après avoir été jettées dans la piscine, elles soient rendues à la propagation : donnez-les à mes Soldats. Ces Mariages fourniront des Laboureurs, qui avec le tems seront les Défenseurs de la Patrie. Que cette salpêtriere disparoisse, qu'elle ne corrompe plus le plaisir que nous donne le charmant point de vûe des rives de la Seine, & que l'harmonie renaisse entre deux corps qui ne doivent subsister que par un même cœur.

Mais si le Soldat laboure sans l'avoir appris, quel sera son travail ? Toujours infructueux, ajoute-t-on : oui sans doute s'il ne l'a jamais appris. Mais il reste à sçavoir quel est l'ordre de l'Etat qui fournit le plus aux milices & aux enrollemens. N'est-ce pas l'ordre précieux des Paysans ? A quel âge les prend-on ? N'est-ce pas suivant l'Ordonnance depuis, seize jusques à quarante ? mais depuis dix ans jusques à seize ont-ils resté les bras croisés dans la chaumiere pendant que leurs peres se brûloient le crâne aux ardeurs du Soleil ? l'objection ne tombe-t-elle pas d'elle-même ?

Quoi, dira-t-on, on donnera des libertines à des Soldats ! le beau présent : on les mariera à des femmes qu'ils n'ont jamais vûes, quels menages ? meilleurs cent fois que les trois quarts des menages de Paris. Apprenez que les deux tiers de ces filles sont vicieuses plus par infortune que par libertinage. Ceux qui ont parcouru les deux poles de la société dans la seule vûe de s'instruire, conviendront de cette triste vérité. Ils rendront cette justice à ces infortunées. Proposez-leur le moyen dont je parle : faites-le exécuter, & vous serez leur idole.

D'ailleurs, faut-il donc tant de tendresse pour propager ? Quelle erreur ! Eh Paris seroit desert : tous les enfants qui y naissent ne doivent leur existence qu'aux accès du temperamment chez le Peuple, & à l'intérêt de famille chez les Grands. Lisez *Heister*, vous apprendrez que la nature a placé dans cette partie, par laquelle nous perpétuons notre être, un ferment à peu près semblable à celui qu'elle a mis dans notre estomac pour l'entretenir. Au reste, pensez-vous qu'un Soldat qui a obéi long-tems à des Généraux, ne sçaura pas commander à une femme & la contenir dans les devoirs du mariage ? Le Bâton en Russie n'a-t-il pas une vertu prolifique ? & sans aller chercher si loin des exemples, les tracasseries de nos menages, principalement parmi le Peuple, ne produisent-elles pas des réconciliations toujours favorables à la propagation.

Mais objectera-t-on ; ce Soldat sera seul avec son épouse, que

pourra-t-il faire ; car un autre Soldat ne voudra point lui être subor-
donné, quel sera l'espace qu'il défrichera ? tout au plus deux arpens :
n'est-ce donc rien ? calculez : d'ailleurs, je lui trouve des hommes,
& je sauve le Roi d'une dépense énorme. Je prends ces malheureux
que l'on veut cacher à l'humanité, ces spectres, que leurs crimes,
quelquefois leurs étourderies, & plus souvent la cruelle avarice de
leurs parents a précipités dans ce séjour d'horreur où l'on n'entend
que grincements des dents, blasphêmes & imprécations, & je rends
à l'Agriculture des bras que ces divers motifs lui avoient ravis ; j'en
donne à chaque Soldat le nombre qu'il en demande suivant la
quantité du terrein qu'il veut mettre en valeur. Je ne veux point
comme l'*Ami des Hommes*, les envoyer à la campagne faire du
fumier : ils ont encore la figure humaine ; je dois sinon les res-
pecter, du moins les plaindre. Le crime est un oubli de l'humanité ;
l'oisiveté l'engendre souvent ; & la vertu est fille du travail.

Ces Vieillards infortunés qui se sont retirés avec les débris de leur
fortune dans cet Hôpital que je vuide & que je renverse d'un coup
de plume, que deviendront-ils ? je n'en suis point inquiet. Je m'en
rapporte à l'économie des Administrateurs, elle filera si fin le fil
de leur vie, qu'il se cassera bientôt.

Cependant la somme d'hommes que me rendroit cette maison de
force, ne suffiroit point à l'étendue de mon objet ; je sens que je
me trouverois à court, mais l'amour de la Patrie rend ingénieux.
J'entre donc dans ce *Bicêtre :* je fais un triage parmi ces esclaves.
Je livre à mes Soldats licentiés ceux que le vice & le crime, ou ce
que l'on appelle à Paris à force de corruption, *gentillesses* ont jettés
dans ce tartare. Je veux effacer leur honte en les rendant utiles,
& je fais rentrer les autres victimes de la cupidité de leurs parens,
de la calomnie, ou même de la proscription, dans la plaine jouis-
sance de leurs droits.

Bicêtre vuidé, j'ai encore à fouiller dans une prison pleine de replis
tortueux. Etayé de l'autorité, j'y entre, & je découvre enfin le
monstre, ce Sphinx de l'Agriculture, c'est la paresse. La trouvai-je
couverte de haillons, je la prends. Est-elle bien parée, elle ne
m'échappe point. Je fais encore un triage de tous les individus
superflus ou équivoques que me fourniront tant d'hôtels & tant de
chambres garnies, qui sont autant de refuges du libertinage, &
même du crime. Je sépare le bon du mauvais. Ce dernier est aux
ordres de mes héros infortunés à qui je veux faire finir tranquille-
ment leurs jours, en donnant une nouvelle vie à l'Etat.

Je ne m'arrête point : j'ai encore bien des conquêtes à faire : je fuis infatigable quand je combats pour le premier des Arts ; je pouffe donc ma marche vers les autres, dont il eft le pere nourricier ; j'examine l'étendue de leur ufurpation ; je refferre leurs barrieres, & je range fous les étendarts de l'Agriculture tant de déferteurs que je trouve dans ce monde, de garçons Limonadiers, de garçons Tailleurs & de garçons Perruquiers, en un mot, de ces êtres que la pareffe a vomis dans Paris, & qui fortant d'après les vaches, y viennent dégroffir la maffe de leur humanité. Voyez comme au bout d'un an ils tranchent du petit maître, & fe donnent même les airs, les uns d'avoir une grifette à leurs appointements, les autres de mettre à contribution tout le pays de la galanterie. Je les renvoie donc à leur état premier, & je rends juftice à la terre qui les porte. Je ne me borne point à cette quantité d'hommes. J'ai encore bien des pays à vifiter, & defquels je ne fortirai pas fans butin.

J'ai beaucoup d'Etats à parcourir, auffi vais-je mettre des furets aux trouffes de fix mille Orfevres *fauffetiers*, pour les dénicher de leurs trous. Je parle de fix mille ouvriers, qui travaillent en faux, qui n'ont, pour ainfi dire, ni feu ni lieu, & qui par conféquent fe dérobent à la Capitation, tandis que les Orfevres la payent pour jouir exclufivement des droits d'une maîtrife coûteufe. Ces ouvriers infideles mettent en difcrédit chez les nations étrangeres, cette branche du Commerce, qui eft effentielle, puifqu'elle produit beaucoup, & qu'elle demande le plus de bonne foi. Confommateurs inutiles, ils ne fervent qu'à faire rencherir pour le vrai Citoyen les denrées qui font abfolument néceffaires à fa fubfiftance. Auteurs du mauvais alloi, leur dirai-je, allez en cultivant la terre, recouvrer l'honneur que vous ôtez au Commerce.

Ma peuplade groffit à vûe. Mais que ne fera-t-elle point, fi ne me fixant pas aux Généralités, j'entre dans les détails que les Auteurs qui ont écrit depuis peu fur cette matiere, ont paffé fous filence. Dans quelle rue que je paffe, j'apperçois des larcins faits à l'Agriculture. Par-tout je vois des Normands m'étourdir pour me décroter. Apprentifs fripons, retournez à vos chaumieres. Rentrez dans la foumiffion filiale, & prenez la charrue.

Que faites-vous de deux mille deux ou trois cens porteurs d'eau échappés du Perigord, du Limoufin, de l'Auvergne & de la Normandie, qui vendent ce que la nature donne gratis, & qui profitant de votre fimplicité, font des journées de trente-cinq ou quarante fols. Otez à cette payfanne nouvellement débarquée le dangereux exemple de ces fervantes demoifelles. Que la cruche fur la tête ou les crochets fur l'épaule, elle faffe renaître l'ancien tems, qu'après avoir mis en déroute cette foule d'hommes néceffaires aux champs & fuperflus à Paris, elle les contraigne de s'en retourner rendre à la terre les fervices qu'ils lui doivent.

Veux-je groffir la fomme des hommes que je deftine à l'Agriculture, je n'ai qu'à découvrir les miracles que le crépufcule opére. Combien de boiteux redreffés, combien d'aveugles clairvoyans, combien d'eftropiés de toutes les façons, guéris à l'entrée du Porcheron ; que de bras & de jambes ulcerés, qui le foir ont une peau liffe & déliée, & font d'une carnation la plus faine. Suivons ces gens jufques dans ces fouterrains, qui font autant de temples confacrés à la pareffe, à l'intempérance & à la débauche. Ecoutez ce mendiant qui fe plaint des malheurs du tems, qui propofe à fon camarade de changer de pofte : il faut, dit-il, qu'une... l'ait étrenné: il n'a fait que trente-cinq fols dans fa journée... en réfervera-t-il du moins la moitié pour, après avoir fait quelque réferve, abandonner un état fi contraire au bien de la fociété ? N'attendez pas cela de lui. Il connoît la plus grande partie de fes contribuables. Il a de bonnes pratiques, vous dira-t-il, pourquoi abjureroit-il un état qui eft l'indépendance même ? S'il fçait qu'il y a un Roi, ce n'eft que parce qu'il l'entend nommer. Il n'a rien, il ne lui paye rien: fans lieu, l'Univers eft fa Patrie, la pareffe, fa divinité, & la credule compaffion des hommes, fon patrimoine. Cependant il confomme autant que l'être le plus utile. Je mets après lui des dogues qui le forceront de ville en ville à gagner enfin la campagne, non pour y mendier (le mal feroit encore plus grand) mais pour y travailler. On les prend, dira-t-on ; quelle erreur ! la plûpart de ces gueux font abonnés & augmentent de la moitié les gages de ceux qui font chargés de cette fonction. Quel eft l'objet de ces petits détails ? Le voici, c'eft d'inviter le gouvernement à détruire cet abus, à fe faifir de tous ces hommes qui ont la hardieffe d'exciter la compaffion par des infirmités feintes, à les livrer à mes militaires devenus colons, & qui fçauront en tirer parti.

Voilà donc la découverte d'un nouveau monde qui enrichira le Royaume plus que celui qui a dépeuplé toutes les campages. Terrein, hommes, argent. Princes, n'eft-ce pas là l'objet du Code le plus jufte & le plus raifonnable qu'une ambition bien fondée puiffe vous dicter?

CHAPITRE

CHAPITRE III.

ET PRELIMINAIRE

Sur la connoissance des Terres suivant les anciens Auteurs, & même suivant quelques modernes.

POUR bien connoître les terres, & rapporter avec fruit la théorie de cette connoissance à la pratique, il faudroit les analyser, & saisir avec attention les résultats de toutes les analyses qu'on pourroit faire. Mais cette voye trop dispendieuse pour le général des Cultivateurs, & qui demande une suite de principes trop profonds, pour quiconque voudroit l'entreprendre, nous réduit à une méthode qui sans doute, quoique d'une façon éloignée, porte sur ces mêmes principes; mais que nous ne prendrons que d'après des observations tirées même de l'ordre commun de l'Agriculture. Cependant pour satisfaire les riches curieux, nous croyons devoir les renvoyer pour acquerir cette théorie à la Physique souterraine de Becher, *Phisica subterranea*, & à la Chimie Théori-pratique de Junker, *Conspectus Chemiæ Theorico-praticæ*. Ils trouveront dans ces deux précieux livres le fil d'Ariadne qui les conduira dans le labyrinthe : notre dessein n'est que d'instruire le simple, afin qu'il tire des avantages physiques de nos instructions.

Cependant s'il est vrai que pour bien connoître les terres, & en tirer tout le produit possible, il faille connoître leur différente nature & leurs différentes propriétés; il ne l'est pas moins, que cette connoissance est de toutes les parties de l'Agriculture, celle qui a été suivie le moins exactement. Tous les Auteurs semblent s'être copiés, & n'avoir eu pour objet que de suivre à la rigueur les documens que les anciens ont laissés. De-là cette opinion aussi ridicule qu'invétérée, que l'on a de quelques terres abandonnées à leur stérilité, & dont les sels dans l'inaction, n'attendent que le secours de quelque vehicule qui les mette en mouvement.

Columelle divise les terres en six especes. *Terre grasse, terre maigre, terre forte, terre legere, terre argilleuse, & terre humide.* Liger, ainsi que l'Auteur de la Maison Rustique, paroît avoir adopté cette division, & tous trois sont dans l'erreur.

Tome I.   C

Par terre graffe, dit Liger, on entend ces terres fubftantielles bonnes, & où toute plante quelconque vient avec fuccès. Quant à la couleur, cette terre eft noirâtre dans certains cantons, & en d'autres jaunâtre ; on la diftingue facilement, continue le même Auteur, en la preffant entre les doigts ; parce que preffée, elle doit être compacte fans pourtant imiter la pâte, & fans rendre de l'eau.

La terre maigre, nous fuivons le même Auteur, eft une terre dont les fols font fi volatils & en fi petite quantité, qu'ils fe diffipent dans l'action fans prefque produire aucun effet. Il auroit mieux parlé, s'il avoit dit de cette terre que fes molécules étant naturellement trop atténuées, elles ne peuvent retenir la terre végétale contenue dans les eaux des pluies & des inondations, ni s'impregner de l'acide qui regne dans toute la nature. La terre maigre eft quelquefois noirâtre : on en trouve de rougeâtre de cette efpece compofée de parties qui ne peuvent pas fe lier les unes avec les autres ; de forte, dit Liger, que ce n'eft qu'à force d'amendemens qu'on peut la rendre propre à quelque production : ainfi l'on doit bien, felon lui, fe confulter avant que de lui confier quelque femence.

La terre forte eft celle dont les parties font fi liées & fi intimément unies, qu'elle eft très-difficile à ameublir.

Les terres legeres font les terres qui cédent facilement aux labours & aux ameubliffemens. Il y en a qui font noirâtres & d'autres qui font grifâtres ; elles ne font pas toutes pourvues d'une égale portion de terre végétale ; ce que, dit le même Auteur, on diftingue aifément lorfqu'en les éprouvant avec les doigts, on leur trouve plus ou moins de corps avec plus ou moins d'humidité.

L'obfervation qu'il fait fur la connoiffance de ces terres, eft d'une très-grande utilité, attendu que fi pour les connoître on prenoit de la fuperficie en été dans un tems de féchereffe, on fe tromperoit groffiérement. Il faut donc, dit-il, en prendre à deux ou trois pouces fous le gazon. Cette regle qu'il femble n'établir que pour les terres légeres doit être obfervée à l'égard de toutes les autres terres.

Les terres argilleufes font fuivant lui, incapables de toute production. Elles font graffes & gluantes, & ne font propres qu'à la potterie. Nous ferons voir par l'expérience fon erreur ; puifqu'il ne nous fera pas difficile de prouver qu'elles font de toutes les terres les plus propres à être cultivées avantageufement.

Les terres humides portent leur définition d'après leur nom. Elles font peu propres aux grains. On les emploie pour les faules & les

ozeraies. Elles ne font point difficiles à reconnoître. L'abondance
d'eau qu'elles contiennent les défigne fuffifamment. Cependant,
quoique l'Auteur en dife, il n'eft pas impoffible de les fertilifer, &
d'en retirer les frais de culture avec un profit confidérable.

Il y a des terres fablonneufes qui font très-abondantes. Ce font
celles dont les fels font fixes. Il en eft d'une autre efpece dont le grain
eft plus gros & moins fubftantiel, qui ne font pas fi bonnes.

Les terreins pierreux ne font favorables qu'aux vignes. On y
feme cependant du bled, mais il n'y vient point en abondance. Cette
regle vraie dans un fens, eft fauffe confidérée en général. Car
fuivant le fyftême de la nouvelle culture, il eft démontré par des
expériences fouvent répétées, que quoique les tiges foient rares,
la récolte n'eft pas moins abondante, parce que les épis font plus
fréquens, plus gros & plus graineux.

Toutes les terres, dit la Société de Dublin, de couleur quelconque, & de quelque fubftance qu'elles foient compofées, fe
réduifent à deux fortes principales, à la glaife & au fable; mais fi
cette divifion eft jufte, je prendrai la liberté de demander à la
Société ce que font les terres gipfeufes ou plâtres, & les terres cal-
caires, ou chaux & marnes, & même la terre adamique. Quelle que
foit l'analyfe qu'on faffe de l'une & de l'autre de ces terres, il n'en
réfultera jamais ni fable ni glaife. Il fera donc néceffaire de conclure
que ces deux terres ne font point les élémens des autres, qu'elles
ne font que concourir comme les autres fubftances terreftres à la
compofition des différentes terres qui forment la fuperficie du globe
terreftre.

Tous les moyens (nous ne parlons point ici des épreuves analy-
tiques) que les Anciens nous ont laiffés pour connoître & diftinguer
les terres graffes ou maigres, fertiles ou ftériles, peuvent avoir
quelque chofe de certain; nous allons les mettre auffi précifément
qu'il nous fera poffible, fous les yeux du Lecteur; il aura la faculté
de les comparer avec les moyens que nous lui donnerons.

Les Anciens prenoient une motte & jettoient de l'eau par deffus,
enfuite ils la broyoient & la preffoient dans leurs doigts; fi la terre
ainfi pêtrie, étoit tenace, & qu'après l'avoir jettée contre la terre,
elle ne fe brifât point, ils décidoient que la terre étoit fubftantielle,
c'eft-à-dire, qu'elle contenoit une grande partie de terre végétale.

Ou bien ils tiroient une certaine quantité de terre d'un trou ou foffe
qu'ils faifoient, & dès qu'elle avoit pris l'air, ils l'y remettoient &
la preffoient fortement : fi le trou ne pouvoit plus la contenir & fi

elle s'enfloit, c'étoit pour eux un figne de fa fécondité. Cette épreuve
eft à la vérité fort bonne ; mais de ce qu'une terre après avoir été
tirée d'un trou n'en excéderoit pas les bords, on ne devroit point en
conclure fa ftérilité.

Ils avoient encore une autre façon de connoître la terre, qui de
toutes, quoique fuivie encore aujourd'hui de la plupart des Cultivateurs, eft la plus équivoque. Ils la goûtoient, & fi la terre avoit
un mauvais goût, ils concluoient fon ineptie à la végétation.

Voilà à peu près à quoi fe réduit la méthode de Liger & de l'Auteur de la Maifon Ruftique fur la connoiffance de la nature & des
propriétés des différentes terres : fi nous prenons *Serres* qui a écrit
long-tems avant eux, nous le verrons tenir une route à peu près
égale, mais différente en ce que du moins il paroît avoir donné des
idées utiles à l'Auteur Anglois qui l'a analyfé & commenté fi lumi-
neufement, que le Lecteur fera furpris de voir abandonnées en
France comme ftériles des terres que l'Angleterre a rendu aujour-
d'hui les plus fertiles & les plus durables.

Les terres, dit *Serres*, font difcordantes entr'elles par diverfes
qualités, & comme il eft difficile d'en faire fentir toutes les différences, nous les diftinguerons en deux principales : fçavoir, en
argilleufes & fablonneufes ; rien en effet de plus judicieux, fi ce qui
conftitue le fol, n'eft que le plus ou le moins d'argille alliée à plus
ou moins de fable, & fi du moins il eft vrai, comme on ne doit
point en douter, que l'argille ne foit que de la glaife unie à une
certaine quantité de fable ; de-là, continue l'Auteur, procéde la
fertilité ou la ftérilité du terrein au profit ou détriment du laboureur,
felon que ce mêlange fe trouve en uneplus ou moins exacte proportion ; car, dit-il, comme le fel affaifonne les viandes, ainfi l'argille
& le fable, lorfqu'ils entrent dans la compofition du fol en quantité
proportionnée, le rendent facile à ameublir, & propre à retenir &
rejetter convenablement l'humidité : maisau contraire, lorfque l'une
de ces deux fubftances y domine, le fol eft ou trop leger, & par
conféquent n'a pas la confiftance néceffaire pour retenir les racines,
ou trop pefant & trop ferme, ce qui empêche l'ameubliffement, &
fait que les racines de plantes ne peuvent point y plonger.

Ce principe, quoique moins incertain en lui-même, égare cependant l'Auteur & l'entraîne à une divifion qui n'eft pas plus fatisfai-
fante que celle de *Liger*. Il appelle les terres, *terres legeres, terres
pefantes, dures, molles, fortes, foibles, humides, feches, bourbeufes,
crayeufes, glaireufes.* Celles-ci craignent la fécherefle en été &

l'humidité en hyver , ce qui lui fait conclure qu'elles font inutiles.
Si l'on s'en rapportoit à l'opinion de l'Auteur , qui après avoir
dit que la couleur eſt un ſigne très-équivoque de la nature & des
propriétés des ſols , en proſcrit pluſieurs , nous ſerions fort à
plaindre. A peine trouveroit-on dans l'immenſité du Royaume,
du terrein pour en nourrir la quatriéme partie. » La terre noire,
» dit l'Auteur, eſt la plus priſée de toutes , pourvu qu'elle ne ſoit
» point marécageuſe , ni trop humide ; car étant abreuvée, elle ſera
» plutôt de celle-là que de l'autre ; la cendrée, la tannée , la rouſſe
» viennent après , enſuite la blanche , la jaune , la rouge qui ne
» valent rien , non plus que celles qui ne produiſent aucune herbe
» mangeable , ains des puantes & laides à voir ou bien de bonne
» ſenteur , comme en quelques endroits du Languedoc & Pro-
» vence , le ſerpolet , le thim, l'aſpic , la lavande : auſſi , dit le
» bon menager.

Tu n'employeras ton Labeur

En terre de bonne ſenteur.

» Les trop pierreuſes ſont miſes au rang de celles qui produiſant
» beaucoup de fougere & de jonc , manifeſtent leur inſuffiſance à
» bien faire.
» Les terreins laiſſés en jachere ou en friche , dans leſquels ſe
» trouvent des reliques d'édifices antiques , ſont ſans doute les
» meilleures ; la raiſon eſt, qu'étant cuits & recuits à la longue, avec
» le mêlange des ſables & chaux des bâtimens démolis par feu ou
» vieilleſſe , ſe ſont rendus plus friables, & enſuite aiſés à cultiver :
» ayant par ce moyen de la graiſſe & de la douceur, qualités natu-
» relles à la production de tous les fruits.»
Quant au moyen de connoître les terres par leurs productions,
Serres paroît l'avoir en quelque façon adopté, quoique d'une maniere incertaine, ce qui eſt l'effet d'une très-grande pratique ſans
connoiſſance des principes. A cette méthode , il joint celle que
nous avons trouvée dans Liger. Ainſi la rapporter encore, ſeroit
ſe répéter fort inutilement : quant à la ſituation, il préfére le côteau,
diſant que la montagne n'eſt favorable qu'aux bois & aux pâturages,
fondé ſans doute ſur ce vieux *dictum,*

En terroir pendant
Ne mets ton argent.

Voilà tous les moyens jufqu'ici employés pour la connoiffance des terres & de leurs propriétés. Le Lecteur jugera de leur infuffi- fance par la certitude de ceux que nous allons lui donner d'après l'Auteur Anglois.

CHAPITRE IV.

Divifé par Articles, par Obfervations & par Reflexions, fur l'efti- mation des terres felon leur valeur intrinfeque.

A PEINE notre Préface fortoit de deffous la preffe, que des perfonnes de diftinction à qui nous avions il y a quelque tems communiqué un Recueil d'Obfervations fur la valeur intrinfeque des terres, ont exigé de nous que nous le miffions dans ce Volume. Cet Article en effet paroît avoir affez d'analogie à notre Ouvrage, pour qu'on ne nous foupçonne point de vouloir fans raifon multi- plier les feuilles: les moyens que nous préfentons pour parvenir à une eftimation jufte, paroiffent affez intéreffans pour la fociété qui eft compofée d'acheteurs & de vendeurs; afin que l'on faffe quelque accueil à notre zèle & à nos foins, quand même cette matiere feroit abfolument étrangere à notre fujet. Nous ofons nous flatter que bien des perfonnes recevront avec fatisfaction les moyens que nous leur offrons pour éviter d'être facrifiées à la cupidité de certains eftima- teurs & directeurs des terres en faifies réelles, qui ne reconnoif- fent d'autre regle que leur intérêt perfonnel, ou dont l'ignorance (nous parlons des premiers) eft infailliblement préjudiciable foit à l'acquereur, foit au vendeur.

On ne voit point d'Auteur qui ait trouvé ce fujet digne de lui, ou du moins eft-il toujours vrai de dire que tous les Ecrivains l'ont paffé fous filence foit par oubli, foit par négligence; ou bien peut- être ont-ils penfé qu'il n'étoit pas néceffaire de donner des moyens de procéder à l'eftimation des terres, abandonnant cette partie aux Arpenteurs & aux eftimateurs que l'on nomme; il n'eft rien ce- pendant qui nous paroiffe plus important que de former un jufte

& fage eftimateur, pour éviter les bévues que l'on fait tous les jours, foit au préjudice de ceux qui acquierent, foit de ceux qui vendent. Comme il eft affez fréquent que les derniers vendent par néceffité ou par force, c'eft leur caufe que nous avons en vue ; nous ne prétendons cependant point établir leurs intérêts au détriment des acquereurs. Peut-être qu'un motif fi jufte juftifiera notre zéle, & que l'on nous traitera avec indulgence, fi malgré toute notre attention nous n'avons pas abfolument levé toutes les difficultés qui pourroient fe préfenter.

Il fuffit en France d'ouvrir une carriere, pour fe voir tout d'un coup fuivi d'une foule de perfonnes. Elles pourront corriger ou ajouter aux moyens que nous propofons pour les bonnes eftimations. Nous préfentons nos obfervations, nous donnons ce que nous avons, & nous le donnons dans la vue du bien public.

ARTICLE PRMIERE.

L'étendue de la fuperfice des terres. Combien il eft néceffaire aux Eftimateurs de bien la connoître.

COMMENT en effet eftimer avec juftice des terres fans en avoir auparavant confidéré avec exactitude la fuperficie. Rien de plus néceffaire que cette connoiffance. Elle eft la plus fûre & la moins fujette à erreur. Mais fi l'on s'y bornoit, on ne fixeroit pas toujours la jufte valeur des biens. Si elle réuffit quelquefois, l'eftimateur doit ce fuccès au hafard.

Je confeille donc aux acheteurs & aux vendeurs de commencer par faire mefurer le terrein, afin que les eftimateurs ayant une connoiffance parfaite de la quantité de la fuperfice, puiffent faire avec fuccès ufage des moyens fuivans. Car quoique la mauvaife foi marche le front levé, & que la vertu oppofée rougiffe, pour ainfi dire, d'affifter aux achats ou échanges qui fe font, je voudrois que quand il eft queftion d'un terrein, on agît de bonne foi. J'avoue cependant qu'une eftimation vicieufe des terres n'eft pas toujours l'effet de la méchanceté, mais bien de l'ignorance de ceux qu'on charge de cette fonction.

J'ai vu fouvent que faute des connoiffances que j'annonce, les hommes les plus réputés fe trompoient, & faifoient les eftimations les plus erronées, principalement dans les poffeffions vaftes, montagneufes & coupées par des rochers , où il y a ordinairement des vallons qui ne font pas cultivés, & qui font couverts de brouffailles, de mauvais bois , de châtaigniers & même de chênes qui font rabougris , ou dans les marais qui font à découvert ou couverts d'eau : il eft certain que dans ces circonftances s'en rapporter à l'œil , c'eft hafarder les intérêts du vendeur. L'œil dans cette occafion ne peut juger avec juftefle de l'étendue d'un femblable terrein ; de-là les erreurs confidérables qui fe font dans les eftimations.

Je fçais que dans les plaines qui font ordinairement divifées en petites parties par les foffés qui fervent aux écoulemens des eaux , on dit qu'il n'eft pas néceffaire de mefurer la fuperficie , puifqu'on peut foudain la connoître par la quantité de la femence qu'on y jette. Mais alors il faudra donc ajouter foi à tout ce qu'il plaira aux cultivateurs de répondre lorfqu'ils feront interrogés. Qui ne fçait que ces gens font fufpects , que rarement ils difent la vérité : d'ailleurs je ne vois rien de fi équivoque que cette méthode , quand bien même on feroit affuré de la fidélité du rapport des Cultivateurs. Les terres font plus ou moins légeres , plus ou moins graffes , plus ou moins fablonneufes , plus ou moins pierreufes ; or il n'eft pas de Cultivateur éclairé qui ne fçache que c'eft la feule qualité de la terre qui regle la quantité de femence qu'il faut jetter ; car tel arpent de terre qui reçoit une telle quantité de froment eft bien fupérieur pour le prix à un arpent & demi de terre, qui reçoit deux fois plus de femence ; & en ce cas il n'y a donc que la connoiffance de la qualité des terres qui puiffe rendre un Eftimateur affuré dans fon eftimation. C'eft ce qui m'oblige à commencer l'Article fuivant par quelques Obfervations propres à donner cette connoiffance , dont certainement on doit fentir la néceffité.

ARTICLE II.

Obfervations que les Eftimateurs doivent faire pour reconnoître &
s'affurer de la qualité des terres & d'autres circonftances.

APRE's la connoiffance que l'on a acquife de la quantité du terrein , il eft autant & même plus néceffaire d'acquérir celle de la qualité des terres que l'on doit eftimer : il eft vrai que celle-ci ne s'acquiert pas avec autant de facilité que l'autre : je fçai même par
expérience

expérience qu'il eft très-difficile d'y parvenir. Les perfonnes que j'ai
vu fe vanter de la poffeder, ont été bien étonnées quand je leur
ai prouvé par des analyfes fuivies avec une attention fcrupuleufe,
qu'elles ne la foupçonnoient pas : les regles que l'on peut donner
fur cette matiere ne peuvent être faifies qu'après une longue & conf-
tante pratique, attendu qu'on ne peut point, comme dans l'arpentage, en venir facilement à la clarté de la démonftration. Cependant
je remplirai du mieux qu'il me fera poffible l'engagement que j'ai
pris. Et peut-être qu'à force de me mettre à portée du cultivateur,
je lui ferai faifir quelques principes généraux dont il pourra fentir
dans la fuite les avantages.

Premiere Obfervation.

IL faut faire d'abord en différens lieux du terrein que l'on veut
acheter, des trous ou foffes, & obferver avec attention la profondeur
de la terre déja labourée & ameublie. Si cette profondeur qui dans
les plaines doit être de trois pieds au moins, & dans les lieux
montagneux d'un pied & demi, eft par-tout égale, parce qu'on
ne peut nier que fi la profondeur varie ça & là, la valeur intrinfeque
doit auffi varier. Car fi l'acquereur voyant une fuperficie graffe fur un
arpent de terrein, plonge la fonde dans un feul endroit ; s'il trouve
les trois pieds de profondeur qu'il defire, & fi après cet effai il entre
en marché, toujours bien perfuadé qu'il achete un arpent de fuperficie fur trois pieds de profondeur, n'eft-il pas vrai qu'il fait un
marché défavantageux, fi cette même profondeur ne fe trouve point
également dans toute l'étendue du terrein, & que par conféquent fi
un quart de l'arpent n'a qu'un pied ou un pied & demi de profondeur, il achete le terrein beaucoup plus qu'il ne vaut. Mais auffi fi
l'eftimateur tombe précifément fur la partie de l'arpent qui a le moins
de profondeur ; & fi après avoir fondé une fois il eftime le terrein
fur le prix d'un pied & demi, n'eft-il pas également certain qu'il
fait perdre au vendeur trois huitiémes ou environ de la valeur
intrinfeque. Or celui-ci le plus fouvent vend par néceffité, & par
cette même raifon fa perte double. Il paroît donc effentiel de percer
la terre de diftance en diftance, & de marquer fur un papier les
divers degrés de profondeur qu'elle perd ou qu'elle gagne, pour
en faire une compenfation jufte dont on forme un prix qui ne foit à
charge ni au vendeur ni à l'acheteur.

Seconde Obſervation.

MAIS cette précaution qui, jointe à l'exactitude de l'arpentage, eſt très-importante, ne ſuffit pas. Quand on veut bien eſtimer les terres, il faut encore avoir celle de bien obſerver le grain de la terre; je veux dire qu'il faut examiner ſi la terre a peu ou beaucoup de conſiſtance, ſi elle eſt vicieuſe, c'eſt-à-dire peſante, rude & difficile à travailler; ſi elle eſt pâteuſe, ſaine, legere & naturellement prompte & active, ou bien pareſſeuſe, maigre & lente; ſi elle eſt mêlée de gravier, de ſable & de ſablon, & en quelle quantité. S'il y a beaucoup de pierres, petites & par éclat, s'il y a la commodité de l'eau, non-ſeulement pour arroſer pendant l'été, ce qui eſt très-important, mais encore ſi les eaux qui ſont à portée ſont ſaines pour l'uſage des Payſans & des beſtiaux; ſi au contraire elles manquent ou ſont éloignées, ou mauvaiſes, il eſt certain que ces circonſtances diminuent conſidérablement le prix de la terre.

Troiſiéme Obſervation.

JE reviens à un article important que j'ai déja touché, mais qui demande encore quelques réflexions. Si la nature du terrein, je l'ai déja dit, n'étoit pas égale dans toute ſon étendue comme il arrive ſouvent, & qu'elle variât du côté de la profondeur, ainſi que de la qualité, il faut avoir le ſoin de s'en reſſouvenir pour le diviſer auſſi exactement qu'on le peut en pluſieurs claſſes; ſçavoir, 1ere, ſeconde, troiſiéme, quatriéme, en rapportant ſur le papier le degré de leur différence. Enſuite on fait un extrait pour ſçavoir à combien monte chaque qualité pour en former le prix relativement à toute la maſſe.

Il faut auſſi prendre garde ſi les terres que l'on eſtime ſont propres à la production des arbres, & ſi elles ſont en état de leur fournir long-tems des ſucs ſuffiſans pour leur accroiſſement. On n'oubliera pas ſurtout d'examiner les dépenſes auxquelles elles doivent expoſer le cultivateur, pour les entretenir en bon état.

Quatriéme Obſervation.

IL ſe préſente, entre autres Obſervations, une remarque qu'il faut faire, s'il y a des terres abandonnées, ou qui n'ayent pas été cultivées; & ſi elles peuvent être facilement & à peu de frais miſes en valeur, ce qui doit déterminer l'eſtimateur à en augmenter le prix. Il doit dans ces occaſions tenir un juſte milieu en ne les conſidérant ni comme cultivées, ni comme incultes, ſurtout ſi le fond n'eſt point d'une qualité ſupérieure, mais ſeulement raiſonnablement bon.

Cinquiéme Obſervation.

Je ne penſe pas qu'il y ait d'acquereur aſſez dépourvu de bon ſens & aſſez peu éclairé ſur ſes intérêts, pour acquérir des biens ſans avoir préalablement pris des informations ſuffiſantes, pour ſçavoir s'ils ſont libres ou chargés de cens annuels qu'on ne puiſſe racheter, comme par exemple, d'argent, d'huile, de vin, de bois; & ſi leſdites redevances ſont exemptes & libres, non-ſeulement des cas fortuits, comme de la grêle, des inondations, ou ſi elles ſont ſujettes à diminuer, & l'on fera particulierement attention au montant de ladite redevance, en la rapportant ſur la valeur des biens. Enfin on remarquera avec moi que les cens reviennent tous les ans, & que pour peu importans qu'ils ſoient par la modicité du prix, ils le deviennent beaucoup par rapport à l'incommodité & l'embarras que donne le ſoin de les payer tous les ans, & d'en conſerver les quittances.

D'ailleurs, la redevance eſt l'emblême de la ſervitude; qu'on remonte à ſon origine, on en trouvera dans ſon inſtitution tous les caractères; puiſque le cens n'étoit chez les Romains qu'un droit qu'avoient les Patrons ſur les affranchis. Ainſi on ſent parfaitement que des charges ſemblables diminuent beaucoup le prix des biens, mais toujours en raiſon du montant de la redevance. Mais je voudrois qu'on ajoutât à la ſomme un certain prix pour le déſagrément de la ſervitude que le cens repréſente.

ARTICLE III.

Ce qu'il faut obſerver à l'égard de la ſituation & de la poſition des biens.

La premiere attention d'un eſtimateur, & qu'il doit naturellement faire, eſt de conſidérer la ſituation du bien qu'il doit eſtimer. Mais comme cette Obſervation n'eſt que l'effet d'un premier mouvement, il arrive ſouvent qu'il l'a fait ſans avoir aucun but: or il en doit avoir un; il eſt eſſentiel,　　　　　D ij

Premiere Observation.

Il faut donc qu'il observe si les biens sont voisins & à portée des
Villes, Châteaux, Bourgs & autres semblables lieux peuplés, ou
s'ils en sont éloignés (ce qui fait une différence essentielle pour l'estimation des biens): si le transport des denrées est facile pour les
débiter avec avantage, avec moins de peine pour les Paysans, &
avec moins de fatigue pour les animaux. Il est raisonnable de penser
que lorsque ces circonstances se réunissent en faveur du bien qui est
en vente, il gagne beaucoup pour le prix.

Seconde Observation.

Il n'est pas moins important d'observer si les biens sont situés en
plaine ou sur le penchant des collines; parce que les terres qui sont
dans cette derniere position demandent beaucoup plus de tems dans
leur culture, & beaucoup plus de dépense pour les soutenir & les
défendre des écoulemens des eaux, qui acquierent du poids à proportion de la pente, tombent avec précipitation, & entraînent la
partie la plus substantielle des terres. On fait aussi attention à leur
exposition. Cette remarque est de très-grande importance.

Troisiéme Observation.

Lorsqu'on veut acquérir une terre, il faut examiner aussi si elle
est voisine de quelque fleuve, riviere, torrent ou canal considérable,
dont par la crue des eaux elle peut être endommagée, ce qui expose
à des dépenses exorbitantes & très-souvent inutiles. Il faut aussi
observer si elle est près de quelque ruisseau, égoût, ou de quelqu'autre endroit, d'où on puisse tirer de la terre & des dépôts de
bonne matiere, soit pour élever le terrein à peu de frais, soit pour
l'améliorer & le faire même quelquefois changer de nature, &
augmenter par conséquent considérablement son prix, comme je
l'ai vu souvent arriver ; attention très-souvent négligée par les
estimateurs, mais très-importante pour celui qui vend.

Quatriéme Observation.

Les estimateurs doivent observer si les terres sont situées en des endroits naturellement bas & exposés aux inondations, au froid, à être ruinés par les fleuves & rivieres ; si elles sont auprès des chemins & en exposition salubre, & si le transport des denrées à leur destination est facile ou difficile, incommode ou dispendieux.

Cinquiéme Observation.

Si les biens sont dans des lieux plus ou moins peuplés, ou dans des vallons où l'air soit froid, & plus exposés par conséquent à la gelée, à la brume & aux autres intempéries de l'air.

Sixiéme Observation.

Si les biens sont voisins de certains bourgs ou lieux habités par des personnes misérables & par conséquent exposés aux rapines des habitans, & sujets à de grands dommages sans espérance de pouvoir y remédier ; on voit bien qu'une circonstance semblable, qui tient toujours le propriétaire dans des inquiétudes, diminue considérablement le prix des biens.

Septiéme Observation.

Si tous les biens du Domaine sont contigus & ne font qu'un corps, ou bien s'ils sont divisés en plusieurs parties, qui, comme il arrive souvent, se trouvent éloignées considérablement les unes des autres, & distantes de la maison des laboureurs ; ce qui occasionne des procès longs & épineux pour les passages ; circonstance qui doit déterminer l'estimateur à mettre une grande diminution dans le prix des terres.

De toutes ces considérations exactement pratiquées, l'estimateur ne peut que recevoir des lumieres suffisantes pour lui faire estimer avec justice toutes les terres que l'on lui présentera.

ARTICLE IV.

Des Observations qu'il faut faire , non-seulement sur la Culture actuelle des biens qu'on doit estimer , mais encore sur les Fermes ou Maisons & autres circonstances également essentielles.

PREMIERE OBSERVATION.

COMME on ne sçauroit trop faire d'attention aux circonstances qui peuvent diminuer ou augmenter le prix des biens, nous ajouterons d'autres observations , qui nous paroissent assez importantes pour les mettre sous les yeux des Estimateurs.

Leur ministere est donc de remarquer si la culture des terreins a été faite dans le tems , & avec soin & suivant les regles d'une bonne Agriculture, principalement dans les lieux montagneux. J'entends par cette bonne Agriculture , rélativement à ces lieux ainsi situés , si on en a tari les eaux souterraines, & détourné les eaux superficielles ; celles-ci sont les plus difficiles à maîtriser , & celles à qui il importe le plus de donner un écoulement.

Seconde Observation.

IL faut examiner si ces terreins montagneux , ou qui sont en pente , ont d'espace en espace de petites murailles ou des fossés bien relevés , dont les bords soient garnis d'herbes, de bonnes épines entrelassées pour soutenir le terrein, le garantir des pluies, & en empêcher l'éboulement. Si le terrein n'est point soutenu par ces remparts, & s'il menace d'écrouler en peu de tems, il est juste que la dépense excessive qu'entraîne une telle réparation entre dans le total du prix. On en fait le calcul dont on forme un montant qui soit à l'avantage de l'Acquereur, sans pourtant léser, s'il est possible, celui qui vend : nous prenons ici l'intérêt de celui qui achete, parce que deux jours après la passation du contrat, un ouragan peut lui découvrir son terrein sans lui laisser l'espoir de pouvoir le reparer ; le seul tuf seroit le seul bien qui lui resteroit : j'ai été témoin d'un accident semblable.

Quant aux biens qui sont sur les bords des ruisseaux ou des rivieres, fi l'on s'apperçoit qu'ils font expofés au danger des inondations, ou que les réparations pour parer cet accident, font d'une grande dépenfe, les Eſtimateurs feront uſage du moyen précédent.

Troiſiéme Obſervation.

Oɴ examinera fi les jeunes arbres fruitiers & les vieux donnent de bonnes efpérances, ou s'ils font languiſſans & dans un état fi trifte qu'on ne doive point compter fur eux. Alors il faut bien prendre garde fi cette maladie vient du défaut de culture ou de quelque vice du terrein; cet article-ci eſt important, attendu que dans les lieux montagneux & en pente, il y a quelquefois des lezardes dans le tuf & dans le fol, par où les arbres pouſſent leurs racines; ne trouvant plus de fubftance, ils tombent en langueur malgré la bonté du terrein qui eſt fur la fuperficie, fe deſſéchent & périſſent néceſſairement, quoiqu'on leur donne la culture la plus foignée & la plus judicieufe. La maladie du tuf eſt pour les arbres, dit Monfieur de la Quintinie, une maladie incurable : fi au contraire on s'apperçoit que cette langueur ne vient que de la négligence du Cultivateur, cette circonftance n'eſt pas fi férieufe que la précédente; pourvû toutefois que les jeunes arbres ne foient point tombés dans une efpece de rachite, & pour parler comme les Jardiniers, pourvû qu'ils ne foient point rabougris.

On fera auſſi un examen de tous les arbres qui fe portent bien, comme de ceux qui commencent à dépérir, & par-là à diminuer le revenu qu'ils peuvent produire. Les végétaux ne durent point long-tems, fur-tout certains arbres fruitiers. Leur regne eſt d'une fort courte durée; il faut donc alors compter & calculer les efpeces qui font en plus grand ou plus petit nombre, faire des claſſes de leur âge & de leur qualité : cette exactitude devient abfolument néceſ-faire, fur-tout dans l'eſtimation des biens d'une vafte étendue; & où l'on éleve beaucoup d'oliviers, de vignes, de mûriers blancs : on fent combien la remarque que je fais eſt importante.

Quatriéme Obſervation.

Oɴ obfervera fi la terre eſt dans une pofition à être femée faci-lement, fi toutes les fortes de grain lui conviennent, & fi ceux qu'elle peut produire font fuffifans pour nourrir les beftiaux; parce que tout bien qui manque d'alimens pour ces animaux, ne peut pas en avoir beaucoup, & par conséquent manque de fumier, qui est la base d'une bonne & solide Agriculture.

Cinquiéme Observation.

Si dans les biens qu'on achete il y a par-tout, mais à une distance raisonnable, la quantité & la qualité des arbres qui puissent être entretenus suivant l'étendue du terrein qu'ils occupent; s'il y a des échalats, des cannes, des saules, & généralement tout ce qui est nécessaire à l'usage de la vigne & des arbres pour les étayer; si ces biens en manquent, ou s'ils en ont une si grande quantité que l'on puisse en vendre, ce qui arrive souvent dans les terres naturellement fraîches & saines, & qui donne en effet beaucoup de profit.

Sixiéme Observation.

S'il y a dans ces biens des parcs & des bois de haute futaye répandus dans les possessions, & s'ils sont parvenus à un âge & une qualité propres à la construction de charpente, de meubles, &c. c'est sur cette considération que l'Estimateur doit essentiellement appuyer & prendre garde de s'en rapporter trop imprudemment à ses seules lumieres. La prudence & l'équité veulent qu'il consulte dans ce cas les gens de l'état, qui accoutumés à manier ces matieres, en connoissent plus parfaitement la juste valeur. Il aura donc recours à un Charpentier & à un Menuisier : cette attention est d'autant plus importante, qu'il y a des terres où les arbres surpassent en valeur la valeur intrinseque du fonds.

Septiéme Observation.

Si les maisons des Paysans & les étables & écuries sont en bon ou mauvais état, & ont toutes les commodités nécessaires; si elles sont proportionnées à la quantité des biens, si elles menacent ruine : dans le dernier cas il faut stipuler la somme à laquelle peut monter la dépense qu'il faudra faire pour les réparer ou pour les rebâtir. On portera cette somme sur la valeur à laquelle les biens peuvent être fixés, à titre de réparations urgentes; parce que ces logemens sont absolument nécessaires pour la culture des terres, & pour y renfermer leurs productions.

Huitiéme

Huitiéme Observation.

Voici un cas dans lequel l'estimation devient extrêmement difficile ; lorsque, par exemple, il y a une grande quantité de terrein divisé en plusieurs Fermes , avec des moulins à vent , moulins d'eau, d'huile, de papier, des fabriques de cuivre, des fours à chaux ou autres choses semblables, avec des maisons de plaisance , avec des jardins où il y a des jets d'eau. On examinera principalement si l'entretien des conduits est d'une grande dépense ; si la pierre, la terre & les bois pour faire valoir les fours ou fourneaux , sont d'un transport difficile ou aisé par la distance ; enfin si tous ces établissemens ne dépérissent pas, & on en fera séparément le détail, après avoir consulté des Maîtres Maçons, ou des Architectes équitables.

Après que l'Estimateur aura mis de point en point en usage cet examen, il déterminera la valeur des biens, mais toujours à raison de tant l'arpent , le journal, le quartier, en un mot à raison des mesures des pays ; il ne perdra jamais de vûe un certain milieu qu'il est juste de garder. Cette voie me paroît la plus sûre pour lui, pour le vendeur & pour l'acquereur. Je sçais qu'il est des Estimateurs qui ne donnent que des raisons frivoles , par lesquelles on ne peut point déterminer la juste valeur des biens ; il en est d'autres , qui guidés par un intérêt sordide, cherchent à éluder, pour faire tomber dans leurs filets le vendeur ou acheteur, & quelquefois pour les mettre l'un & l'autre à contribution. Incertains & irrésolus , ils tiennent le vendeur en suspens & intimident l'acquéreur par des discours à double entente. Un Estimateur honnête homme, ne craint au contraire que de se tromper au préjudice de l'une ou de l'autre partie ; c'est pourquoi il n'épargne point ses peines : l'amour de la Justice lui donne des aîles ; il va & vient, se transporte plusieurs fois sur les lieux ; rien n'échappe à ses regards scrupuleux : le plus petit buisson subit son examen ; toujours la sonde à la main , il ouvre la terre, en examine la qualité & la profondeur : il perce même d'intervalle en intervalle les murs de la Ferme, pour juger de leur solidité par leur épaisseur & par les matériaux dont ils sont construits ; enfin il est tout à ce qu'il fait, pour ne pas faire d'estimation qui enleve un bien à une personne au préjudice de l'autre.

Neuviéme Obſervation.

Lorſque les Eſtimateurs ſont d'accord, & qu'ils ont établi le prix des biens, ils doivent faire une addition des différens montans des extraits que j'ai conſeillé de faire : on calcule & l'on trouve la ſomme totale que l'on ſouſtrait de la ſomme totale des biens. On préleve auſſi les droits, tant du Prince que du Seigneur, & de tels autres Particuliers, dont les rentes ſont établies ſur leſdits biens, pour une année ſeulement. Toutes ces précautions répondent de la juſtice de l'Eſtimateur, pourvu qu'il ne ſoit point ſuſceptible de partialité, ou de telle autre vûe d'intérêt qu'on voudra.

Dixiéme Obſervation.

Comme je dois dans l'art. ſuivant parler de la méthode dont ſe ſervent quelques Eſtimateurs pour fixer ſimplement & ſans faire aucune obſervation, le prix des biens par le revenu qu'ils produiſent, & par les connoiſſances que les Payſans en donnent, je prie de croire que mon deſſein n'eſt pas de porter préjudice à quelqu'un. Ceux qui ont quelque connoiſſance ſur ces matieres, ſont perſuadés que cette façon d'eſtimer, entraîne après elle des erreurs & des fraudes : car enfin, s'il étoit vrai, comme des Eſtimateurs ignorans le prétendent, qu'on pût eſtimer avec fûreté les biens par leurs revenus annuels, la premiere femme qui ſçauroit un peu écrire & compter, pourroit ſans ſortir de ſa maiſon, ſe donner pour Eſtimatrice ; il ne faudroit donc plus ſe donner tant de ſoins pour le choix des Eſtimateurs, ni prendre les autres précautions qu'on croit cependant ſi néceſſaires pour s'aſſurer & de leur probité, & de leur capacité : eſſayons donc de faire revenir de leur erreur ceux qui entre les Eſtimateurs de cette eſpece ſont le moins entêtés, & qui ſont ſi peu intelligens, qu'ils ne ſçavent déterminer la valeur intrinſeque des biens que par les revenus qu'ils rendent.

ARTICLE V.

Observations & avis nécessaires aux Estimateurs, qui déterminent la valeur du fond des biens par les seuls revenus qu'ils produisent.

SI je n'avois fait que pour moi les observations que je donne, je serois plus que satisfait de leur certitude, & je m'en tiendrois à l'évidence invincible de l'expérience. C'est par elle que je me suis confirmé dans l'idée que les estimations des biens faites sur leurs produits étoient erronées. Je me suis fait une loi dans le Chapitre précédent de le prouver, pour faire voir à ceux qui suivent cet usage, qu'ils doivent se tenir sur leurs gardes pour ne pas retomber dans les erreurs anciennes dont ils n'ont pû jusqu'à présent se garantir : je vais tâcher de remplir mon engagement.

Premiere Observation.

Pour les convaincre de l'incertitude de leur méthode, je ne m'étendrai point en raisonnemens ; je m'attacherai à des preuves solides, & par là je remplirai deux objets ; celui de les convaincre, si je n'ai pas le plaisir de les persuader, & celui d'éviter la prolixité qui sur cette matiere-ci seroit plus ennuyeuse que sur toute autre.

Je suppose, par exemple, que je dois estimer des terreins situés sur des collines ou sur des monts, que ces terreins sont dépouillés, qu'il n'y a ni vignes, ni oliviers, ni aucune autre espece d'arbre fruitier ; que cette terre a été tellement négligée, & est tellement dépérie, que par la mauvaise culture de plusieurs années, les rentes qu'elle rend ne sont ni en raison de sa quantité ni de sa qualité, & encore moins de la valeur intrinseque du fond : dans une semblable circonstance, qui ne voit qu'en évaluant ces biens selon les revenus qu'ils produisent, le vendeur seroit lésé ? Et il le seroit en effet de la moitié, en ce que cesbiens qui, par rapport à leur qualité & d'autres circonstances favorables, vaudroient, par exemple, quinze ou dix-huit mille livres, ne monteroient pas à la moitié, en consultant le montant des rentes, quoique recueillies avec toute l'exactitude imaginable ; & cette lésion ne seroit cependant produite que par la diminution des revenus qui ne viendroit pas du défaut de la terre ni d'aucun accident, mais de la mauvaise conduite des Maîtres ou

des Cultivateurs à leurs gages ; car la terre n'eft jamais ingrate ; on
la donne même pour le fymblole de la reconnoiffance.

Seconde Obfervation.

Si l'on prenoit l'obfervation précédente au pied de la lettre, on
pourroit m'objecter que je tombe en contradiction. J'avoue que le
prix des biens négligés doit diminuer à proportion de la négligence
avec laquelle ils ont été cultivés ; mais on conviendra qu'il faudroit
qu'une terre de cent mille francs fût abfolument en friche, pour
qu'elle pût perdre cinquante mille francs. Au refte, il paroît par
l'exemple dont je me fuis fervi, que les terres font cultivées &
rendent quelque revenu : ainfi l'objection me paroît fuffifamment
levée ; je puis donc foutenir avec raifon à ces Eftimateurs ignorans
que j'attaque, qu'on ne peut point donner un prix jufte felon leur
valeur intrinfeque aux biens fonds, en ne confultant que leurs produits, & que leur eftimation eft injufte lorfqu'ils n'ont point d'autre
bouffole.

Troifiéme Obfervation.

Mais on trouve auffi quelquefois des biens fi bien cultivés, qu'au
bout de quelque tems les revenus annuels qu'ils produifent, excédent
confidérablement le prix de leur valeur intrinfeque : tels font certains
biens voifins de Paris, où les Propriétaires moins animés par l'intérêt que par le plaifir de voir leurs biens exactement cultivés &
ornés de beaucoup d'arbres, ne font point difficulté de dépenfer ce
qui eft néceffaire, non-feulement pour la culture, mais encore leur
donnent toutes fortes d'amendemens, afin d'y établir une peuplade
de beftiaux fous la conduite de certains Adminiftrateurs dont ils
connoiffentla capacité & la vigilance, foit pour la terre, foit pour le
trafic des beftiaux. Auffi on entend toujours vanter les récoltes que
l'on fait fur de femblables terreins : or, l'excédent de ces productions
& de ces rentes ne dépend point précifément de la nature du terrein,
mais de l'argent que le Propriétaire y a employé, & de l'induftrie
des gens qui font à fes ordres. En effet, que cesmêmes biens paffent
à d'autres perfonnes qui ne font point en état de faire la même dépenfe, & qui fe contentent du feul revenu qu'ils peuvent rendre avec
une culture raifonnable, on verra qu'à la feconde ou troifiéme, ils
ne rendront point la troifiéme partie de ce qu'ils rendoient. Or, fi
un Eftimateur n'a alors pu juger du prix des biens que fur leur

revenu, je demande quelle fera fon eftimation: fera-t'elle jufte? non fans doute; parce que pour qu'elle fût telle, il faudroit que le vendeur vendît, non-feulement fon induftrie, ce qui n'eft pas praticable, mais encore fes facultés, ce qui eft ridicule.

De toutes les obfervations que je viens de faire, il réfulte qu'on doit voir combien eft vicieufe l'eftimation que l'on fait des biens, lorfque l'Eftimateur n'a pour la faire d'autre principe que la con-noiffance des revenus qu'ils produifent.

Quatriéme Obfervation.

Mais, diront certains Eftimateurs, nous donnons l'augmenta-tion aux biens négligés, & la diminution à ceux qui font cultivés avec foin. Il eft aifé de répondre; je dis que pour augmenter ou diminuer en proportion exacte le prix d'un terrein, il faut, outre la connoiffance & l'ufage avoir recours à la connoiffance de la quantité & de la qualité, & autres particularités dont j'ai déja parlé pour déterminer avec fageffe, le montant de l'augmentation ou de la diminution: autrement on fe trompe; mais puifque ces Eftimateurs fi expérimentés, font fi prévenus en faveur de leurs connoiffances, pourquoi ne fixent-ils pas l'augmentation ou la diminution par la valeur de la quantité & de la qualité, fans s'embarraffer des reve-nus, pour être enfuite obligés de chercher à tâtons l'un & l'autre, & s'expofer à faire des bévues? Difons que la bonne théorie leur manque; c'eft elle cependant qui dans la pratique eft le principe par lequel on parvient à l'art de diftinguer avec certitude les diverfes efpeces de terres, & de décider fi elles ont beaucoup ou peu de corps, fi elles font graffes, pâteufes, promptes, actives & faciles à la production, propres à la confervation & à l'accroiffement des arbres, ou bien fi elles font pefantes, groffieres, maigres, rudes, dures & difficiles à ameublir, fi elles font trop legeres, déliées & chargées de fablon ou de fable, fi elles font naturellement ou artificiellement faines, fi elles font faciles à améliorer, & quelquefois même à changer de nature.

Qu'un Eftimateur aille à Montreuil, qu'il eftime, par exemple, un bien de cinquante arpens d'étendue; je veux même ajouter qu'il ait le foin d'examiner la terre, de la toucher, de la goûter, il lui trouvera un grain des plus déliés, une couleur des plus favorables; que le Propriétaire lui dife qu'il afferme ce terrein quarante francs l'arpent, & que l'Eftimateur l'eftime fur ce rapport; quelle bévue ne fera-t-il pas au préjudice de l'acquereur , s'il ne s'eſt point auparavant informé des ſemences qu'on a jettées dans ce terrein ? Il l'eſtimera huit fois plus qu'il ne vaut ; puiſqu'il eſt vrai de dire que ce terrein qui vient d'être affermé quarante francs l'arpent , ne l'eſt plus que cinq après l'échéance du bail. Pourquoi cela , me dira-t-on , parce qu'il a été épuiſé par les fraiſes & par les aſperges qu'on y a cultivées pendant les trois années du bail ? Cependant la terre conſerve ſa couleur , & malgré cet avantage elle ſe trouve dépouillée de tous ſes ſels , perte qu'on ne peut reparer qu'au bout de cinq ou ſix ans à force d'engrais & d'amendement.

J'avoue que ſans m'en appercevoir , j'ai forcé mon calcul , mais ſi l'Eſtimateur veut , après avoir pris les informations que j'ai indiquées , faire une eſtimation juſte , il doit dans des cas ſemblables , faire un total des trois années qui rendent au Propriétaire cent vingt livres par arpent , & joindre cette ſomme aux ſix années qui ne lui rendent que trente livres ; ces deux ſommes faiſant celle de cent cinquante livres pour neuf ans , on diviſe celle-ci par année , & l'on eſtime le fond ſur le revenu annuel , qui monte à 16 l. 13 ſ. 4 d.

On ne doit pas moins s'attacher à connoître parfaitement la qualité des arbres à fruit , d'agrément , de ceux de charpente , de ceux qui ſervent à faire du charbon , ainſi que de ceux qui ſervent à brûler , &c.

Il eſt également néceſſaire de ſçavoir ſi le terrein qu'on eſtime eſt propre à la Prairie , & par conſéquent à y faire venir de quoi nourrir le gros & le petit betail.

J'ai aſſez fait ſentir l'utilité de toutes ces connoiſſances, afin que tout le monde ſoit perſuadé que ſans elles & d'autres qu'on apprend par l'uſage , il eſt moralement impoſſible de déterminer la valeur intrinſeque des biens.

J'ajoute encore que les rentes ne peuvent jamais ſervir à déterminer au juſte la valeur des biens , quand même ils ſeroient affermés à un juſte prix à des Fermiers qui payent exactement.

D'ailleurs , quelle fraude ne met-on pas en uſage , lorſque l'habitude de faire l'eſtimation par cette méthode , s'établit dans un pays. On paſſe un bail à mille écus , par exemple , tandis que le Fermier qui paroît par le contrat donner cette ſomme , en donne un tiers de moins par un contre-billet que ſon Propriétaire lui fait ; que deux ou trois baux ſoient paſſés avec la même bonne foi : le Propriétaire voulant dans la ſuite vendre ſon bien , préſentera ces derniers baux à l'Eſtimateur ou à celui qui veut acquerir , & demandera effrontément foixante mille livres au moins d'un bien qui n'en vaut tout au plus que quarante : fi l'Acquereur s'en rapporte à l'Eftimateur , quelle lumiere celui-ci pourra-t-il lui donner s'il n'a que fa routine établie fur les revenus?

Cinquiéme Obfervation.

Il eft encore un autre moyen de faire tomber l'Eftimateur dans un piége. Un Seigneur , ou encore mieux un Bourgeois, a un Domaine affez étendu dans un pays éloigné des Bourgs & Villages : fon terrein enclave des parcelles de terre dont les Propriétaires ne peuvent point faire ufage , par rapport à l'éloignement, & parce que appartenant à plufieurs Particuliers, chaque partie ne mérite point qu'on fe déplace ou qu'on fe tranfporte pour la cultiver foi-même, ou pour en confier le foin en payant. Ce Bourgeois étend fon terrein en louant pour vingt-neuf ans ou plus s'il veut ces lambeaux dont la plus grande partie eft entourée de fes biens. Il afferme fon Domaine, il fait voir à fon Fermier tout le terrein qu'il lui donne à cultiver ; celui-ci fait fon prix & travaille fes terres pour s'acquitter & avoir du profit ; ce Fermier qui ne fçait rien de ce qui fe paffe , dit à l'Eftimateur & à l'Acquereur qu'il afferme tant les biens de Monfieur tel. L'Eftimateur fur ce rapport & fur le contrat que l'autre peut montrer , décide que les biens valent tant. Cette erreur à la vérité ne feroit pas tout à fait imputable à l'Eftimateur, attendu qu'avec toutes les précautions que je lui ai déja indiquées , il ne pourroit point découvrir la fraude : auffi n'avons-nous donné cet exemple que pour prouver que les eftimations des biens fonds faites fur les revenus qu'ils produifent, font prefque toujours erronées.

Sixiéme Obfervation.

Il arrive fouvent que les biens font affermés trois ou quatre baux de fuite à des Fermiers errans & vagabonds, qui font monter la Ferme au prix que le Propriétaire demande, bien réfolus de n'en payer que le prix de leur jufte valeur, ou même quelquefois au-deffous, ce qui oblige le Propriétaire qui a fur ce point affermé de bonne foi, à caffer le bail au bout de trois ans, attendu qu'il n'eft pas payé ; cependant la ferme eft occupée au même prix ou peu s'en faut, par un nouveau Fermier, auffi peu exact que le premier à fes payemens. Le même inconvénient demande le même remede : le bail eſt encore caſſé : combien ne s'en peut-il pas faire de ſemblables de ſuite ? Les biens ſont expoſés en vente ; le Propriétaire préſente les trois derniers baux. L'Eſtimateur guidé par trois contrats, examine ou fait ſemblant d'examiner ſi les biens ſont détériorés, ou s'ils ont eu une culture raiſonnable, prononce déciſivement ſur le prix de ces biens, & va enſuite faire ſa réverence à l'Acquereur, lui vante l'excellence de ſon acquiſition. L'Acquereur ignorant tombe ſous ſa coupe, & lui paye encore le ſervice qu'il lui a rendu en lui faiſant acheter un terrein, un quatriéme ou au moins un ſixiéme de plus que ſa valeur intrinſeque : mais le vendeur qui a fait un bon marché, récompenſe encore plus généreuſement l'Eſtimateur ; ainſi l'on peut dire en quelque façon que c'eſt ici le procès de l'huître.

Qu'on ne me diſe point qu'il y a deux Eſtimateurs, dont l'un eſt pour le vendeur & l'autre pour l'Acquereur. Il y en auroit ſix ; mon obſervation n'en ſeroit pas moins juſte : c'eſt une même ame dans ſix corps. Obſervez bien les yeux de ces gens quand ils s'abordent, & vous entendrez par leurs regards ce qu'ils ſe diſent tacitement.

Or, je demande ſi lorſque des biens ainſi eſtimés ſont aſſignés pour dot, ou ſi l'on doit en faire quelque échange ; je demande, dis-je, ſi l'on peut avec un peu de ſens commun & de juſtice s'en rapporter à des eſtimations ſemblables.

Mais quand même, comme on a déja ſuppoſé, les rentes auroient été réelles & perçues pendant pluſieurs années, de façon qu'elles paroiſſent certaines & aſſurées du premier coup-d'œil ; il n'en eſt pas moins vrai qu'en les conſidérant dans leur véritable point de vûe, elles ne pourroient ſervir de regle pour fixer la véritable valeur du fond des biens ; nous allons faire des obſervations ſur ce point important.

ARTICLE

ARTICLE VI.

Contenant des Observations qui prouvent que les rentes , quoique certaines , ne peuvent point servir de regle assurée pour faire l'estimation des biens.

PREMIERE OBSERVATION.

J'AI eu de fréquentes occasions de remarquer, que dans plusieurs endroits , par exemple , dans le Languedoc, quatre ou cinq arpens de terre bien bonne & bien peuplée de mûriers qui étoient en bon état , étoient affermés dix , onze & même douze mesures de grain par arpent, avec la moitié du vin , sans y comprendre les feuilles des mûriers que les Maîtres se réservoient , & qui montoient à trois mille pesant par arpent ; desorte que ces rentes évaluées selon le prix courant du pays , montoient à une somme qui repartie sur le fond à raison de trois ou de trois & demi pour cent , augmentoit la valeur du bien jusques à cinq ou six cens écus l'arpent, tandis que sa valeur intrinseque n'est tout au plus que de trois cens écus, & si encore il faut qu'il soit bien situé , d'une excellente qualité, avec une ferme ou maison pourvue de toutes les commodités que l'on exige pour la culture des terres.

Or, la remarque que je fais sur les mûriers peut être appliquée aux figuiers, poiriers, pommiers, pêchers , & en général à toutes les autres choses dont le produit est toujours en raison de celui qui les fait plus ou moins valoir. On voit par conséquent que si les Estimateurs partent de cette valeur excédente, & qui n'est, pour ainsi dire qu'artificielle , pour déterminer la valeur intrinseque des fonds , ils ne peuvent faire que des bévues.

Envain ils diront que ces biens produisent depuis vingt ans & plus les mêmes rentes : je suis toujours fondé à dire, qu'en cette occasion le prix que produisent l'industrie & l'argent qu'on employe, ne doivent point être oubliés dans l'estimation : car n'est-il pas vrai que si ces mûriers qui dans les terres légeres & de peu de consistance périssent facilement, viennent à manquer , il faut faire des dépenses considérables pour les remplacer , dépenses qui se doublent & triplent par le tems qu'il faut attendre pour qu'ils soient en état de produire : si les fonds sont plantés en vigne, combien n'en coûte-t-il pas pour les remettre en état ? On ne finiroit point si l'on vouloit détailler exactement toutes les circonstances dans lesquelles l'industrie feroit tomber dans des erreurs ceux qui n'estiment les biens que par leur produit.

Seconde Observation.

D'ailleurs, il reste encore à observer si les Fermiers ont tenu fidélement compte à leurs maîtres de la moitié des productions, tant, par exemple, de la moitié de la farine que produit année courante un moulin, que de la moitié des feuilles des mûriers, des fruits, des raisins, des vins, des légumes, des melons, des lins, des chanvres, des châtaignes, des glans, des olives, des noix, des fromages, du beurre, du lait; de sorte que s'il y a de l'infidélité dans le rapport des Cultivateurs ou Fermiers dans quelqu'une de ces parties ou dans toutes en général, l'estimation que l'on fera des biens sera nécessairement erronée.

Troisiéme Observation.

Autre erreur qui s'est glissée dans l'estimation des biens : on n'évalue presque jamais les jardins qui servent uniquement pour les familles des Fermiers. Je ne comprends pas trop quelle raison peut déterminer à les passer ainsi sous silence, d'autant plus que ce terrein est presque toujours le meilleur de toute la Ferme; & comme le produit de cet espace de terre qui ne laisse pas d'être étendu, n'est point porté sur l'état des rentes, il résulte nécessairement que l'estimation est fausse.

Je conclus donc que pour fixer le vrai prix des biens, on ne doit point s'arrêter à d'autres regles que celles que j'ai données, dont la principale est la connoissance parfaite de la quantité & de la qualité du terrein, regle invariable, comme je crois l'avoir suffisamment prouvé. Les rentes ne sont que momentanées & sujettes à varier comme le tems; au lieu que l'estimation une fois faite, l'est pour plusieurs années.

Quatriéme Observation.

On peut cependant se dispenser des regles que j'ai prescrites dans l'estimation des jardins, parce qu'on peut plus facilement sçavoir ce qu'ils rendent annuellement, que les terreins qui sont en rase-campagne, où il y a des oliviers, des mûriers, des châtaigniers & des arbres fruitiers, & qu'ils ne sont pas si à découvert, c'est-à-dire, si exposés à la grêle, aux frimats & aux autres accidents, ou que si ces accidents les dévastent, le Jardinier les laboure de nouveau & y jette des semences, ou y met des légumes convenables à la saison, & se dédommage, sinon en tout, du moins en partie ; au lieu qu'en certains tems, par exemple, aux mois de Mai, Juin & Juillet, si quelqu'un des accidents dont je viens de parler arrive, il n'y a plus de ressource pour les terres ensemencées, & que les vignes & les arbres s'en ressentent même deux ans après.

De tout ce que je viens de mettre sous les yeux du Lecteur, on doit conclure que l'estimation des jardins déterminée par les rentes qu'ils produisent, ne pourroit ne pas être si sujette à erreur que celle des terrres que l'on ensemence, parce qu'il est aisé d'estimer un terrein peu étendu, assis orisontalement, nullement exposé aux inondations, & divisé en petits quarrés, de sorte qu'on en connoît au premier coup d'œil la quantité : cependant je fermerai ce Chapitre en assurant qu'on se comportera plus prudemment dans l'estimation même des Jardiniers, en la déterminant par la quantité & par la qualité du terrein.

ARTICLE VII.

Qui contient des Observations utiles à ceux qui, pour donner un prix aux biens, ne sçavent ou ne veulent pas se servir d'autre regle que de celle que je viens d'attaquer, & à ceux qui cherchent avec précaution le prix véritable des biens évalués à raison de tant l'Arpent, avec le prix qui résulte des rentes qu'ils produisent pour mieux s'assurer de leur valeur.

COMME ceux qui apprécient les biens ne veulent pas ou ne sçavent pas se déterminer à leur assigner un prix par d'autre méthode que par celle des revenus qu'ils produisent, la croyant la plus sûre, & pour ainsi dire infaillible, je suis persuadé qu'on ne se fixe à cet usage abusif, que pour s'épargner la peine & les soins que demande une bonne théorie pour être mise en pratique : mais on devroit du moins considérer qu'il y a beaucoup d'autres regles indispensables à observer, & qui ont une liaison si intime entre elles, qu'elles ne souffrent aucune exception, puisqu'elles sont des principes sur lesquels on établit une bonne estimation : mais puisque je viens de faire voir combien il est difficile d'arracher ces Estimateurs à leurs regles ordinaires dont ils ne veulent point se départir malgré les erreurs qu'elles enfantent, lorsqu'ils déterminent la valeur intrinseque des biens, je suis charmé d'être en état de leur procurer du moins quelques lumieres pour leur faire éviter une partie des erreurs dans lesquelles ils tombent, principalement lorsqu'ils estiment de grandes & vastes possessions divisées en plusieurs terres, & qui consistent en divers terreins dont les qualités & les situations sont différentes.

Ainsi lorsque l'occasion se présentera d'estimer des biens fonds qui sont raisonnablement entretenus ; j'entends par-là qu'ils ne sont ni négligés ni cultivés par une industrie extraordinaire, & par de grandes dépenses ; de sorte que leur production annuelle peut donner des lumieres à peu près suffisantes pour en déterminer la juste & intrinseque valeur ; on ne manquera point de faire les observations suivantes.

Premiere Observation.

On doit d'abord s'informer avec des personnes fidéles dans leur rapport, si les rentes ne dépendent point d'autre cause que de la qualité & quantité des biens & des arbres, ou si elles ne sont point l'effet des dépenses excessives qu'on y a fait par l'achat des fumiers que les Propriétaires y ont fait porter, ce qui donne aux terres une activité considérable, & l'on ne peut nier qu'en continuant ces mêmes dépenses, on ne fasse avec le tems changer la nature des terres & des arbres ; & en ce cas le prix & la valeur intrinseque des biens augmente, mais ce prix n'est jamais proportionné aux revenus. D'un autre côté, ces biens ne pouvant pas être ainsi entretenus par l'impuissance de ceux dont les facultés sont bornées, & qui sont hors d'état de faire les mêmes dépenses, soit pour les maisons, terres, arbres, soit pour les garantir des débordemens des rivieres, il arrive que toutes ces circonstances, en obligeant le nouveau possesseur à des dépenses qui se répétent tous les ans, & auxquelles il ne pourroit pas fournir, diminuent les productions, & conséquemment la valeur du fond en raison du peu de rapport, puisque par l'attention du maître les rentes peuvent avec le tems augmenter & correspondre au vrai prix du fond.

Par-là il eſt comme démontré que les ſeules rentes qui proviennent des biens fonds, fuſſent-elles durables & conſtantes, ne conduiroient jamais à la juſte appréciation des terres à raiſon de tant l'arpent, le journal, le quartier, ou telle autre meſure d'un Pays quelconque.

Mais pour mieux déteminer par les rentes annuelles la valeur intrinſeque des biens, & ſe mettre autant qu'il eſt poſſible, à couvert de l'erreur, je ſuis perſuadé que le Lecteur verra avec ſatisfaction les réflexions ſuivantes.

Seconde Obſervation.

Je dis d'abord que la récolte des bleds, des pois, des feves, des haricots, des veſces, des ſeigles, des orges, des avoines, des foins, & de toutes les autres denrées de cette eſpece qui proviennent immédiatement de la terre, occaſionnent moins de dépenſe & rendent des rentes plus fixes, par conſéquent moins ſujettes à des variations conſidérables; au lieu que les rentes que rendent les oliviers, les vignes, les mûriers blancs, les citrons, les orangers, les châtaigniers manquent, & ce qui eſt encore plus fâcheux, meurent en peu de tems.

Cependant après avoir fixé la quantité la plus probable d'un terrein dans une proportion qui correſponde aux années abondantes & aux années ſtériles, on en déterminera la valeur intrinſeque, mais toujours d'une façon relative aux circonſtances, & à raiſon du prix que les terres ont dans le Pays; & après avoir trouvé la ſomme à laquelle leur valeur monte, & en avoir ſouſtrait toute la dépenſe néceſſaire pour la culture, on fera un réſultat qui ſe trouvera être la véritable valeur. On obſervera principalement la qualité & la quantité du bien, ſa ſituation & ſon expoſition.

Examinons à préſent les rentes annuelles que produiſent les vins, qui, eu égard aux diverſes qualités & aux différens prix qu'on leur donne, pourroient être diviſés en pluſieurs claſſes; mais pour ne pas être confus, je me borne à trois Obſervations. Je conſidere les vignes, leur fond & leur durée, ſans faire mention du prix des vins, qui dépend de leur bonté à laquelle l'induſtrie & l'intelligence de ceux qui les font contribuent beaucoup, comme le prouve très-bien *Boullai* dans ſon Traité des Vignes (a).

(a) Boullai Chanoine d'Orleans a fait un Traité ſur les Vignes, les Vendanges, & ſur la maniere de faire le vin.

Je commence par les vins les plus ordinaires que les vignes plantées dans les pleines donnent, & qui sont rampantes comme dans certains Pays, ou qui sont en hautains comme les vignes qui montent le long des arbres, ou qui sont en treille, & qui sont sur des terreins sains & bons. Je dis que ces vignes durent longtems & sont de peu de dépense, tant pour les renouveller que pour les entretenir; cependant on ne doit point négliger d'observer si elles sont d'un âge avancé, si elles tombent dans la caducité, ou si elles sont jeunes, mais cependant d'un âge assez fort pour ne laisser rien à désirer sur la quantité de leur production. Lorsque toutes ces observations sont faites & que l'on a fixé la quantité de vin qu'elles peuvent rendre, que l'on en a déterminé la valeur à raison de tant le muid ou la queue, sur le prix courant du Pays, on prélevera sur la somme qui en résulte, la somme des dépenses que l'on aura faites: on estimera les vignes sur le prix courant des terres du Pays, ce qui me paroît très-raisonnable & très-juste.

Quant à la seconde qualité des vins produits par des vignes plantées sur des collines & terreins montueux, il faut examiner si les terres en sont légeres, peu substantielles, & en pente trop rude, lieux où les vignes non-seulement durent fort peu de tems, mais encore exposent à de plus grandes dépenses, soit pour les entretenir, soit pour les renouveller. Après avoir déterminé la quantité de vin qu'elles peuvent produire, on l'évalue à raison de tant la mesure du Pays, selon le prix courant au tems de la récolte, & ôtant de la somme qui en résulte les dépenses qu'on a faites, on déterminera le prix de ces vignes, & dans l'appréciation, on ne perdra point de vûe leur peu de durée, leur jeunesse ou leur vieillesse, deux circonstances différentes qui doivent nécessairement faire mettre un prix différent.

Quant aux vins de la troisiéme qualité, qui sont les meilleurs & les plus estimés de tous, les vignes qui les produisent sont plantées fort serrées, c'est-à-dire en façon véritable de vigne. Il faut observer alors que pour ces vignes on choisit ordinairement des collines agréables, dont la terre est légere, maigre & seche, incapable de produire des grains, de nourrir des mûriers blancs, des oliviers, des arbres à fruit & autres. Il est donc certain que la culture de semblables terreins expose à de grandes dépenses quand on veut les rendre fertiles, tant pour les défricher & y planter de nouveau, que pour l'entretien annuel. Remarquez que les vignes y sont petites, languissantes, & donnent fort peu de fruit, & que la terre étant d'une légereté étonnante, elles sont plus exposées à être dépouillées du peu de terrein qui les soutient par la précipitation des eaux, qui entraînent toute la partie substantielle, & qu'ainsi elles y périssent facilement.

On voit par ces Observations qu'il faut d'abord fixer la quantité de vin que ces vignes peuvent produire année commune, ensuite lui donner un prix comme on le donne dans le tems de la récolte, après en avoir soustrait les dépenses qu'on ne peut point éviter, & l'on fixera le fonds à raison de cinq pour cent, & quelquefois plus, ayant toujours égard à l'âge des vignes. Ce prix que je viens d'indiquer, peut servir à fixer le prix des deux sortes précédentes; la premiere, par exemple, peut être portée à raison de trois, & la seconde à raison de quatre pour cent. Au reste, c'est toujours le voisinage ou l'éloignement des Villes, la facilité ou la difficulté des transports & des débouchés qui influe beaucoup sur l'estimation que l'on fera.

T R O I S I E M E   O B S E R V A T I O N.

Sur les Rentes que les Oliviers rendent.

Je vais parler des rentes que les huiles produisent. Je dis qu'il faut observer avec soin la quantité, la qualité & l'état des oliviers, c'est-à-dire, examiner s'ils sont jeunes, s'ils sont plantés à une grande ou petite distance les uns des autres, s'ils sont sains & robustes, & si l'on peut espérer que leur production augmentera, ou bien s'ils sont d'un âge avancé & s'ils touchent à leur caducité, parce que ces arbres sont encore plus que les autres exposés à périr par divers accidens, & principalement par le froid; ils sont d'un tempérament tendre & délicat. Cette observation est d'autant plus fondée & nécessaire, qu'elle est appuyée sur l'Histoire; nous y lisons que les oliviers ont plusieurs fois péri. *Rodolphe de Saint Jerôme de Ferrare*, *Visiteur Général des Clercs Réguliers des Ecoles Pieuses*, nous dit qu'en 1216 tous les oliviers périrent. *Jean Cambi Florentin*, dans son Histoire des événemens les plus remarquables de Florence depuis l'année 1480, jusqu'en 1535, dit que les oliviers manquerent partout en 1510. *Marc Baussaco*, dans son Jardin d'Agriculture, fait mention du froid qui enleva en 1600 généralement les oliviers; & enfin cette perte qui fut générale en 1709. est rapportée par *Trinzi* dans son Traité sur la culture des oliviers.

Lorsqu'on aura fait les observations précédentes, on fixera la quantité d'huile que les oliviers peuvent produire : on y comprendra les années qui peuvent être stériles & celles qui peuvent être abondantes, ce qu'on appelle faire par une juste compensation, des années communes, & cela doit être principalement pratiqué à l'égard des oliviers, parce que cet arbre est quelquefois deux ou trois ans sans donner du fruit. D'où je conclus qu'après avoir observé la quantité & la qualité du terrein, le nombre des arbres, les dépenses extraordinaires de plantation & d'entretien, on verra clairement que le produit des oliviers bien exactement calculé avec les dépenses, n'est pas généralement si considérable qu'on le pense.

Après qu'on a ainsi déterminé la quantité annuelle de l'huile, il faut faire attention à sa qualité, parce qu'il y a certaines huiles dont la couleur est verte & vilaine, qui répugne à la vûe, & qui ont un goût rance qui révolte. Il y en a d'autres, au contraire, qui sont claires, transparentes & superfines, d'un goût si gracieux, qu'elles n'ont point, pour ainsi dire, de prix fixe.

Cependant il faut prendre garde que ces variétés ne dépendent point tant du climat, du terrein & de la qualité des arbres, que de la maniere de faire les huiles & de les conserver, comme Trinzi le prouve dans son Ouvrage intitulé : *le Cultivateur expérimenté*. En évaluant ces huiles, on fera distinction des prix, de la maniere que j'ai indiquée par les vins. Car il est certain que d'un terrein à l'autre il y a une très-grande différence pour la couleur, la bonté, la délicatesse des huiles ; & après qu'on aura trouvé la somme de leur valeur & soustrait toutes les dépenses qu'on est obligé de faire, soit pour la culture des terres & celle des oliviers, on estimera les biens à raison de trois & demi pour cent, il résultera de cette façon d'évaluer que je conseille de suivre, qu'elle est la plus juste appréciation qu'on puisse faire des fonds par le secours de leur produit. Cette méthode est applicable à tous les autres terreins qui produisent d'autres denrées, comme prés, forêts, châtaigniers, bois à brûler, bois à charbon, &c. pourvu qu'ils se trouvent dans des endroits d'où on les puisse faire facilement sortir & transporter, parce que autrement le prix de l'estimation devroit diminuer en raison de la difficulté & de la dépense du transport.

Puisque j'ai fait le détail de toutes les rentes que peuvent rendre les diverses productions des différens terreins, nous toucherons aussi, quoique superficiellement celles des maisons de campagne, des jardins, des bâtimens de toute espece, des colombiers, des
fruits,

fruits, des feuilles de mûriers, des avantages que les Cultivateurs ont accoutumé de faire, & d'autres choses semblables qui font l'effet de l'industrie.

Cette espece de rentes considérée généralement en elle-même, non-seulement est sujette à manquer, mais encore force à des dépenses annuelles & accidentelles, auxquelles on ne s'attend point, comme, par exemple, les réparations des bâtimens; de sorte que pour déterminer la valeur intrinseque de ces biens, je suis d'avis qu'on évalue leur revenu à trois ou trois & demi pour cent; j'en excepte cependant les bâtimens qui ont certains agrémens particuliers, & des maisons si avantageusement situées, que tout concoure à augmenter leur valeur, sur-tout lorsqu'on y trouve des commodités propres au gouvernement & à l'usage des biens qui en dépendent.

Quant aux profits des bestiaux, après en avoir ôté le cinq pour cent sur le montant du capital, on en estimera tout au plus le fond à raison de six pour cent, parce que le bétail est fort sujet à certaines maladies épidémiques qui font de grands ravages parmi ces animaux; que d'ailleurs les profits qu'ils produisent font par eux-mêmes incertains (les fumiers cependant exceptés) qu'ils demandent des soins extraordinaires & qu'on y employe beaucoup de tems, & le tems est en Agriculture ce qu'il y a de plus précieux; car lorsque les Cultivateurs font occupés des soins & du trafic des bestiaux, ils perdent beaucoup de journées à les acheter, il leur faut du monde pour les garder, les conduire & reconduire aux marchés & aux foires. D'ailleurs, tout entiers à ce trafic séduisant, ils ne peuvent point par conséquent travailler les terres, ni veiller aux autres intérêts de l'Agriculture. On voit par-là que les revenus dépendent alors de l'industrie & des peines particulieres que les Paysans se donnent, non du fond & de la nature des biens.

Par toutes les observations que nous venons de faire, on voit combien il faut se donner de garde de faire confusément l'estimation en bloc de différens biens sur le montant des différentes productions qu'ils rendent, & qu'il convient de faire auparavant la division des qualités des revenus, pour fixer distinctement à chacun le prix de son fond à plus ou moins pour cent, comme nous l'avons fait remarquer. Ainsi après avoir rapporté en somme toute la valeur intrinseque des biens, on la comparera avec le prix que l'on aura déja établi sur l'examen de la quantité & de la qualité de la terre & des arbres: de cette comparaison, je pense qu'il résultera une estimation plus certaine & moins sujette à erreur, pourvu du moins que ceux qui seront appellés pour la faire, ne soient point prévenus ou corrompus.

Si après avoir comparé le montant du prix produit par les revenus annuels, avec celui qui résulte de la qualité & de la quantité de la terre, il ne se trouve que quelque différence peu sensible, il n'y a plus lieu de douter que l'estimation ne soit exacte; mais si au contraire, la différence est considérable, il est certain qu'il y a erreur; & en ce cas je dis que l'estimation la plus sûre & la plus juste, est celle que l'on fait en conséquence de la quantité & de la qualité des biens & des arbres; c'est ce que j'ai, (ou je me tromperois beaucoup,) assez évidemment démontré.

ARTICLE VIII.

Contenant quelques réflexions sur les biens qu'on estime dans le tems prochain de la récolte.

IL arrive souvent que le tems auquel on estime un bien en change le prix, parce que la récolte approche; l'Estimateur doit alors faire ses réflexions & lui donner un prix qui soit plus favorable au vendeur que la valeur intrinsèque. Par exemple, je veux vendre des biens vers la fin de Mai ou au commencement de Juin, qui font les tems prochains de la récolte des feuilles de mûriers, des lins, des foins, des grains, des vesces, des pois & des autres denrées que l'on récolte depuis la mi-Juin, jusques à la mi-Juillet; en ce cas, je pense que les Estimateurs doivent réserver en ma faveur pour le moins la moitié desdites denrées, qu'ils ajoutent à la somme provenant de la valeur intrinsèque du fond. Suivant la même regle, si je vends un bien vers le mois de Septembre, on doit me réserver une portion des menus grains & du vin de l'année. De même lorsque l'on vendra au mois d'Octobre des biens où il y aura des châtaigniers, on réservera au vendeur quelque portion de châtaignes, & si la vente se fait au mois de Novembre ou au commencement de Décembre, on réservera au vendeur la moitié ou à peu près de la récolte de l'huile; & ainsi généralement de tous les autres biens, dont les fruits touchent au tems de la maturité. Car si l'on ne portoit point en valeur le prix des récoltes, la condition du vendeur seroit pire que celle de l'acheteur, en ce qu'il faudroit que le premier attendît pour vendre après la récolte ce qui lui en reviendroit, & ne pourroit pas par conséquent mettre à profit l'argent qu'il en auroit retiré, si l'Estimateur en avoit porté la valeur à la somme du bien fond ; pendant que l'acheteur au contraire, dont la situation est ordinairement meilleure, auroit cet avantage ; puisqu'à peine il auroit acheté les biens qu'il pourroit vendre & mettre à profit les fruits qu'ils produisent ; d'où je conclus qu'il est juste de porter dans l'estimation des biens la partie des fruits que nous croyons appartenir au vendeur. Cette même méthode est nécessaire lorsqu'on fait l'estimation des bois taillis qu'on coupe ordinairement de six en six, de sept en sept, & même de dix en dix ans. Lorsque cette espece de biens est mise en vente deux ou trois ans avant qu'on fasse la coupe, les Estimateurs doivent réserver pour le vendeur, presque la moitié de leur produit.

A R T I C L E   I X.

Contenant des Réflexions sur les biens Seigneuriaux, & les attentions que les Estimateurs doivent avoir aux différentes especes de droits.

LEs biens seigneuriaux ont deux sortes de droits, droits honorifiques & droits utiles. Ces droits varient suivant les pays, sur-tout les honorifiques : il y en a qui sont ridicules à force d'être recherchés ; le droit de cuisse est celui qui de tous est le plus impertinent. Il ne doit son origine qu'à la sotte vanité de quelques-uns de ces anciens petits tyrans, qui se croyoient des êtres bien sublimes en ne faisant que des actions infâmes & dignes du mépris des honnêtes gens. Les droits utiles ne viennent point non plus d'une source plus pure ; mais enfin, ils ne ravalent pas absolument l'humanité comme celui dont je viens de parler : le droit de corvée est un droit qui doit sa naissance à la supériorité du fort sur le foible ; mais du moins lorsqu'il est réduit à quelques jours de travail dans l'année, n'est-il pas si onéreux que bien d'autres droits qui mortifient l'amour propre de l'homme ; mais enfin, quels qu'ils soient, bien ou mal fondés, laissons - les. Des abus qui sont en faveur des Grands établis sur une longue possession, doivent être sacrés pour le foibles : obéir, voilà leur appanage.

La corvée doit être regardée comme un droit utile, puisqu'on jouit d'un travail qui ne coûte rien à celui qui en a le droit. Il est même des terres seigneuriales dont le Maître a plus de journées de ses Vassaux qu'il n'en peut consommer, & qui a alors le droit de vendre le travail de ses Vassaux : il est vrai que ce droit est extrêmement rare ; car il est si injuste, que le Prince a cru ne pouvoir s'empêcher de le supprimer en certains endroits où les Vassaux étoient moins des hommes que des bêtes de charge.

Le droit de Varech en Normandie, de Gouesmon en Bretagne, de Sar dans le pays d'Aunis, est un droit essentiel. Les Estimateurs doivent y faire une attention particuliere, attendu que cette herbe qui croît en mer sur les rochers, & que la mer détache & dépose dans les greves, font un engrais, qui de tous est le plus substantiel, & par conséquent le meilleur.

Comme la force peut tout entreprendre, & entreprend en effet quelquefois plus qu'elle ne doit, l'Estimateur doit bien examiner si le droit de Varech est bien fondé, ou s'il n'est point usurpé ; car tel usurpateur qui jouit paisiblement par son crédit illégitime, seroit bientôt attaqué par le corps desvassaux, si sa faveur diminuoit ; ainsi l'Acquereur qui acheteroit de lui, se trouveroit bien surpris, n'ayant point la même autorité & la même puissance que son vendeur, de se voir attaqué & débouté de la possession d'un droit qui faisoit une partie essentielle du produit de son acquisition.

Il faut aussi que l'Estimateur s'informe & s'assure autant qu'il lui sera possible, de la quantité approchante de Varech que le vendeur peut recueillir année commune.

Le droit de Champart est un droit qui de tous paroît le plus juste, parce qu'en effet il paroît établi sur un accord libre, fait entre deux personnes, dont l'une céde un tel fond à un autre, moyennant une telle quantité de gerbes de bled ou d'autre grain, ou moyennant une telle quantité de vendange, ou telle autre denrée quelconque, à condition que celui qui accepte le fond, ira avant que de sortir des champs sa récolte sommer trois fois le Cessionnaire de venir percevoir ses droits, attendu que si celui-ci n'est pas assez vigilant pour aller recueillir après les trois invitations faites, le Propriétaire conditionnel peut enlever sa récolte, la renfermer sans être obligé de payer lesdits droits.

L'Estimateur sur cet article peut aisément éviter les erreurs, parce qu'il n'a qu'à se faire représenter le montant annuel des Champars, & s'en servir pour faire son estimation, ne perdant point de vûe cependant les cas fortuits......

Il y a des droits qui se payent en argent : ceux-ci doivent être portés plus haut par l'Estimateur, parce que outre l'honneur d'avoir des Tributaires, la rente en argent ne gele & ne grêle point, comme disent communément les Paysans : d'autres rentes se payent en volaille ; c'est à l'Estimateur à évaluer avec justice tous ces droits, & à en faire une somme qu'il rapporte à la somme des produits du bien fond.

Les lods & ventes sont un article assez considérable, sur-tout dans certaines terres bien étendues & bien peuplées, où les commutations sont fréquentes. Ce droit varie beaucoup, suivant les différens pays : il est des Provinces où l'on paye le quint & requint. Ce droit exorbitant est sûrement malgré toutes ses belles apparences, plus défavorable qu'avantageux au Seigneur, à moins qu'il ne se mette dans l'usage de se relâcher considérablement de ses droits, car autrement les Acquereurs seroient rares.

L'Estimateur (c'est ici le difficile pour lui,) ne peut guere asseoir sur cette partie une estimation juste, parce que l'Acquereur doit par lui-même s'arranger avec le Seigneur. Encore même ces conventions deviennent-elles très-souvent équivoques, puisqu'elles ne peuvent être que verbales, & que le Seigneur peut se retracter quand l'achat est fait ; événement qui lese considérablement celui-ci qui achete.

Le droit de padouantage est encore un droit que l'Estimateur doit porter à la somme des produits ; il consiste à envoyer au padouan les bestiaux de la Paroisse, moyennant une certaine redevance que les Paroissiens font au Seigneur, soit en argent, soit en denrées : comme les arbres qui viennent dans ces terreins sont exposés à être rongés par les bestiaux, ils sont ordinairement rabougris, & par conséquent on ne doit point s'attendre à en tirer de grands profits ; cependant quels qu'ils soient, l'Estimateur doit en faire mention dans son appréciation, parce qu'on en peut faire du fagot.

Tout terrein abandonné dans une terre appartient de droit au Seigneur, parce qu'il est supposé en avoir autrefois fait la cession, moyennant une certaine redevance ; or le terrein étant abandonné, la condition n'est plus remplie, & par conséquent le droit du Cessionnaire reprend toute sa vigueur.

On sent qu'un Estimateur qui passeroit sous silence un objet semblable, feroit une estimation qui porteroit un préjudice notable à celui qui vend. Il doit donc sonder les terres abandonnées, en examiner la qualité, & après leur avoir fixé un prix qui soit en rapport de ce qu'elles produiroient si elles étoient cultivées, le porter au total de la valeur, après en avoir cependant souftrait les frais de défrichement & des premieres semences.

Le droit de bannalité de four, de moulin, de pressoir, est un droit qui doit être examiné avec soin. L'Estimateur, quant aux moulins, doit observer le pays dans lequel ils sont situés; si les moulins sont voisins de villages considérables, ou peu peuplés ; si le Seigneur est obligé de fournir aux Meûniers toutes les choses qui sont nécessaires à leur manutention, comme il arrive dans certains pays ; ou si comme dans d'autres il ne fournit que la cage, ce qui est un objet considérable, & doit mettre une grande différence dans le revenu.

Il doit encore observer si les moulins sont sur des rivieres, qu'il faut de tems en tems détourner pour nétoyer leur lit ; ou si se nétoyant elles-mêmes par leur propre rapidité, elles mettent le Propriétaire à couvert de ces frais qui sont extrêmement indispendieux.

Les pressoirs & les fours sont encore d'un grand profit; quant aux derniers, les droits se payent en matiere, c'est-à-dire en pâte ou en argent. Si les droits se perçoivent en argent, il est certain que l'Estimateur doit porter cet objet à un plus haut prix que lorsqu'ils sont payés en pâte, à cause de la difficulté & de l'incommodité de la perception.

La bannalité des pressoirs est un droit que le Seigneur a de forcer ses Vassaux à venir faire presser leur vin au pressoir seigneurial, moyennant une certaine quantité de vin par piéce. Les différentes qualités de vin que l'on y porte en forment une sorte pour le Seigneur qui ne peut pas être toujours d'une excellente qualité. Ainsi l'Estimateur le mettra toujours à un prix inférieur au prix courant du pays, & en rapportera le produit à la somme totale des revenus : il examinera si le pressoir est vieux ou en bon état : dans le premier cas il souftraira de son produit le montant des réparations dispensables.

L'Estimateur doit principalement observer si la terre qui est en vente est située dans un pays où les Habitans ayent des mœurs & la probité en recommandation, ou s'ils sont scélérats ; parce que dans le dernier cas si la terre est avec haute & basse Justice, l'Acquereur se trouvera exposé à des frais excessifs, pour punir le crime : il y a des terres où les Seigneurs trouvent tous leurs revenus absorbés par les frais de Justice. Cet objet est, je crois, assez important pour ne pas le perdre de vûe dans l'eftimation. Car enfin, je ne vois pas comment le droit de faire mourir un homme peut dédommager de près de trois mille livres qu'il en coûte. Il faudra donc que l'Eftimateur, après s'être bien informé des mœurs du pays, faffe une année commune pour les frais de Juftice, & qu'il en ajoute le montant à la fomme des dépenfes annuelles qu'exige l'entretien de la terre.

Les droits de chaffe & de pêche méritent auffi l'attention de l'Eftimateur : l'Eftimateur examinera s'ils font affez confidérables pour entrer dans le total des produits ; quant à la pêche, s'il y a des étangs, il eft certain que le revenu doit en être porté à la maffe du prix des biens ; fi au contraire ce droit eft fur de petites rivieres, & ne produit tout au plus que le plaifir de la chaffe fans procurer un certain utile honnête, je crois que l'Eftimateur peut le paffer fous filence, ou du moins ne le rapporter dans fon eftimation que comme un très-petit objet. Si au contraire on a ce droit fur des rivieres confidérables, & fi la principale étendue de la terre en eft arrofée, il eft certain que le produit eft un objet affez important pour déter⸗ miner l'Eftimateur à en examiner tout le revenu. Cette forte de droit eft quelquefois affermé ; mais ce n'eft pas fur le taux de la Ferme que l'on doit l'apprécier, parce que la fomme des profits que fait le Fermier appartient au Propriétaire, & qu'il fort de fa terre, l'in⸗ duftrie de celui qui afferme, devant en ce-cas être comptée pour rien, mais on doit cependant avoir égard aux frais de la pêche, aux dépenfes qu'occafionne l'entretien des filets. Celui qui eftime fait alors dans la plus jufte proportion un total de toutes ces diffé⸗ rentes fommes, & les fouftrait de la valeur intrinfeque de la pêche.

La chaffe ne peut gueres s'eftimer. Cependant quand la terre n'en fourniroit que pour la confommation de la Maifon, on ne peut s'empêcher d'en rapporter le produit dans le total des revenus, les frais de garde - chaffe, de poudre & de plomb, & la fomme des dégâts que les animaux font, fouftraits de la valeur que l'Eftimateur leur donnera. Il y a des terres qui font fi peu peuplées en gibier, & qui malgré tous les foins qu'on peut prendre peuvent fi peu le devenir, que les frais excédent les produits. L'Eftimateur doit alors n'en faire aucun cas dans fon eftimation, à moins qu'il ne veuille eftimer un droit qui n'eft que droit, mais fans profit. J'avance cependant que c'eft un agrément dont le prix doit être alors fixé par le goût de l'Ac⸗ quereur.

Voici le dernier objet, mais le plus digne de toutes les attentions de l'Eſtimateur ; c'eſt des bâtimens que je veux parler. Toute terre dont les revenus ne ſont point en rapport des frais annuels des bâtimens, ſont des terres onéreuſes aux Propriétaires ; la magnificence des châteaux, la ſomptuoſité des boſquets, des parcs, des avenues, la multiplicité des murs d'eſpaliers, l'agrément des jets d'eau, ſont des objets ſi diſpendieux pour les poſſeſſeurs de cette ſorte de terre, que ſi les Fermes qui en dépendent ne rendent pas conſiérablement, les revenus ſe trouvent abſorbés par les dépenſes d'entretiens. Je ſuppoſe donc qu'une terre ſoit affermée dix mille livres, & que le Château ſoit un bâtiment de cent mille écus, que le jardinier ſoit payé pour l'entretien des boſquets & du parterre huit cent livres, qu'il ſoit logé & chauffé, alors cet ouvrier reviendra ſans doute au moins à 1000 ou 1200 livres ; or, l'entretien d'une Maiſon de cent mille écus, ſituée en raze-campagne, coûtera au moins 2000 livres pour réparations & autres événemens défavorables. Il y faut un concierge ; celui-ci doit être logé & chauffé, ſes appointemens ſont ordinairement de ſix ou ſept cents francs, ainſi il coûtera encore près de 1200 livres ſur une terre de 15000 livres de rente, il faut au moins deux gardes-chaſſes qui reviennent chacun au même prix par leurs appointemens, chauffage, logement, & les larcins qu'ils font, ſoit en gibier, ſoit en autres petits articles ; il faut donc les compter à 2400 livres, il faut que la femme du concierge ait une fille pour deux ou trois vaches qui appartiennent au Propriétaire, & qui ſervent pour donner le beurre frais & le lait qui ſont néceſſaires quand il vient faire un acte d'apparition ; je ne porte cette fille qu'à la ſomme de 400 livres, mais ſi le revenu de la terre eſt produit partie par les Fermes, partie par des moulins, les frais de réparation que ceux-ci entraînent néceſſairement, peuvent monter à la ſomme de 150 livres ; les honneurs de la Juſtice dans un pays même de probité, ſi la terre eſt peuplée, doivent coûter année commune au moins 500 ou 600 livres ; ainſi cette terre qui eſt affermée dix mille livres, ne rend de revenu fixe à ſon Propriétaire que 2250 livres, puiſque les frais que je viens de calculer, montent à celle de 7750 liv.

L'article des droits honorifiques n'a qu'une valeur idéale, le devoir de l'Eſtimateur eſt de les paſſer ſous ſilence, & de laiſſer à la vanité de l'Acquereur le ſoin d'apprécier l'honneur de l'Eau-bénite, de l'Encens & du pain-béni ; le prix de cette fumée doit être à ſa diſpoſition.

Nous n'avons point parlé des colombiers, parce que leur produit

eſt

eſt très incertain, & qu'on n'en retire que la commodité d'avoir pendant un certain tems de l'année les pigeonneaux ſous la main; car il eſt certain que cette eſpece de pigeons que l'on ne nourrit point, & qui ſont obligés d'aller au loin chercher leur ſubſiſtance, ne pondent que trois fois dans le courant de l'année, que cette incommodité fait périr beaucoup de pigeonneaux, & gâter une quantité prodigieuſe d'œufs; & qu'enfin le produit balancé avec les réparations du colombier & les dégâts que ces animaux font aux murs & aux ſemailles, ſe trouveroit de beaucoup inférieur aux dépenſes.

CHAPITRE V.

Du Sol en général.

ON entend par ſol, rélativement à l'Agriculture, un eſpace quelconque de terrein cultivé ou inculte.

Un ſol pur eſt une belle terre molle ſans mêlange d'aucune autre matiere; c'eſt à proprement parler une terre molle ou terre adamique; cette ſorte de terre eſt très-rare.

Les autres ſols ſont compoſés de cette terre, mais elle eſt mêlée avec d'autres matieres, comme ſables, pierres, glaiſe & autres choſes ſemblables; & ſuivant que le ſol eſt plus ou moins chargé de l'une ou de l'autre de ces matieres ou de toutes enſemble, il eſt plus ou moins fertile.

Mais ces matieres qui ſont hétérogenes à la terre molle, ne l'altérent pas également; les unes ſont moins pernicieuſes que les autres, celle qui prédomine donne ſa dénomination au ſol, & le rend propre à telle ou telle production, car un terrein ſablonneux ne produira pas certainement ce qu'un terrein argilleux produit; il en eſt de même des autres.

De là, on ſent que le Cultivateur doit faire ſon objet principal de l'examen de ce mêlange, opéré par la nature; puiſque c'eſt de ce point important que dépendent les grands avantages qu'il attend de ſes travaux.

Les Auteurs, nous l'avons déja dit, ont donné des connoiſſances ſi indéterminées ſur les différences des ſols, qu'on peut dire que le Cultivateur s'eſt juſqu'ici conduit bien incertainement ſur ce point,

qui eſt la baſe de la bonne Agriculture : il eſt aiſé cependant de
les fixer... rarement peut-on les méconnoître par la ſurface, ou
bien par la bêche ; & c'eſt ſûrement par cette raiſon qu'on appelle *terre*
ou *terre gazon* , ou terre végétale, celle en effet qui fournit le ſuc
néceſſaire à l'accroiſſement des végétaux, comme arbres & herbages
de toute eſpece.

La terre adamique dépouillée de toute ſubſtance étrangere, eſt la
plus légere de toutes les matieres hétérogenes qui compoſent le ſol ;
il n'eſt donc point étonnant que quoique mêlée elle gagne le deſſus. Il eſt des ſols où elle couvre ces corps hétérogenes à une plus
grande profondeur qu'en d'autres. Les matieres qui la dégradent
ſont ordinairement de la nature de la couche qui ſe trouve en-deſſous,
ſoit ſable, gravier, pierre, terre glaiſe ou autre, &c.

Il arrive ſouvent que le ſol ſe trouve plus chargé qu'il ne devroit
naturellement l'être de la couche qui eſt au-deſſous, ce qui n'eſt
que l'effet de l'ignorance ou de la négligence du Cultivateur qui
laboure trop profondément, & porte ſur la ſurface des matieres
vaines & gourmandes qui dévorent les principes de fécondité de la
terre molle : il eſt certain toutefois que ce mêlange ſe trouve
partout : il ne différe que par le plus ou par le moins, même dans
les endroits qui n'ont jamais été entamés ni par la charrue, ni par
la bêche : il eſt donc bien vrai-ſemblable que lors de la création
la ſurface de toute la terre n'étoit autre choſe que de la terre adamique, mais que les eaux étant ſurvenues, les couches ſouterraines
ſe ſont mêlées avec elle, & que par une conſéquence inſéparable
de cette hypothèſe, les terres doivent être & ſont en effet beaucoup
moins fertiles qu'à l'enfance du monde.

Auſſi plus le ſol de terre molle eſt pur, plus il eſt fertile ; pourvu
toutefois qu'il ſoit mêlé avec d'autres ſubſtances juſques à un certain
degré, car par lui même il ne pourroit point produire, parce qu'il
n'a pas aſſez de conſiſtance, comme nous le ferons voir au chapitre
de la *terre molle* : on le reconnoît lorſqu'il eſt noirâtre & velouté
ſous les doigts. La terre pure eſt molle, courte, & s'ameublit au
moindre froiſſement ; c'eſt cette qualité ſans doute qui la fait appeller
par certains Cultivateurs, *cœur du terrein*, & par d'autres *terre vive*,
parce qu'en effet, c'eſt d'elle que le terrein tire toute ſa force, &
les herbages tout leur ſuc.

Ainſi moins la terre adamique eſt chargée de ces autres ſubſtances
ſtériles, plus elle eſt fertile, & plus elles y dominent, moins elle a
de cette activité productrice qui eſt de ſon eſſence, elle aura par

conféquent beaucoup moins befoin d'apprêt & d'engrais dans le premier cas ; lorfque au contraire, dans le dernier elle en exigera beaucoup, & que cette même raifon qui la rend moins féconde, la doit rendre plus difpendieufe.

Quoiqu'on n'ait befoin que d'ouvrir le fol pour connoître fûrement la qualité de cette terre, on peut auffi la diftinguer par la furface & par fes productions : c'eft pourquoi nous allons mettre d'abord fous les yeux du Lecteur les fignes qui peuvent le plus facilement l'indiquer, & nous parlerons des autres à mefure qu'ils fe préfenteront, en pourfuivant nos recherches.

CHAPITRE VI.

De la maniere de connoître la nature du Sol par la fituation & par la furface.

UN Fermier feroit bien imprudent, fi avant que de paffer le bail pour une Ferme, il ne jettoit pas un coup d'œil fur le terrein, de même qu'un Propriétaire feroit bien blâmable, fi avant que de faire un défrichement, il ne parcouroit au moins de la vûe la furface du terrein qu'il veut mettre en valeur. C'eft cependant cet examen, quoique fuperficiel, qui peut lui indiquer les différentes qualités du fol; qu'il en obferve donc avec foin la fituation & la furface.

Il eft des pays où les collines n'approchent point de la fertilité des terreins bas, & c'eft une fuite d'une qualité de la terre molle.

Cette terre eft légere, & par conféquent elle fe leffive & fe détache aifément des matieres pierreufes ou autres qui fe trouvent en général dans un fol quelconque : les pluyes la féparent, & le terrein pierreux ou autre s'en trouve entiérement ou en partie dépouillé. Par cette même raifon, les vallées qui profitent de la chûte des eaux fe trouvent fertilifées, & font engraiffées de la terre molle que les pluyes y entraînent du fol des collines.

Les Propriétaires des fols en pente ne font que trop fouvent cette fâcheufe expérience : la récolte eft fur les collines & fur les montagnes beaucoup moins abondante que dans les vallées; celles-ci pour peu que les eaux ayent de chûte, s'enrichiffent aux dépens de celles-là. C'eft donc au Cultivateur à mettre tous fes foins &

son intelligence à contenir cette substance fertile dans son terrein. La seule façon de labourer les collines peut le tenir en possession de ce tréfor.

Il est des sols où la terre adamique manque totalement ; desorte que les parties qui devroient être en dessous sont en dessus. Ainsi l'on voit en certains pays une surface entiérement sablonneuse , & en d'autres une surface pierreuse ou du roc nud sur les collines qui font absolument dépourvues de verdure. Le Fermier , à la premiere inspection connoît la qualité de ces sols, & juge tout de suite de leur peu de valeur ; puisque ce n'est qu'à force de dépenses qu'on peut tirer quelque parti du sable pur. Quant au roc, proprement dit , il seroit très-inutile de le cultiver , il faut l'abandonner à sa stérilité : le roc pourri ou fendu est excellent pour la vigne ; mais si elle y donne du bon vin, la culture y est d'une difficulté & d'une dépense extraordinaire. Au reste les profits que l'on retire des productions doivent guider le Fermier; les arbres fruitiers y réussifent assez , comme on le voit dans le Vivarais.

Il est des cantons où il s'éleve jusqu'à la surface du terrein des bancs de pure terre glaise ; il en est aussi où l'on ne trouve que de la craye fort dure ? Dans le premier cas , on doit naturellement s'attendre de la part de la glaise à la même stérilité que celle du roc , mais on voit pointer une herbe courte sur la craye.

Cependant les sols, si l'on en excepte le roc, peuvent être portés à un point de fertilité passable par la méthode que nous donnerons ; mais nous prévenons que la dépense est souvent trop considérable pour le produit, quelque modique que soit la somme que le Fermier en donne : il n'y a donc qu'une seule façon d'encourager le Cultivateur, c'est de lui accorder un bail extrêmement long , afin qu'il ait le tems de profiter des soins & des attentions qu'il aura mis à la culture ; ou bien il faut que le Propriétaire se détermine à les mettre lui-même en valeur, ce qui convient encore plus & pour son intérêt particulier, & pour celui de l'Etat.

On voit bien que dans tous les cas que nous venons de rapporter, le Cultivateur peut distinguer en général la nature du sol par la seule inspection de la surface , nous allons voir comment il peut en juger par ses productions.

CHAPITRE VII.

De la maniere de juger d'un Sol par ſes productions ordinaires.

APRE'S qu'on a examiné un terrein ſuivant ſa ſituation & ſa ſurface, on doit faire une attention particuliere à la qualité des productions dont il eſt couvert, ou ſi elles ſont enlevées à ſes productions naturelles. Par-là il ſe trouvera en état de juger, non-ſeulement de la qualité du terrein quant au *cœur*, mais encore de la nature particuliere de chaque partie qui le compoſe, & de connoître par conſéquent les qualités, ainſi que la vraie valeur du ſol.

Partout où l'on verra l'herbe, les bleds & autres productions précieuſes, avoir un air de vigueur & de ſanté, on doit juger que le ſol eſt bon naturellement, ou ſuſceptible d'amélioration ; & que par conſéquent il récompenſera avec uſure des travaux & des ſoins de la culture.

Quant même on ne verroit que de mauvaiſes herbes, pourvu que ce ne ſoit point du jonc ou de la fougere femelle qui indiquent une ſtérilité décidée pour de meilleures productions, on peut ſtatuer ſur la bonté du ſol. Les ſoins aſſidus détruiront les mauvaiſes herbes, & le cœur qui anime le ſol qui les nourrit, fournira un ſuc nourricier à des productions précieuſes.

Il faut ſur-tout bien obſerver, non-ſeulement ſi le ſol eſt ſujet à produire conſidérablement de mauvaiſes herbes, mais encore s'atta-cher à connoître la nature de celles qui y pouſſent : s'il y en a qui annoncent la ſtérilité, il y en a qui indiquent la fertilité ; & quoique quelques-unes de ces herbes ſoient communes à bien des ſols, la plus grande partie ſont ſi particulieres à certains terreins, que par elles on peut connoître la nature & la qualité du ſol.

La fougere femelle eſt un ſigne certain de ſtérilité, elle ne croît ordinairement que dans les bruyeres : la fougere mâle plus ordinaire & qui eſt plus petite, eſt d'une nature différente, elle indique que le terrein eſt propre à la végétation des arbres, elle-même croît avec plus de vigueur & de rapidité à leur ombre.

En général les herbes aromatiques annoncent la ſtérilité. Ce-pendant j'ai vû que le genevrier pouvoit quelquefois être excepté, car il ne vient pas toujours fur des terres ftériles ; l'expérience m'a prouvé le contraire chez M. de *Maupeou d'Ableiges* , où l'on a défriché des genevrieres qui rendent par la culture ordinaire des récoltes abondantes.

Lorfque les joncs y font ferrés, il eft certain que le terrein eft pauvre & humide ; mais dans les terreins marécageux où les joncs font difperfés & entre-mêlés d'herbes courtes & jaunes , on doit conclure qu'il y a de la tourbe.

Autant les herbes dont nous venons de parler annoncent la ftérilité, autant celles que nous allons voir indiquent la vigueur & la fertilité du fol.

Cette méthode pour juger des fols eft d'autant moins équivoque, que les mauvaifes herbes qui pouffent dans les bons terreins, leur font en quelque façon particulieres. Il n'y a point de plante de quelque nature qu'elle foit, qui fe trouve dans un fol de terre glaife, pierreux , ou de craye qu'on ne trouve auffi dans les fols les plus eftimés. Mais il y a de mauvaifes herbes qui pouffent naturellement dans les bons terreins ; il y en a auffi beaucoup qui viennent fur des terreins légers , que l'on ne trouve jamais fur des terreins crayonneux , ou pierreux , ou glaifeux.

Cependant cette maniere de juger n'eft pas infaillible, à moins qu'on n'y apporte une attention particuliere ; le Fermier doit donc affeoir fon Jugement, non pas fur les mauvaifes herbes, puifqu'il eft certain qu'elles pouffent également fur les bons & mauvais terreins ; mais fur la quantité de celles qui ne viennent que fur les bons fols : en fuivant cette méthode, il ne peut guéres fe tromper.

S'il voit beaucoup de fume-terre , s'il voit plufieurs fortes d'arroches pouffer vigoureufement, & enfin fi toutes les mauvaifes herbes qu'on trouve dans les bandes de terre molle d'un Jardin bien cultivé, y pouffent en abondance & avec force, il peut être affuré que le terrein eft riche ; car ces herbes ne font que languir fur un terrein épuifé , ftérile, ou fur un fol froid de terre glaife.

Le fouci en abondance annonce que le fol eft léger & fablonneux. Alors il eft plus propre au feigle qu'à toute autre production ; cependant cultivé avec foin & amélioré, il peut le devenir à toute forte de grain.

Quand on voit une grande quantité de bluettes ou barbots, & que les fleurs font d'une couleur animée, on peut dire que le fol eft léger , mais qu'il ne manque pas de terre vive. Cette mauvaife herbe , ainfi que l'ivraye eft une preuve de la légereté du terrein.

Cependant il eſt bon & naturellement propre pour peu qu'il ſoit
ſecouru d'engrais qui lui conviennent, à l'orge & au froment.

Mais au contraire, lorſque les barbots ſont pâles & blanchâtres,
& que l'herbe elle-même a un air de langueur, on doit conclure que
le terrein eſt pierreux ou crayonneux, ou qu'il abonde en ſable ;
car c'eſt de l'un ou de l'autre de ces inconvéniens que vient cette végétation languiſſante qui donne une mauvaiſe couleur aux fleurs.

L'ail ſauvage quand il ſe répand abondamment parmi le bled,
indique que le terrein eſt prédominé par la glaiſe ; il eſt des cantons
pierreux où cette herbe pouſſe ; mais ce terrein ne lui eſt point
naturel.

L'herbe de Mai, autrement dite le camomille ſauvage, indique
un ſol argilleux, de même que le panais ſauvage, que dans certains
endroits on appelle herbe ou racine de cochon. Elle n'eſt en effet que
le panais non cultivé : nous dirons en paſſant que tous ces noms
des herbes & des inſtrumens qui varient ſuivant les différentes
Provinces, devroient être fixés pour que l'on s'entendît généralement. Ce ſoin appartient à Meſſieurs les Académiciens : eux ſeuls
peuvent en accréditer un pour chaque choſe. La déciſion d'un
Particulier n'eſt pas aſſez autentique pour être généralement reçue.

Les mauvaiſes herbes qui indiquent un ſol abſolument ſablonneux, ſont baſſes & d'un verd pâle ; celles que l'on voit ſur un terrein pierreux, ſont languiſſantes & fort diſperſées. Partout où l'on
voit abondance de petite ſcabieuſe, de réponces & de petite garance ſauvage, le terrein abonde trop en ſable, comme il eſt trop
chargé de pierre partout où la petite gentelée & autres ſemblables
viennent en une certaine abondance.

Un terrein crayonneux s'indique aſſez par ſa ſurface, qui pour
ainſi dire eſt affamée & morte par la rareté des mauvaiſes herbes qui
pouſſent lentement, & par la vigueur au contraire avec laquelle
l'herbe aux perles ou crémil, qui eſt ſi commun ſur les vieux
murs, y acquiert un parfait accroiſſement.

CHAPITRE VIII.

De la maniere de juger d'un Sol par la vigueur ou la foiblesse des arbres.

A TOUTES les indices dont nous venons de faire le détail pour la connoissance parfaite d'un sol , nous joignons la croissance des arbres, & particulierement de ceux qui sont plantés en haye. S'ils ont acquis une certaine hauteur, s'ils sont d'une belle venue , s'ils sont bien branchés & s'ils ont des jets vigoureux & une belle tête, le Cultivateur peut assurer alors que le sol est comme l'on dit en Agriculture, *bon dans le cœur.* Si au contraire les arbres sont mal faits, s'ils ont des branches séches ou couvertes d'une espece de mousse d'un gris jaunâtre, s'ils sont bas, noués, & comme l'on dit, *rabougris* , c'est une marque que le terrein a été altéré.

Il faut cependant se précautionner contre cette régle générale, de même que contre celle qui la précéde. On ne doit pas s'attendre à trouver tous les arbres qui sont sur un terrein vigoureux , d'une parfaite beauté ; ils sont, malgré la bonté du sol sujets à tant d'accidens, qu'il ne seroit point étonnant d'en voir de défectueux ou d'altérés. Il ne faut pas même croire que toutes sortes d'arbres poussent également bien , & que par-là on juge de la force du sol.

Il est des terreins qui quoique d'un temperamment robuste , ne donnent à certains arbres qu'une végétation lente & imparfaite , tandis que d'autres y puisent un suc qui les porte à un parfait accroissement. Ce que nous avançons est appuyé de fréquentes observations que nous avons faites ; & comme il est des arbres dont les racines plongent plus profondément que les racines d'autres arbres, il est aisé d'expliquer l'accroissement des uns & la langueur des autres, par la profondeur du sol & par la nature des couches, qui sont immédiatement sous la premiere croute , ou pour mieux dire , sous la surface du sol ; car tel terrein, par exemple, qui donne au frêne un suc le plus favorable, ne le fournit pas à l'orme , qui dans tel autre terrein pousse avec vigueur , tandis que le frêne y languit.

Partant de ces observations, un Cultivateur judicieux ne peut que se guider avantageusement dans le choix des arbres qu'il doit planter dans un terrein préférablement à d'autres ; mais cet article

est

est assez important pour que nous le traitions séparément. Nous ne parlons ici des arbres que pour instruire le Fermier pour le conduire à la connoissance du sol par leur croissance, & pour l'avertir de ne pas juger seulement par les arbres en généeal, mais par leurs especes ; car dans les endroits où une espece d'arbre quelle qu'elle soit, rangée en haye, pousse parfaitement bien, il est certain que le terrein voisin a du cœur, & qu'il est susceptible d'une culture parfaite..

CHAPITRE IX.

Des différentes sortes de Sols.

ON a vû dans le premier Chapitre ce que seroit la terre molle végetale, que nous avons appellée tantôt terre molle, & tantôt terre adamique, si elle étoit pure. Nous avons désigné les différentes matieres dont les couches renfermées sous la surface de la terre sont composées, & qui la rendent moins fertile, telles que la pierre, la terre glaise, le sable, &c. Nous allons maintenant considérer les sols comme différemment chargés de ces substances, & par conséquent distingués par des noms particuliers tirés de la substance qui y prédomine.

Comme il est des cantons où la terre glaise, la pierre, le sable se montrent sur la surface entierement dépouillés de la terre végetale, notre objet n'est point ici d'examiner à fond leur nature. Leur stérilité nous dégage de ce soin. Mais sont-elles mêlées avec la terre molle végetale en plus grande ou plus petite quantité, elles constituent alors les différentes sortes de sols. Ainsi le Cultivateur appelle sol argilleux celui où l'argille prédomine, sol sablonneux celui qui est surchargé de sable, sol pierreux, graveleux, crayonneux, &c.

Voilà à peu près les divers noms sous lesquels les terreins sont connus dans tous les pays, parce qu'ils sont fondés sur la nature même de la chose. Mais outre ces dénominations, il y en a beaucoup d'autres, qui rappellés avec soin, formeroient un Dictionnaire, ce qui nous écarteroit trop de notre dessein ; cependant pour l'instruction du Laboureur, nous croyons devoir parler de quelques dénominations qui varient suivant la situation & suivant les pays.

Le bon sol de terre végetale est appellé, par exemple, terrein marécageux aux environs de Paris, ou marais ; elle est noirâtre ou brun obscur : en d'autres endroits on l'appelle terre à poule, elle est de même noirâtre, légere & spongieuse, comme aux environs d'Orléans. Ce terrein que l'on employe, ainsi que le premier, au jardinage, est meilleur pour les pâturages que pour la charrue.

Dans quelques cantons de la Guyenne, cette même terre à poule que l'on y appelle ainsi, est absolument différente de celle d'Orléans ; c'est un terrein gras, mais ferme, de couleur noire, coupé par intervalles de rayes blanches, à peu près comme s'il étoit moisi ; plus les rayes sont fréquentes, plus il est fertile.

Les sols de terre glaise doivent être distingués suivant les différentes couleurs dont ce terrein est susceptible, en rouges, jaunes, blancs & noirs.

Il y a encore un autre terrein glaiseux que l'on devroit appeller sol à bois, parce qu'il est extrêmement favorable aux arbres ; il est d'une substance humide & dure, d'une couleur brune ; il est composé de bonne terre adamique & de beaucoup de glaise noire. On observe que dans ce sol on trouve toujours une couche de pure terre glaise noire au-dessous de la surface.

Les terreins sablonneux sont aussi dans la plûpart des Provinces distingués par leurs couleurs, il y en a de blancs, de jaunes, de rouges ; il faut observer que tous les sols ont du sable, comme on peut en faire l'expérience en marchant sur le meilleure terrein & en l'examinant avec attention après une pluie abondante ; parce que alors le terrein étant lavé, la terre qui enveloppoit les sables est lessivée, & que dégagés ils brillent. Le terrein que l'on trouve dans beaucoup de cantons du Gatinois est une terre sablonneuse mêlée de petits éclats de pierre, & même de coquillages cassés qui semblent être calcinés, & en effet ils le sont par l'air & le soleil : ils sont d'une grande utilité pour l'amélioration.

On trouve dans le même Pays & dans certains endroits de la Gascogne un terrein pierreux ciselé, & que l'on devroit appeller ainsi pour le distinguer des autres, qui est composé de bonne terre & de beaucoup de pierres ou ardoises en forme de chapelures, il est très-fertile en orge, mais il faut avoir le soin de *l'épierrer*, c'est-à-dire, de le décharger des plus gros éclats de pierre.

Dans certains endroits de l'Agenois il y a une sorte de terrein qui tient de l'argille, & qui cultivé avec soin, est propre au froment, au seigle & à l'orge.

Comme l'on peut à la seule inspection distinguer en général la nature & la valeur d'un sol par ses productions, ainsi l'on peut, & même avec plus de certitude, par le secours de la charrue, acquérir cette connoissance; voici la regle générale, le terrein marécageux se retourne aisément; on le distingue d'abord à sa couleur & à sa flexibilité. Les terreins glaiseux sont les plus durs & s'élevent par masses qui sont extrêmement tenaces. La terre à poule ou rayée se montre telle immédiatement après qu'on a levé le gazon. Les terreins sablonneux se retournent ou ameublissent avec facilité & régulierement; les pierreux au contraire, très-difficilement & très-inégalement; les terreins argilleux, lorsqu'ils sont purs, s'ouvrent facilement; les crayonneux sont secs & durs. Le terrein argilleux, que nous appellons ciselé, retombe de la charrue en monceaux, qui ressemblent à la lame d'un ciseau; c'est l'argille la plus courte qu'il y ait. Ce terrein n'est pas si détaché que les sablonneux qui retombent de la charrue en forme de scieure de bois, ni si tenace que les glaiseux qui s'élevent en longues lames: en général le Cultivateur doit faire beaucoup de cas d'un terrein de cette nature.

CHAPITRE X.

Des Terreins de Terre glaise en général.

QUOIQUE nous ayons distingué les terres glaises suivant leurs différentes couleurs sous les dénominations de jaunes, rouges, noires & blanches, & qu'elles reçoivent différentes dénominations dans différens Pays, leur nature cependant est en général la même; aussi les réunissons-nous d'abord toutes sous le même point de vûe.

Elles différent des autres sols en ce qu'elles sont tenaces, humides & froides, & elles communiquent ces défauts au sol à proportion qu'il en est plus ou moins chargé.

Il y a des terreins glaiseux qui sont si tenaces, que le sol qui seroit composé d'égales parties de terre vive & de ces glaises, seroit encore d'une stérilité presque invincible. Les glaises rouges sont de cette nature; les glaises jaunes en approchent beaucoup; les glaises noires s'en écartent; les blanches encore plus. Si la jaune prédomine à un certain point, elle altere le sol autant que la rouge, quoiqu'en moindre quantité, & ainsi des deux autres par gradation. La terre glaise quelconque dégrade donc plus ou moins le sol; c'est pourquoi le Cultivateur doit faire plus d'attention à la quantité de ces terres qu'à leur espece particuliere.

L'amélioration de tous les sols dépend d'abord principalement de leur ameublissement; afin que leurs parties divisées se trouvent plus exposées aux influences du soleil & à l'air, & que par-là elles deviennent plus propres à féconder les semences qu'on y jette. Comme les terres glaises sont de toutes les terres les plus tenaces, elles exigent plus rigoureusement ces soins que tous les autres sols. L'expérience nous apprend que le feu est propre par son activité, à diviser les parties de cette substance tenace. Or le soleil & l'air produisent plus lentement, à la vérité, les mêmes effets. Nous voyons des écailles d'huître qui ont été pendant longtems exposées sur le bord de la mer, aussi parfaitement calcinées par le soleil & l'air, que si elles avoient passé par le feu : Nous voyons aussi les coquillages qu'on trouve dans la marne & dans les autres terres devenir mols & friables après avoir été pendant quelque tems répandus sur la terre. Il en est de même de la terre glaise, le soleil & l'air la divisent; ainsi de fréquents labourages l'améliorent, parce qu'on tourne & retourne par ces labours souvent répetés, les mottes, & qu'elles se trouvent diversement exposées au soleil & à l'air, ce qui réussit encore mieux lorsqu'on a l'attention de les briser avec le casse-motte.

Voici donc les signes certains des sols glaiseux. Ce terrein est si lié qu'il garde l'eau; lorsqu'il est imbibé, il seche difficilement; & par la même raison, après les grandes sécheresses il est longtems à s'humecter, il se crévasse. Lorsqu'humecté il est ouvert par la charrue, il s'y colle comme du mortier; dans le tems sec, au contraire, la charrue l'éleve en grosses mottes dures, glaiseuses jusqu'au fond. C'est pourquoi dans les endroits où la croûte n'est pas épaisse, le Fermier doit avoir l'attention de ne point labourer profondément pour ne pas dégrader son terrein par le mêlange de la glaise, qui dans ce cas est une terre gourmande, en ce qu'elle absorbe le suc de la surface, & en prive les semences qu'on y jette.

Tous les sols glaiseux demandent beaucoup de soins & d'intelligence pour les bien ameublir; mais dès qu'on est parvenu à détruire leur tenacité au point que les semences puissent, comme l'on dit en Agriculture, y piquer, ils récompensent largement de la culture pénible qu'on leur a donné.

Après avoir rassemblé sous un seul point de vûe tous les sols de terre glaife, leur nature en général & la culture qui leur eft propre, l'ordre que nous nous fommes propofés demande que nous les examinions en particulier, & que nous donnions les différentes méthodes de les mettre en valeur.

CHAPITRE XI.

Des Sols de Terre glaife rouge pour le Labourage.

LA terre glaife rouge eft la plus tenace & la plus froide de toutes les glaifes, ainfi elle exige beaucoup plus de foins du Laboureur qui entreprend de corriger fon mauvais naturel.

Il femble cependant que la nature ait pris une attention particuliere à couvrir ce fol d'une terre féconde qui eft d'une épaiffeur confidérable ; c'eft donc au Cultivateur à profiter de la liberté qu'il a de labourer profondément, attention que ce terrein demande plus que tout autre.

D'ailleurs une autre grande reffource qu'on a dans ce terrein, c'eft que toutes fortes d'engrais lui font propres, pourvu que les labours foient fréquens, car fans cette attention la dépenfe des engrais feroit en pure perte.

Comme ce terrein a des parties fi intimement liées, qu'il ne fe mêle point avec quelqu'autre fubftance, il faut avoir le foin d'y incorporer le fumier en labourant. Obfervez cependant qu'un fumier quelconque n'eft pas l'engrais le plus propre à la glaife. Dans les Pays froids, par exemple, il eft certain que la chaux eft d'une plus grande efficacité que le fumier. Auffi pratique-t-on dans certains cantons de l'Angleterre cette amélioration. En d'autres endroits on employe la fuie & la cendre ; cependant quelques Praticiens préferent la chaux. Il eft des Pays, par exemple, les méridionaux, où je préférerois l'ufage des cendres & de la fuie.

On obferve qu'un terrein difficile à ameublir & à améliorer dure beaucoup plus que ceux qui font d'une plus facile préparation ; il femble que la nature ait pris plaifir à mettre des proportions jufques dans cette partie de l'Agriculture. Un Cultivateur doit donc ne pas fe décourager, foit par la dépenfe des engrais, foit par la fréquence des labourages : pour peu qu'il ait de confiance nous lui promettons des avantages qui le furprendront. La terre glaife rouge, nous l'avons dit, eſt de toutes les terres celle dont l'ameubliſſement eſt le plus difficile ; mais auſſi ce ſol eſt-il celui qui de toutes ſe reſſent plus long-tems de l'amélioration. Il ſeroit très-aiſé de le prouver par la nature même de la choſe , ſi nous ne préférions dans cet Ouvrage la plus petite pratique aux meilleurs raiſonnemens.

Nous oſons même avancer que plus les glaiſes ſont tenaces & ingrates par leur nature , plus elles deviennent riches quand on les travaille de la façon que nous venons d'indiquer. On ne réſiſtera point ſans doute aux exemples , & nous n'en manquerons point.

Un Particulier poſſeſſeur de pluſieurs arpens de terre glaiſe rouge abandonnée de tous tems à ſa ſtérilité dans un canton du Gatinois , mécontent d'un commerce qu'il ne faiſoit qu'à ſon détriment , & ſe trouvant en poſſeſſion d'une ſomme de 6000 livres qu'un événement inattendu lui procura , il entreprit de mettre en valeur le terrein dont nous parlons. Guidé ſans doute par d'excellens documens, il ſe trouva au bout de dix ans en état par le produit de ſa culture , non-ſeulement de payer le capital de 6000 livres & les intérêts à cinq pour cent , mais encore d'étendre conſidérablement ſon domaine par les acquiſitions qu'il a faites ; de ſorte que par les ſoins qu'il a porté à l'amélioration de cette terre inculte , il eſt aujourd'hui le plus aiſé Citoyen du lieu. C'eſt à la chaux , & principalement aux cendres , à la ſuye , au gravier & au ſable qu'il a répandu ſur ce terrein frequemment labouré en tout ſens , qu'il doit cette aiſance.

Cet exemple doit encourager les Cultivateurs ; qu'ils ne craignent point la dépenſe ni les travaux ; un terrein quelconque bien adminiſtré n'eſt jamais ingrat ; nous le répétons encore , il n'eſt point de ſol qui paye plus avantageuſement & plus long-tems les frais & les peines que le glaiſeux , dès qu'il eſt bien ameubli.

Plus le terrein eſt rouge , plus il tient de la glaiſe ; par-tout où le ſol eſt de couleur brune , il contient , mais non pas toujours, plus de terre adamique. Ce dernier demande beaucoup moins de préparations pour produire ; mais quand le premier a été ameubli , comme il l'exige, ſon produit excede de beaucoup le produit de l'autre. Il le faut en effet manier & remanier de tant de façons , & le couper de tant de ſubſtances qui lui ſont étrangeres , que les profits qu'on en tire peuvent être regardés comme la récompenſe de la ſeule induſtrie.

De-là on doit conclure que les ſols de terre glaiſe ont des avantages & des déſavantages proportionnément à d'autres terreins , quant aux récoltes qu'ils produifent. Ceux qui font rouges en ont encore plus que les autres, puifqu'ils font les plus défavantageux pour leur perfection, & les plus avantageux pour le produit.

D'abord il faut convenir que la récolte fur un terrein de glaife rouge eft plus tardive que fur un terrein fablonneux & fur tout autre; c'eft fans doute la raifon qui a déterminé les Cultivateurs à dire que ce terrein eft le plus froid de tous.

Nous avons encore obfervé que les plus froids de tous ces fols font ceux où la couche de terre glaife qui eft au-deffous de la furface eft le plus épaiffe; plus la glaife a d'épaiffeur, plus la récolte eft tardive; l'expérience confirme cette obfervation.

Et en effet, eft-il bien étonnant qu'un fol foit froid quand il eft continuellement humide. La raifon dicte qu'un terrein de cette nature doit être plus altéré par le froid, qu'un terrein d'un tempéramment fec, puifque nous avons occafion d'obferver qu'une gelée qui vient tout d'un coup dans une faifon féche n'altere point les jeunes plantes des jardins & des champs, & qu'au contraire une gelée qui fuccede à une pluie y fait de grands ravages.

Il eft bien vrai qu'une petite gelée ne pénétre pas auffi-tôt un terrein glaifeux qu'un autre qui ne l'eft point, & voilà un des avantages de ce fol. Mais auffi quand la gelée l'a une fois pénétré, il eft plus long-tems refroidi, & c'eft un de fes défavantages.

Qu'on travaille bien fuivant les regles que nous avons établies, & celles que nous établirons encore, le fol glaifeux produira du froment excellent, l'orge n'y réuffit pas moins, pourvu toutefois que la faifon foit féche; autrement ce grain y languit; parce que, comme nous l'avons obfervé, ce fol garde long-tems l'eau, & que les racines de l'orge ne fe plaifent point dans l'humidité.

Les feves au contraire pouffent avec vigueur dans les fols humides, parce qu'elles demandent de l'eau, & que lorfque les faifons font féches ou que les terreins font legers, elles ne font que languir en comparaifon de leur produit dans les terreins humectés; elles demandent beaucoup de nourriture, & certainement il n'y a point de fol qui foit plus en état d'en fournir abondamment que le glaifeux, lorfqu'on eft parvenu à le bien divifer.

Cependant malgré tous les avantages qui réfultent du fol glaifeux bien ameubli, il eft fujet à bien des inconvéniens dont les principes font dans fa propre nature; il convient d'en rapporter quelques-uns, afin que le Cultivateur ne croye point que nous avons voulu le féduire.

Lorſque la ſaiſon eſt pluvieuſe, & que principalement pendant le mois de Mai il tombe beaucoup de pluie, il eſt certain que le produit de ce ſol eſt très-douteux. Les feves ſont de tous les grains celui qui réſiſte le mieux à l'humidité, mais le froment y devient pâle & ſe retrait ; l'orge jaunit, & ſi la pluie continue, il eſt certain que la récolte eſt perdue.

Si le printems eſt humide avec des gelées, les pois mêmes manquent dans ce ſol ; la grande marque qu'ils y dépériſſent, c'eſt que leur verd devient rouge, & l'expérience prouve que lorſque ce ſymptome paroît, il n'y a plus lieu d'eſpérer.

Ainſi lorſque cet accident arrive, le plus ſûr pour le Cultivateur eſt de prendre ſon parti : comme ce ſigne décide de la récolte, il faut ſimplement renverſer le champ par un labour, & ſemer de l'avoine.

Il n'y a donc point de terrein où l'on trouve plus de reſſource que le glaiſeux, puiſqu'il eſt propre aux feves, aux pois, au froment, au trefle, & qu'il n'y en a point de plus favorable aux navets.

Tous les déſavantages que l'on vient de voir tiennent plus à ce ſol qu'à tous les autres, nous en convenons ; c'eſt la tenacité naturelle de ce ſol qui en eſt le principe ; mais l'expérience de quelques années fera voir au Cultivateur qu'ils ne ſont fréquens qu'en raiſon de l'ameubliſſement ; car, comme nous l'avons dit, ce ſol, que d'abord on juge le plus mauvais de tous, devient avec de la patience & du travail, le plus riche. L'amélioration conſiſte donc à ne point épargner la chaux ni la ſuye, les cendres ni les fréquens labourages. Tous nos avis ſe bornent aux obſervations ſuivantes, qui ſeront le réſumé de ce Chapitre important, où les répétitions ſont fréquentes, parce qu'elles ſont néceſſaires, puiſque nous n'écrivons que pour cette partie des ſujets qui naturellement eſt peu intelligente.

En premier lieu, il faut être prodigue envers le ſol glaiſeux quand on commence à le cultiver ; il faut le labourer de fond en comble & ſouvent ; il faut avoir un laboureur attentif & qui ſaiſiſſe bien les ordres qu'on lui donne ſur la façon de labourer ; il faut ſe promener ſouvent pour voir par ſoi-même ſi le ſol a été bien ouvert, bien renverſé, bien croiſé & bien rompu de tous côtés.

En ſecond lieu, il faut employer beaucoup de chaux, & voir par ſoi-même ſi on l'a bien incorporée ; au défaut de chaux, il faut ſe ſervir de cendres & de la ſuye. Lorſqu'en aura donné toutes ces attentions, on aura le plaiſir de voir ce ſol auſſi peu ſenſible au froid que les autres ; l'eau paſſera à travers de ſes molécules ; elles n'en

conſerveront

conferveront qu'autant qu'il en faut pour que les racines puiffent
envoyer le fuc nutritif aux fommités des plantes.

En troifiéme lieu, nous confeillons de préférer le froment, parce
que rarement cette récolte manque fur un fol glaifeux rouge bien
ameubli. Les feves, les navets & le trefle y réuffiffent également :
fi cependant la faifon eft féche, il peut hardiment femer de l'orge ;
mais, nous le répetons encore, la récolte du froment eft comme
infaillible.

Enfin il faut, après avoir parfaitement amélioré ce fol à force
de travaux & d'induftrie, prendre garde de donner dans l'écueil
ordinaire, c'eft l'avidité ; on a dépenfé beaucoup, on veut faire vîte
rentrer fes frais, & l'on furcharge le terrein : erreur des plus dan-
gereufes ; & c'eft ici le cas où le defir de s'enrichir appauvrit.

CHAPITRE XII.

Des Sols de terre glaife rouge pour le pâturage.

L'ON obferve qu'un fol couvert de gazon, & le fol qui eft
cultivé depuis plufieurs années font différens à plufieurs égards,
quoiqu'ils fe touchent intimément, & qu'originairement ils ayent été
exactement les mêmes ; & ceci eft abfolument important pour le
Fermier qui veut & qui doit en effet établir les conditions de fon
bail fur la nature du fol. Auffi avons nous fréquemment répeté cette
obfervation pour en tirer des inductions utiles. Partout où le fol
eft glaifeux, & cultivé d'un côté & inculte de l'autre, nous avons
obfervé que quoique celui qui avoit été ouvert par la charrue parût
entierement différent de celui qui avoit toujours fervi au pâturage,
féparé de l'autre feulement par une haye, & étoit cependant de la
même nature.

Pour fe convaincre de cette vérité, on n'a qu'à prendre une motte
de terre glaife rouge qui ait échappé à la vigilance du Laboureur, &
la comparer avec une motte qu'on aura enlevé d'un pâturage voifin,
on trouvera que la premiere motte eft ferrée, dure & haute en couleur, tandis que la derniere eft moins compacte & d'une couleur
plus obfcure. La raifon de cette différence qui n'eft qu'accidentelle,
eft bien fenfible. Dans les pâturages le fol refte plus dans fon
entier, & par conféquent conferve mieux la partie de terre végétale

qu'il a , au lieu que dans les terres labourées, la plus grande partie de cette terre eſt ou lavée , ou emportée par les eaux , ou conſommée par les plantes. Ainſi quand le Cultivateur trouve au-deſſous du gazon de ſon pâturage un ſol qui reſſemble aux terres glaiſes rouges , il doit être aſſuré que l'un & l'autre ſont de la même nature ; ou s'il en doute encore , il peut s'en convaincre par le ſecours de la charrue.

Lorſque ce ſol contient une juſte portion de terre végétale, il eſt excellemment propre aux pâturages : le cœur en eſt bon , & les herbes y pouſſent vigoureuſement ; mais s'il rentre trop dans le vrai naturel de la pure glaiſe , il faut avoir recours aux améliorations.

Nous avons obſervé que partout où les terreins bas ſont de glaiſe rouge , l'herbe y eſt non-ſeulement abondante , mais encore d'une excellente qualité , ſans qu'on donne aucun apprêt au ſol.

Comme il n'y a point de vallée ſans colline ou ſans montagne, il n'eſt point étonnant que la glaiſe rouge ainſi ſituée ſoit ſi fertile, parce que les pluyes lavent & entraînent des terreins élévés la terre la plus fine & la plus légere. D'ailleurs les inondations dépoſent ſur la ſuperficie une vaſe graſſe , qui leur donne ce principe de fécondité.

Auſſi l'expérience nous apprend-elle qu'il n'y a point d'engrais plus analogue & meilleur aux pâturages que la vaſe des rivieres & des ruiſſeaux. La raiſon en eſt bien évidente : comme la glaiſe rouge a des parties ſerrées & étroitement liées enſemble , elle retient la terre la plus diviſée que les inondations & les écoulemens des eaux lui apportent , faculté que les autres terreins n'ont point : auſſi ce qui fait la fécondité du ſol glaiſeux , du moins quant aux eaux , contribue-t-il au contraire à la détérioration des autres terreins, à travers deſquels cette terre fine & déliée doit néceſſairement ſe perdre ſans produire aucun bon effet.

Les eaux de pluye même , telles qu'elles tombent naturellement, contiennent beaucoup de cette terre végétale. Or , quand la pluye tombe ſur une ſol léger , l'eau paſſe à travers & ſe perd avec la terre fine à une certaine profondeur du ſol , à laquelle la charrue ne peut point atteindre. Lorſqu'au contraire la pluye tombe ſur le ſol glaiſeux , ou que les eaux viennent d'autre part , elles y ſont conſervées longtems comme dans un vaſe avec la terre fine qu'elles contiennent. On obſerve même que celle-ci s'attache à meſure que l'eau paſſe, deſorte qu'on peut dire qu'il ne ſe perd pas la plus petite molécule de la terre végétale : cela eſt ſi vrai, que ſuivant *Beker* dans ſa Phy-

fique fouterraine, on n'a qu'à prendre une couche de glaife fuffifamment épaiffe pour conferver ou retenir de l'eau bourbeufe ; l'eau
paffera infenfiblement à travers, mais elle fera claire comme de
l'eau de roche. Toutes les parties terreftres fe feront attachées à
la glaife : cette filtration eft une preuve triomphante de la vérité
de nos Obfervations : c'eft auffi la raifon pour laquelle les pâturages
de terre glaife rouge font toujours fertiles en quelque fituation
qu'ils foient, mais fur-tout quand ils font fitués dans les vallées.

Il eft des pays où ce qu'on appelle terre à bois, n'eft autre chofe
qu'un terrein glaife rouge, quoique rembruni accidentellement
dans certains endroits, & qui donne des pâturages abondans.
C'eft fans doute ce qui a déterminé les Fermiers de certains cantons de la Normandie, à mettre tout leur fol en pâturages, parce
que, nous l'avons obfervé, il demande beaucoup de travaux & de
dépenfes pour le labourage, & qu'il en faut peu ou point du tout,
fi l'on en excepte celles de clôture pour les pâturages. D'ailleurs,
comme il y a beaucoup plus de rifques à courir lorfqu'on enfe-
mence ce fol d'orge ou de pois, il n'eft point étonnant que les Fermiers qui ordinairement tournent toutes leurs vûes vers les profits
les plus clairs & les moins pénibles, donnent la préférence aux
pâturages qui n'ont prefque point de cas fortuit à effuyer.

Cependant il faut bien prendre garde de donner à cet égard dans
l'excès. Il eft toujours plus prudent, rélativement à foi en particulier, & rélativement à l'état de bien diftribuer fon terrein pour s'y
procurer toutes les denrées qui fervent à notre fubfiftance ; il faut
donc conferver une certaine proportion entre les pâturages & les
terres labourées, afin que les fumiers qui procédent de ceux-là,
fuffifent à l'engrais de celles-ci. Mais ce point important fera dans
la fuite mis dans un plus grand jour : nous n'en parlons ici qu'afin
d'avertir certaines perfonnes toujours exceffives dans la nouveauté, & qui peut-être trop avides pourroient fans en prévoir les
conféquences, mettre trop de leurs terres labourables en pâturages :
tout ce qui vient d'être dit pour l'inftruction du Cultivateur fur le fol
glaifeux rouge propre aux pâturages & fur fa valeur, fe réduit donc
aux articles fuivans.

Il ne faut point fe déterminer avec précipitation à changer les
terres labourables en pâturages, ni les pâturages en terres labourables. Il convient bien mieux de laiffer les terres telles qu'elles font
lorfqu'une Ferme eft bien diftribuée, ou du moins de bien pefer le
pour & le contre avant que de prendre ce parti. Il faut conferver

une juste proportion entre les terres labourables & les pâturages.
Que les dépenses & les risques auxquels les terres labourées exposent, n'engagent point à aucun changement ; que l'avidité d'une
récolte abondante ne fasse point mettre la charrue dans les pâturages.
La premiere récolte sera sans contredit très-abondante à cause de
la quantité de terre végétale qui se trouve ordinairement dans le sol
glaiseux rouge. Mais qu'on se rappelle sans cesse que lorsque cette
terre est épuisée , il faut des travaux & des dépenses excessives
pour remplacer sa vertu par des engrais : car plus la récolte sera
abondante , plus le sol se sera dépouillé de cette terre , & il s'en
dépouillera en effet à tel point qu'il ne produira presque plus rien qu'à
force d'art & de dépense. Il y a cependant des circonstances qui rendent ces changemens nécessaires & avantageux ; mais, nous le répétons, il faut les faire avec beaucoup de précautions. Il n'est rien
en Agriculture qui mérite tant les considérations du Cultivateur.

CHAPITRE XIII.

Des Terres glaises rouges pour les Arbres.

LA meilleure méthode pour la plantation des arbres & les
engrais qui conviennent aux pâturages ne sont point l'objet
principal de ce chapitre. Nous ne considerons ici la nature des
différens sols que relativement à la végétation plus ou moins heureuse des arbres sur tel ou tel terrein.

Quand il est question de la plantation, les recherches doivent
être plus étendues. On ne doit donc pas les borner à la seule connoissance du sol qui leur convient : nous avons vû que par le terme
sol, on n'entendoit que simplement cette croûte de la terre qui frappe
d'abord la vûe ; mais les arbres poussent les racines plus profondément pour se nourrir aux dépens des couches qui sont bien plus
avant.

Cependant comme le sol glaiseux est communément plus épais
qu'aucun autre , & qu'il a vers la superficie une couche ou lit de
la même nature que celle dont il est principalement composé, il
convient de considérer le sol sur ce point ; parce que dans un
ouvrage comme celui-ci, rien d'utile ne doit être passé sous silence.

Tous les arbres dans leur jeunesse ne se plaisent pas également dans tous les sols comme l'expérience le prouve tous les jours. Il en est de même lorsqu'ils sont grands : les raisons en sont tirées quant au premier cas, de la richesse ou de la pauvreté de la croûte supérieure du sol, & quant au second, des qualités ou des défauts de sa couche inférieure. Il est des arbres qui plongent profondément par la racine, & d'autres qui les répandent fort loin de tous les côtés à peu de profondeur. Le chêne, par exemple, cave profond, le frêne au contraire ne perce gueres plus avant que la couche supérieure ; ainsi le frêne poussera avec vigueur dans un sol qui aura une profondeur passable, quant même ses racines porteroient sur le roc, tandis que le chêne y périra de langueur, ou même n'y viendra pas du tout.

De cet exemple, le Cultivateur peut tirer une méthode assurée pour décider à quels arbres ce sol peut être favorable. Nous avons fait voir qu'il est propre à plusieurs espèces, & qu'il est au contraire très-opposé à d'autres : ainsi nous disons que le frêne prospere dans les terreins légers & bons ; mais que dans les endroits où les pâturages de terre glaise rouge sont vigoureux, cet arbre déperit, & que par conséquent ce terrein est très-favorable au chêne, qui ne prospere point du tout sur les terreins légers ; par la même raison tous les arbres qui ont les racines cannelées, nous nous expliquons, les racines longues & détachées & qui plongent fort avant dans le fond, réussissent dans le glaiseux rouge, au lieu qu'ainsi que le frêne, les arbres dont les racines sont horizontales, & qui s'étendent par les côtés au-dessous & le long de la surface, n'y acquierent ordinairement qu'une végétation languissante.

Cependant pour ne pas s'équivoquer, nous devons observer que les arbres à racines profondes que nous avons dit réussir dans le terrein de glaise rouge, n'y feroient que des progrès fort lents, si la couche d'en bas étoit si compacte & si serrée qu'ils ne pussent la pénétrer, ou si pénétrée, elle ne leur envoyoit point quelque nourriture, ce qui arrive quelquefois ; & c'est ce que le Cultivateur appelle terre *vaine*. Si le sol de terre glaise rouge n'a point l'avantage d'être naturellement favorable à toutes sortes d'arbres, il a du moins celui de subsister un arbre quelconque qui y a d'abord pris ; au lieu que sur tous les autres terreins, *certains* arbres paroissent d'abord d'une belle venue & promettent beaucoup, & meurent ensuite. Si la pousse se fait plus lentement dans ce sol que dans les autres terreins plus déliés & plus fins, du moins a-t-il l'avantage de fournir un bois pour la charpente, qui eſt plus ferme & plus ſein, & par conſéquent toujours préférable, & en effet toujours préféré par les connoiſſeurs.

On obſerve que les arbres viennent droits dans ce ſol, & c'eſt ſans doute à cauſe de la profondeur de leurs racines, au lieu que ceux qui croiſent rapidement à la vérité, parce qu'ils ſont plantés ſur un ſol riche, mais dont le fond eſt mauvais, deviennent courts & rabougris, étendent leurs branches de tous côtés, au lieu de les pouſſer perpendiculairement.

D'ailleurs, un autre avantage important qui eſt attaché au ſol de terre glaiſe rouge, rélativement aux arbres, c'eſt que quelque part & de quelque façon qu'on y plante, les arbres ne portent aucun préjudice aux terreins qui les environnent ; les ſemences y pouſſent avec la même vigueur. Les arbres au contraire dont les racines s'étendent horizontalement le long de la ſurface du ſol, en pompent & abſorbent tous les ſucs, & conſéquemment affament toutes les plantes voiſines ; au lieu que dans le ſol de terre glaiſe rouge, ils tirent leur nourriture du fond du ſol, & conſéquemment ne font aucun larcin aux plantes qui vivent aux dépens de la ſuperficie. Comme l'article des arbres n'eſt ici qu'accidentellement, & que nous entrerons en tems & lieu dans un plus grand détail, nous fermons ce Chapitre par un avis au Cultivateur ; c'eſt quand il voudra planter dans la glaiſe rouge, de jetter un coup d'œil ſur les autres eſpeces de terreins qu'il peut avoir, d'examiner les arbres qui pouſſent le mieux, & de les choiſir pour les planter dans ce ſol. Il peut compter ſur un grand avantage qui eſt propre à ce ſeul terrein ; les arbres qu'on y plante ne l'alterent point du tout ; bien différent en cela des autres terreins, qui s'épuiſent plus ou moins en fourniſſant la végétation aux arbres.

CHAPITRE XIV.

Des Sols de terre glaiſe jaune pour le labourage.

LA terre glaiſe jaune approche beaucoup dans tous les pays de la terre glaiſe rouge ; du moins n'y a-t-il pas de terre qui lui reſſemble plus. Elle eſt la plus commune dans tous les pays ; ſon ſol eſt auſſi fertile dans certaines Provinces que le ſol rouge l'eſt en d'autres. Il eft en effet d'une compofition fi femblable à celui de glaife rouge, que toutes les obfervations que nous avons faites dans les Chapitres précédens doivent fervir auffi de regle pour la glaife jaune; avec cette différence cependant que la chaux eft l'engrais le plus propre à la glaife rouge, & que la Marne partout où l'on peut en trouver de bien conditionnée, eft fingulierement favorable à la glaife jaune.

Comme l'argille jaune reffemble beaucoup à la glaife jaune, il eft néceffaire de mettre le Cultivateur à couvert de l'erreur en lui donnant le moyen de diftinguer ces deux fols : fans cette précaution, nous l'expoferions à des dépenfes inutiles, s'il employoit les engrais fur l'argille, qui eft un fol vain. Il eft donc queftion de lui donner des documens qui lui rendent fenfible la différence qu'il y a entre ces deux fols.

L'argille jaune eft une terre compofée de terre glaife & d'une grande quantité de fable & fort peu de toute autre fubftance. Le fol de glaife jaune, au contraire, eft compofé de glaife & d'une quantité plus ou moins grande de terre adamique; il reffemble beaucoup à la glaife rouge; il ne contient de fable que cette petite quantité, qui fe trouve généralement dans tous les fols : l'argille, comme nous le ferons voir, eft grumeleufe; la glaife jaune eft tenace. L'argille retombe de la charrue en petits pelotons, la glaife jaune en lames longues & tenaces.

Cette différence bien établie, nous confiderons ici la glaife jaune relativement au labourage. Le fol de glaife jaune eft ordinairement plus pur & plus entier que le fol glaifeux rouge ; ce qui le rend d'une tenacité prefqu'invincible dans le tems humide, & d'une dureté qui tient du caillou dans un un tems fec ; ainfi dans l'un & l'autre cas, il eft très-difficile à ameublir pour l'introduction des engrais.

La terre molle ou adamique eft en plus grande ou plus petite quantité dans le fol de cette couleur. Il eft donc plus ou moins fertile dans le défrichement, & exige dans la fuite plus ou moins de dépenfes & d'apprêts; plus ce fol eft friable, plus il eft fertile ; plus, au contraire, il eft ferme, plus il eft ftérile : or, il eft plus ferme lorfque la terre glaife domine fur la terre molle.

Lorfque la bonne terre ne s'eft pas trouvée lors du défrichement en affez grande quantité, & que les pluyes en lavant les terreins ont emporté la terre végétale, ou qu'à force de faire produire on l'a épuifée, on doit fuppléer tous ces inconvéniens ou par quelque engrais propre à rompre le terrein, ou par la charrue en exposant la terre au grand air & au soleil qui la calcinent au point qu'elle est friable. Si l'on emploie les deux moyens à la fois, il est certain que le terrein sera bien plus vîte amélioré, & pour plus de tems.

En Angleterre on l'améliore avec de la terre molle noirâtre, dont la base naturelle est la glaise jaune. Ainsi préparé, il est excellent pour le froment & le seigle, & pour d'autres productions. Mais de toutes les améliorations, celle que l'on commence par de fréquens & profonds labourages est la meilleure, parce que les mottes se brisent, que la terre devient friable, & que les engrais s'y incorporent facilement.

Il est certain que la glaise jaune prend beaucoup plus facilement les engrais que la rouge. La chaux y produit des effets merveilleux : la marne est aussi excellente, les cendres, la suye & le sable sont d'un très-bon usage, le fumier après tout ce mélange fait, s'y incorpore parfaitement.

Le mélange de la chaux & des cendres réussit fort bien ; rien de plus prudent que ce que l'on pratique en certains endroits : on ensemence ce sol deux années de suite, & la troisiéme, on le laisse reposer : on le met en sillons vers la fin de Mars, on le laboure trois mois après, mais on l'a un peu auparavant fumé avec du fumier de vache ou de cheval, pourvu toutefois qu'on n'y ait point parqué des moutons. On nous a demandé raison de la défense de parquer sur ce sol. Il y en a deux qui nous paroissent justes ; la premiere, c'est qu'en général toutes les glaises sont tenaces, & que le trepignement des moutons ajoute à ce défaut ; la seconde, c'est que la glaise jaune est une espece d'ocre, & que dans les tems pluvieux ou humides, elle s'attache à la toison & l'altere beaucoup : on répand donc le fumier, l'on renverse les sillons avec la charrue avant que le soleil l'ait séché, ou que la pluye l'ait lavé ; méthode à laquelle on ne prend point garde en France. Je vois presque partout que le Cultivateur fait porter indifféremment dans le beau ou mauvais tems le fumier, & le laisse en petites pilles. Cet usage est des plus inconséquens ; c'est au soleil & non à la terre que l'on fait présent de la quintessence du fumier.

Deux mois & demi après, c'est-à-dire vers la fin d'Août, on laboure encore pour étouffer les mauvaises herbes & pour redonner de l'air aux engrais. Vers la S. Michel, autre labour pour ensemencer : par-là on retourne l'engrais, & la semence se trouve couverte des parties les plus subtiles du terrein,

Le

Le fol ainfi préparé , on feme du froment , enfuite des feves :
ces deux productions réuffiffent parfaitement dans ce fol après
toutes les préparations dont nous venons de parler.

Mais la glaife jaune fe trouve-t'elle dans un enclos , il faut alors
l'engraiffer avec de la marne qui foit extrêmement légere : il faut
bien difcerner la qualité de la marne qu'on doit y jetter. Celle qui
tient de la terre glaife , loin d'y produire un bon effet , ne fait au
contraire qu'en augmenter la tenacité : il y a une efpece de marne
grife que la plus petite pluye réduit , & dont on doit faire préférablement ufage.

Quoique cette méthode ne foit pas abfolument la meilleure , il eft
certain cependant que les bons effets qui en réfultent doivent l'accréditer , eu égard aux grandes dépenfes auxquelles on feroit expofé fi l'on vouloit avoir recours à une autre qui produiroit à la vérité
plus , mais qui demande des avances qui ne font point à la portée
de tout le monde.

On laboure quatre fois ce fol lorfqu'on veut femer du froment.
L'effet de ces labours ainfi répétés , eft de rompre le terrein & de l'al-
léger à force d'y donner l'entrée à l'air. Les pluyes le pénétrent ,
& les eaux fe filtrent au lieu de refter fur la furface , ou de s'écouler
fans produire aucun bon effet fur le terrein ; elles y dépofent , comme
nous avons dit , la partie terreufe qu'elles contiennent.

L'air & les pluyes y produifent également cet effet lorfqu'on le
range en fillons , parce que le terrein ainfi difpofé , eft beaucoup plus
expofé à l'air & aux pluyes. Après cela un feul labourage le rend
propre aux feves ; parce que la terre a été ameublie fuffifamment par
ces labours réitérés , & que les feves ne demandent pas ainfi que
les autres grains , d'être couvertes d'une terre fi fine & fi ameublie.

Le Cultivateur peut donc voir à préfent bien clairement les raifons du bon ou mauvais fuccès , & la maniere d'améliorer fon fol.
Partant des principes que nous avons établis , il ne peut manquer
de s'enrichir ; puifque nous le mettons en état de comparer notre
méthode avec la méthode ordinaire , & que nous lui donnons les
moyens clairs de préparer fon fol lorfqu'il eft en enclos : car fuivant
la méthode ordinaire , non-feulement chaque premiere année eft
perdue , mais encore une grande partie des avantages de la feconde
lui échappe ; au lieu que fuivant nos principes , après les récoltes de
feves , de pois , d'avoine & d'orge , on peut encore récolter abondamment des navets & du trefle.

Au lieu de cette perte confidérable , un terrein enclos engraiffé

avec de la marne grise, donne pendant huit à neuf ans succeſſi-
vement les récoltes dont nous venons de parler, & quand au
bout de ce tems on veut le laiſſer repoſer pour qu'il acquierre une
certaine quantité de terre molle, il produit beaucoup d'herbe commune : on peut même à la rigueur ſe diſpenſer de ce repos ; car en lui
continuant la marne griſe & les fréquens labourages, ces préparations ſuppléeront ſuffiſamment la ſubſtance néceſſaire à une nouvelle récolte ſi le terréin a été épuiſé par les précédentes.

Cependant ſans s'arrêter à ce que nous avons dit ſur la maniere
de cultiver le ſol de glaiſe jaune, c'eſt au Cultivateur à prendre
garde aux dépenſes, à tenir un compte exact des frais & des produits, à péſer l'un & l'autre. S'il voit que la marne griſe quelquefois
trop éloignée de ſon Domaine, lui conſomme par le tranſport la
miſe & le produit, il doit s'en tenir aux engrais qui ſont le plus
à ſa diſpoſition, & moins diſpendieux, aux riſques d'avoir une récolte
moins abondante, mais qui ſera plus lucrative : toutes les autres
conſidérations doivent céder à celle-ci.

Mais quelqu'engrais qu'il mette, nous lui recommandons de labourer ſouvent & profondément, de mettre ſon terrein en ſillons
qu'il dirigera de l'Eſt à l'Oueſt, afin que le ſoleil puiſſe frapper ſur le
terrein.

S'il a de la marne dans ſon voiſinage, il doit examiner ſi elle eſt
d'une nature convenable pour la terre glaiſe ; & pour ne pas ſe
tromper, qu'il commence d'abord par voir ſi elle eſt ferme & péſante,
& alors elle ne lui peut être dans ſon objet d'aucune utilité. Plus au
contraire elle eſt légere, plus elle eſt précieuſe. Veut-il connoître ſi
elle eſt friable, qu'il en jette une motte dans une terrine d'eau, ſi
elle ſe diviſe d'abord, & tombe d'elle-même en petites molécules,
elle remplira parfaitement ſes vûes. Si au contraire elle reſte en
maſſe & réſiſte à l'eau, il ne doit point s'en ſervir pour le ſol dont
il eſt ici queſtion.

Le premier apprêt qu'on donne à ce ſol, demande beaucoup de
marne lorſqu'on a le bonheur de l'avoir ſous ſa main. Il faut répéter
dans la ſuite cette même opération, mais il faut que la marne ſoit
en moindre quantité. Lorſqu'on n'a point de bonne marne, on
emploie la chaux : il eſt bien vrai qu'elle ne produit pas ſi prompt-
tement ſon effet, parce qu'elle n'a point la propriété de pénétrer
ſi promptement la glaiſe ; mais on eſt bien dédommagé de ce retardement, parce que la glaiſe jaune préparée avec de la chaux, dure
preſqu'auſſi long-tems que la glaiſe rouge.

Si pour premier engrais il met de la bonne marne, il peut le continuer fans en mettre d'autre. Mais s'il s'eft fervi de chaux, il fera
bien de lui donner le fecours d'un autre engrais plus léger. La fcieure
de bois, par exemple, accélere l'effet de la chaux fur le fol de glaife
jaune, les plantes fanées font un engrais qui ne peut être trop
eftimé.

Il eft des cantons où tous les engrais font rares : fi l'on eft voifin
de la mer, on en tire un grand fecours ; fon fable améliore parfaitement la glaife jaune ; plus on en répand & plus on fertilife le fol.

Il eft certain que beaucoup de Fermiers paroîtront furpris de
cette méthode. Mais elle porte fur des principes auffi clairs que le
jour. La caufe de la ftérilité des fols glaifeux en général eft leur
tenacité naturelle. Or, le fable la rompt & prépare aux pluyes le
moyen de pénétrer dans la fubftance du fol : au refte les argilles
font fertiles, comme nous le ferons voir dans la fuite : or, l'argille
(il n'eft point de Cultivateur qui l'ignore) n'eft autre chofe qu'un
mêlange de glaife & de fable : puifque la nature a fait ces mêlanges,
pourquoi ne tâcherions-nous pas de l'imiter par notre induftrie ?

On obferve qu'à force de jetter du fable fur un fol glaifeux, on
peut le rendre pour toujours argilleux, & alors nous difons qu'en
ajoutant les engrais que nous indiquerons dans la fuite, on peut
rendre ce fol extrêmement utile. Pour peu qu'on connoiffe la nature,
on ne fera point furpris que le fable améliore un fol glaifeux, puifqu'on emploie auffi la glaife pour fervir d'engrais au fol fablonneux.
On voit donc que comme la terre glaife réunit les parties trop divifées du fol fablonneux, de même le fable divife les parties trop
intimement liées du fol glaifeux.

Les cendres que tous les Cultivateurs reconnoiffent affurément
pour un des meilleurs engrais qu'on puiffe donner au fol glaifeux,
agiffent fur ce fol de deux façons ; premiérement comme fable ;
fecondement en ouvrant & échauffant le fol. Après les préparations
les plus effentielles, la fuye eft encore un excellent engrais. Le
feu ne doit pas être paffé fous filence : on ne peut brûler un terrein
glaifeux jaune ou rouge, fans l'améliorer confidérablement. Il rompt
les parties de ces fols, les rend fertiles, non-feulement en eux-
mêmes, mais même en les donnant comme engrais aux autres
fols.

CHAPITRE XV.

Des Sols de terre glaise jaune pour les pâturages.

NOUS avons obfervé que les glaifes rouges font très-fertiles en herbes dans les bas fonds, parce qu'elles retiennent la terre fine & déliée que les eaux y portent des terreins élevés. Mais l'expérience prouve qu'il n'en eft pas abfolument de même des glaifes jaunes fituées dans le bas, parce qu'elles font trop humides.

Leur fubftance étant plus compacte que la glaife rouge, elle ne donne point entrée à la terre végétale entraînée par les pluyes, qui cependant a la propriété d'amollir & d'enrichir les fols rouges.

Et en effet, on peut obferver après un examen fcrupuleux, que la glaife jaune contient ordinairement beaucoup moins de terre végétale que la rouge, c'eft-à-dire, qu'elle approche beaucoup plus de la glaife proprement dite :

Qu'on prenne, par exemple, dans un pâturage une motte de glaife jaune au-deffous du gazon, qu'on la compare enfuite à une motte d'un même fol labouré, on verra que le premier n'a pas plus de terre végétale que le dernier. Le contraire arrive dans le fol glaifeux rouge.

Il faut conclure de ces obfervations, qu'en général le fol jaune eft beaucoup plus pauvre que le rouge, ce qui en effet prouve que la marne eft un excellent engrais pour le fol jaune, parce qu'elle a la propriété de fe diffoudre facilement en une fubftance fi fine qu'elle fe mêle avec la terre glaife, la pénétre, la divife & l'ouvre aux eaux des pluyes, & que par-là elle fupplée à la terre végétale que la nature a refufée à la terre glaife.

Cependant fi les glaifes jaunes ne produifent pas communément dans les bas fonds des herbes d'une auffi bonne qualité que celles de la glaife rouge, elles en produifent autant & d'auffi bonnes, lorfqu'elles font fituées dans un endroit fec.

Si, comme nous l'avons démontré, on peut juger en général des fols par leurs productions naturelles, il eft certain qu'une grande abondance de prime-vere annonce la ftérilité ; or, il n'eft point de fol qui en produife plus que la glaife jaune dans une fituation féche. Ce fol n'eft pas même fujet aux mauvaifes herbes ; fi l'on en excepte les chardons, qui, comme tout Cultivateur doit le sçavoir, viennent principalement sur tous les sols glaiseux qui ont du cœur : quelques Cultivateurs éclairés observent que la glaise jaune est un excellent pâturage pour les vaches, lorsqu'il y vient beaucoup de prime-vere, & nous avons en effet remarqué que dans plusieurs pays, il n'est pas de pâturage plus favorable à cet animal, que celui dont le sol est de glaise jaune.

Il faut convenir cependant que ces pâturages, lorsqu'ils sont sur la pente d'un terrein montagneux, sont très-sujets pendant l'hyver à une grande humidité ; mais il est aisé de remédier à cet inconvé-nient. Il faut l'entrecouper de beaucoup de tranchées qui reçoivent les eaux & les déchargent insensiblement, comme on peut le remar-quer par l'eau qui en dégoute continuellement. Par cette méthode on entretient ces pâturages secs dans toutes les saisons.

Quand nous disons que l'humidité est un inconvénient dans les pâturages, il ne faut point prendre cette observation à la rigueur. Il est bon d'avoir un fond ferme qui retienne à un certain point l'humidité, & c'est ce qui nous détermine à assurer que les pâturages de glaise jaune sont très-bons, car ils ont ordinairement à une certaine profondeur une couche de terre glaise proprement dite, qui est une des terres les plus fermes.

Observez seulement qu'un pâturage élevé demande de fréquentes améliorations, au lieu que les bas fonds sont, comme nous l'avons remarqué, préparés par les mains de la nature ; mais aussi les meil-leurs foins qu'ils produisent ne peuvent être comparés pour la qualité à ceux des terreins élevés.

Le foin venu sur une glaise jaune élevée & séche, est le foin le plus fin que puisse produire un terrein quelconque.

Ainsi nous exhortons le Cultivateur à donner toujours pour établir ses pâturages la préférence aux terreins élevés, sur-tout s'ils sont de terre glaise jaune : quoiqu'ils paroissent dénués de terre végétale, il doit être assuré qu'il y a un fond susceptible des amélio-rations les plus faciles.

Les meilleurs engrais qu'il puisse lui donner consistent en fumier mêlé avec la vase de riviere ; mais il doit observer de choisir un tems pluvieux pour le porter sur le terrein ; la pluye lave cet en-grais & en porte la substance dans la terre avant que le soleil n'ait le tems de la faire évaporer. A cette attention il faut qu'il ajoute celle de faire les couches aussi minces qu'il lui sera possible.

Il est un autre engrais encore plus actif pour ce sol, mais il est rare qu'on puisse en avoir une quantité suffisante pour en enrichir un pâturage étendu ; c'est le fond des meules de foin ; il y a toujours une terre molle très - divisée & une certaine quantité de graine de foin dont il résulte de grands avantages ; le principal est d'ensemencer de nouveau le terrein.

On peut encore donner de la marne : cet engrais répond parfaitement aux vues du Cultivateur ; elle a même un avantage sur la vase de riviere, en ce que celle-ci déposée par les inondations sur la superficie, ne produit pas tous les effets qu'on a lieu d'attendre. Le soleil la desséche , la cuit , & lui ôte ainsi son principe de fécondité ; la marne au contraire pénétre même jusques dans le cœur du sol.

CHAPITRE XVI.

Des Sols de terre glaise jaune pour les Arbres.

SI la végétation des arbres est lente dans le sol de terre jaune, en récompense les arbres y acquierrent avec le tems beaucoup de force & de vigueur. Mais comme nous avons observé que ce sol ne differe que fort peu de la glaise proprement dite , & que dans celle-ci les arbres quels qu'ils soient ne poussent qu'imparfaitement , nous conseillons de ne jamais entreprendre une grande plantation dans la glaise jaune.

M. *Evelyn* a remarqué qu'il faut aux arbres trois fois plus de tems pour acquerir dans ce sol leur accroissement : son observation est confirmée par l'expérience de plusieurs autres personnes ; chacun peut observer que les arbres y sont de la même grosseur pendant plusieurs années, de sorte que si l'on trouve des arbres qui ayent acquis dans ce sol un certain accroissement , il est difficile de fixer le tems de leur plantation.

La glaise jaune est aussi peu favorable aux vergers qu'aux forêts. Les arbres fruitiers y poussent aussi lentement que ceux de charpente. On sçait, par exemple, par expérience, que les pommes de la même espece qui ont un goût exquis dans les terres légeres, en ont un très-désagréable dans la glaisejaune.

Mais le grand inconvénient qui résulte de la plantation des arbres fruitiers dans la glaise jaune, est que la mousse les ronge. Il n'est point de Cultivateur qui ignore le préjudice qu'elle porte généralement à tous les arbres fruitiers.

Ces observations prouvent au Cultivateur propriétaire d'un sol semblable qu'il n'a point ou dumoins fort peu d'avantages à espérer de la plantation des arbres fruitiers ou de charpente ; mais il peut tout s'en promettre s'il le met en labourage & en pâturages, & s'il lui donne toutes les préparations & les engrais que nous lui indiquons.

Cependant il est bien vrai de dire que lorsqu'on trouve sur le sol jaune du gros bois de charpente, il doit, s'il en a besoin, le préferer à tous bois provenans de tout autre sol ; il est certain qu'il n'en est point d'une meilleure qualité ; mais malgré cet avantage, la bonté que le chêne, par exemple, acquiert dans ce sol, ne dédommage point de l'ennui que doit causer la lenteur de sa végétation.

Ce sol, par exemple, est très-propre aux pépinieres, car comme les arbres transplantés d'un bon sol dans un mauvais ne réussissent pas, & qu'au contraire ils grossissent à vue d'œil lorsqu'on les porte d'un terrein foible dans un qui a plus de vigueur, les glaises jaunes sont très-propres à remplir cet objet.

On voit donc bien clairement que quoique la glaise rouge & la glaise jaune ayent beaucoup de propriétés semblables, elles different cependant absolument dans bien des cas, & c'est-là l'utilité que retire un Cultivateur zélé des observations qu'il fait sur les différens cantons & les différentes Provinces.

Quoique ces deux sols, on vient de le voir, se ressemblent à bien des égards, les glaises blanche & noire sont presque absolument différentes. Nous allons voir leur nature & leur propriété.

CHAPITRE XVII.

Du Sol de terre glaise blanche.

Monsieur *Evelyn* prétend qu'il y a des terres glaises si tenaces, qu'il n'est point de culture capable de les rompre & ameublir, & d'autres si voraces, que rien ne les peut rassasier. Il met la rouge & la jaune dans la premiere classe ; la blanche & la noire sont de la seconde.

Or cette observation porte à faux ; nous avons indiqué la méthode propre à se rendre maître de la jaune & de la rouge, soit qu'on les destine au labourage, soit qu'on en veuille faire des pâturages. Nous partirons des mêmes principes & des mêmes expériences pour éclairer le Cultivateur sur les moyens de rassasier la blanche & la noire.

Plusieurs Auteurs consommés dans la pratique de l'Agriculture, prétendent que la terre glaise contient au moins un quart de sable fin. *Houghton* entr'autres l'affirme & donne pour preuve les différentes expériences qu'il a faites; mais ces observations ne peuvent porter que sur les glaises rouge & jaune, puisqu'il est bien certain que la blanche n'en a point du tout, & qu'il seroit aisé de prouver que si la jaune en a, ce ne peut être qu'en petite quantité. Il est vrai qu'on en trouve dans la rouge, ce qui la rend moins opiniâtre que la jaune, & d'un ameublissement moins difficile.

Toutes ces terres connues sous le même nom, mais d'une nature réellement différente, portent la confusion dans l'Agriculture; aussi nous sommes-nous attachés à apprendre au Cultivateur la maniere de les distinguer, non-seulement par leur couleur (cette connoissance seroit des plus insuffisante) mais encore par leurs productions; moyen assuré pour ne pas s'équivoquer.

La glaise blanche étant une terre différente de la rouge & de la jaune, le Cultivateur doit la cultiver d'une façon toute contraire à celle que j'ai prescrite pour la culture de ces deux dernieres, qui demandent d'être rompues & brisées jusqu'à ce qu'elles soient fines, au lieu que la premiere exige le contraire.

Les sols jaune & rouge sont tenaces & fermes, le sol de glaise blanche est tendre & friable; il se rompt en tombant de la charrue & lui cede fort aisément.

Nous avons recommandé les fréquens labourages pour les glaises rouge & jaune, nous prescrivons d'en donner fort peu à la blanche: comme il n'y a pas de sol qui exige plus de soins pour les engrais, l'attention du Fermier doit se tourner vers cet article; les sols de glaise rouge & jaune demandent des engrais forts, la glaise blanche en demande de gras.

La suye est le meilleur engrais qu'on puisse lui donner; il est des cantons en Angleterre où l'on en fait usage avec un succès étonnant. Ainsi l'observation de M. *Evelyn*, qui dit qu'il est impossible de rassasier la glaise blanche, est fausse.

Nous convenons que la suye paroîtra d'abord un engrais fort cher, mais on reviendra de cette crainte lorsqu'on aura éprouvé
qu'un

qu'un boiffeau de cet engrais produit autant & même plus d'effet qu'une forte charge de fumier ordinaire.

On engraiffe avec dix-huit boiffeaux de bonne fuye un acre de terrein ou il faudroit au moins dix-huit fortes charretées de fumier ; mais comme la façon de mefurer varie fuivant différentes Provinces, nous réduifons l'acre dont nous parlons à 720 pieds de long, & 72 de large, afin que le Cultivateur rapprochant cette mefure de la façon ufitée de mefurer de fon pays, puiffe donner la quantité de fuye qui convient à la quantité de terrein qu'il veut engraiffer ; car fi, par exemple, en Normandie on ne répandoit fur un acre de fuperficie que 18 boiffeaux, on fent que l'acre de ce pays étant compofé de 7240 pieds, cette quantité ne fuffiroit pas, & que les 18 boiffeaux feroient pour ainfi dire en pure perte. Si la fuye eft mélée de beaucoup de cendres, comme il arrive ordinairement, on peut & l'on doit même en augmenter la quantité jufqu'à vingt-cinq boiffeaux.

Après la fuye, le fumier eft l'engrais qui convient le plus à ce fol : l'ufage de parquer réuffit auffi parfaitement ; mais il faut, après avoir parqué, fe donner le foin de bien étendre le fumier : cette méthode eft infaillible.

Le gazon & le fumier incorporés enfemble après les avoir laiffés repofer pendant long-tems, fe marient fort bien avec la glaife blanche ; cette préparation eft fi fûre, que je n'ai jamais vu qu'on eût lieu de regreter fes foins. La glaife blanche paroît d'abord un terrein affez indifférent par fa nature ; mais cultivée foigneufement, elle ne le cede gueres à aucun autre ; il eft vrai qu'il ne peut fervir qu'au labourage, car les pâturages y réuffiffent auffi peu que les arbres, c'eft pourquoi nous n'en parlons point relativement à ces deux objets.

C H A P I T R E XVIII.

Du Sol de terre glaife noire.

NOus venons de mettre fous les yeux du Cultivateur tous les moyens poffibles de fertilifer les glaifes rouges, jaunes & blanches ; on a vu que l'art contribuoit beaucoup à leur fertilité ; la glaife noire ne doit la fienne qu'à fa propre nature : fon mélange est si heureux, que dans son état naturel il est déja ou à peu près ce que les autres deviennent après les cultures les plus suivies : il est cependant si susceptible d'amélioration, que cultivé par une personne intelligente & industrieuse, il produit le double de ce qu'un Cultivateur ignorant ou paresseux, ou même ordinaire en retirera.

La composition de ce terrein consiste en une terre glaise noirâtre & une certaine quantité de terre molle végétale ; elle contient quelquefois beaucoup de sable, quelquefois moins.

On remarque que la glaise qui entre dans sa composition n'est pas si tenace que la rouge & la jaune, comme on peut l'observer en examinant ces sols séparément ; on remarque d'ailleurs qu'elle n'est pas si courte que la blanche ; ainsi ce juste milieu qu'elle tient entre les autres trois la rend un meilleur terrein ; le sable qu'elle contient justifie la pratique où l'on est d'en jetter sur les autres glaises ; la terre végétale qui y domine lui fournit ces principes de fertilité qu'on lui trouve.

Ce sol ne demande point pour son parfait ameublissement les labourages pénibles & répetés, ni la dépense en engrais qui sont indispensables dans la bonne culture des autres terreins ; une façon de le retourner, & une certaine quantité d'engrais riches employés avec intelligence, suffisent pour remplacer les sucs qu'il perd par les abondantes récoltes qu'il donne. Comme il n'y a point de terrein qui récompense aussi largement les peines du Cultivateur, il n'y en a point aussi dont la culture demande d'être faite avec plus de connoissance de ce même sol.

Il n'est point de terrein qui varie plus que celui-ci dans les différentes Provinces, aussi lui donne-t-on différens noms. Il est des cantons où on l'appelle terre glaise noire, il est des endroits où les Cultivateurs lui donnent trois noms suivant les différentes nuances qu'ils y apperçoivent, tantôt terre blanche, tantôt terre noire, tantôt terre à bois.

Celle qu'ils appellent terre blanche ne devroit point être admise dans la classe des glaises noires, elle approche fort peu de leur couleur ; il est vrai qu'humide elle paroît aussi noire, & que la noire quand elle est séche tire vers le grisâtre ; ainsi on ne peut guere les différencier que lorsque l'une & l'autre sont imbibées & nouvellement renversées par la charrue ; ce qu'on appelle terre blanche, est alors grisâtre, au lieu que l'autre est extrêmement noire. A cette différence, nous en ajoutons encore une plus essentielle que nous tirons de la nature de l'une & de l'autre.

La blanche est beaucoup plus graiseuse que l'autre ; elle exige donc plus d'engrais ; elle est beaucoup inférieure au véritable sol de glaise noire ; elle s'attache à la charrue quand on laboure dans un tems humide, & présente tous les signes d'un sol glaiseux ; on la prépare avec la marne ou la chaux.

Il est des lieux où la terre blanche est commune, & qui est véritablement de l'espece de la glaise noire, elle est assez sombre lorsqu'elle est mouillée, & retombe aisément de la charrue en petites mottes. On doit la regarder comme un fond très-riche : nous avons déja nommé un terrein, terre à bois, qui est plutôt une espece de terre glaise rouge que noire. Mais il y a des cantons où elle ressemble beaucoup à celle-ci, soit par sa couleur, soit par sa nature. On trouve aussi quelquefois des sols noirs & blancs qu'on nomme également glaise noire.

Après avoir fixé le jugement du Cultivateur sur les diverses especes de glaise noire comprises sous la même dénomination, il convient d'examiner en général la nature de la véritable ; elle est tendre, douce & friable, & se brise à la moindre gelée.

Il y a des endroits où ce sol est plus fertile qu'en d'autres ; il est quelquefois pierreux, mais les pierres sont petites, principalement lorsque ce sol n'est pas aussi ferme qu'il l'est ordinairement. Les pierres le rompent & laissent aux eaux de la pluye le moyen de se filtrer, & aux semences la faculté de pousser.

Une trop grande humidité lui est défavorable : aussi lorsque ce sol est un peu élevé, est-il le plus profitable ; mais il est rare qu'il se trouve hors des bas fonds.

Il est certain qu'il s'en faut de beaucoup qu'il faille autant de labourage à cette glaise qu'à la jaune & à la rouge ; mais il en demande plus que la blanche. Il faut seulement observer de faciliter aux eaux les moyens de s'écouler. Pour y parvenir, on le coupe & divise par des tranchées fréquentes, & on le laboure de haut en bas pour peu qu'il ait de pente : cette méthode remplit deux objets importans, d'abord celui d'éviter le trop long séjour des eaux, & ensuite de ne pas perdre la terre fine que les grandes pluyes entraînent : elle se rassemble dans les tranchées ; & quand on les vuide, on a le soin de rendre au champ ce qui lui avoit été enlevé.

Si un Cultivateur donnoit à ce sol de la chaux, du sable & autres engrais semblables que nous avons indiqués pour l'amélioration des autres sols glaiseux, il tomberoit dans une erreur d'autant plus préjudiciable, qu'il seroit non-seulement la victime de ses dépenses, mais encore qu'il ruineroit son sol. Le fumier fin en est l'engrais le meilleur. Quelques Cultivateurs prétendent que le fumier de vache lui est favorable : j'en doute ; il ne peut le favoriser tout au plus que lorsque le terrein est élevé : la raison en est bien sensible. Le fumier de vache contient trop d'humidité : cela est si vrai, que la fiente de pigeon y produit des effets merveilleux. On la répand avec la main, par exemple, sur un champ d'orge, aussitôt après qu'on l'a semé. Les pluyes qui surviennent, lavent cet engrais, l'insinuent jusques dans le cœur du sol, & donnent des récoltes qui surprennent.

La fiente de volaille, ainsi que tous les autres engrais riches & moëlleux répandus de la même façon que la fiente de pigeon, lui donnent une fertilité étonnante.

La glaise noire n'est pas moins estimable pour les pâturages ; elle n'exige pas tant d'aprêts que les autres sols. Le meilleur engrais qu'on puisse lui donner, est du fumier entiérement pourri. On le répand aussi également qu'il est possible, afin que les eaux des pluyes en portent la substance dans le cœur du sol : il convient de le porter sur les pâturages par un tems pluvieux.

Plusieurs sortes d'arbres y prosperent, & sur-tout lorsque la couche de dessous est de glaise, & qu'elle est épaisse & mêlée de petites pierres ; parce qu'alors la glaise ne retient point l'eau, & que par conséquent les racines des jeunes arbres n'y transissent point de froid, ou ne se noyent point.

CHAPITRE XIX.

Des Sols argilleux.

APRE's avoir fait connoître au Cultivateur les différentes sortes de glaise, nous devons lui donner la connoissance des argilles, cet ordre est naturel, puisqu'il n'est point de sol qui tienne plus du glaiseux que l'argilleux : il contient beaucoup de matieres qui entrent dans la composition de la glaise, il ne différe que par la proportion du mêlange.

Nous avons fait voir que la glaise n'est autre chose que de la glaise proprement dite, mêlée avec une certaine quantité de terre végétale. L'argille est un mêlange de glaise & de sable. Ainsi

ou l'argille eft un mélange de glaife, de fable & de quelque terre
végétale, ou elle eft telle que nous venons de la définir, c'eft-à-dire,
de la glaife proprement dite, dans laquelle le fable abonde.

Nous avons déja obfervé que dans les fols qu'on appelle glaifeux,
il fe trouve toujours un peu de fable ; que cette obfervation ne porte
point de confufion dans l'efprit du Cultivateur. Le propre de l'argille eft de contenir beaucoup de fable, & quoiqu'il y foit dominant,
elle ne laiffe pas de contenir auffi une certaine quantité de terre végétale ; on croit ordinairement ces fols dépouillés de toute fubftance
vivifiante. C'eft une erreur que nous allons combattre par des expériences les plus heureufes & les plus utiles.

Les fols argilleux font encore plus communs que les autres. Ainfi
il ne peut réfulter de l'exécution de la promeffe que nous venons
de faire, que des avantages communs au plus grand nombre : comme
les fols glaifeux différent par les couleurs, de même auffi les couleurs
fervent à différencier les fols argilleux : leur fertilité différe auffi en
raifon de la quantité de terre végétale qui entre dans leur compofition. Nous ofons même dire que l'argille pure eft fufceptible d'amélioration, & que par conféquent elle peut être fertilifée ; car cette
même quantité de fable qu'elle contient, la rompt & l'ouvre au
point qu'elle eft propre à la végétation ; puifque nous avons obfervé
qu'il n'eft point d'engrais plus favorable aux fols glaifeux que le
fable. Ainfi fi la terre végétale y manque à un certain point, il devient très-propre aux pâturages, pourvu qu'on en ajoute une certaine
quantité aux engrais qu'on lui donne. La glaife lui donne une
certaine confiftance, qui empêche toutes les fubftances qui la
compofent ou qu'on y mêle, de fe réduire en poudre.

Les fols argilleux font les plus naturels de tous, parce que les
mélanges de différentes terres font tout ce que l'on peut défirer pour
l'amélioration ; ils font propres à toutes fortes de productions, parce
qu'ils font d'une nature qui les fait participer plus ou moins de tous
les fols. C'eft fans doute ce qui les fait appeller *fol naturel*, *terre
mere*, ou *mere terre*. De ce que nous difons que le fol argilleux
eft propre à toutes les productions, il ne faut point conclure que
toutes y pouffent & s'y confervent également. C'eft au Cultivateur
à avoir l'intelligence de lui donner les engrais analogues aux productions particulieres auxquelles il le deftine : connoiffance que l'on
acquerra facilement fi l'on veut fuivre exactement la méthode que
nous donnons.

L'expérience nous fait voir que les fols glaifeux gardent long-tems la femence, & qu'elle y pouffe lentement. Dans les fablonneux au contraire, elle pouffe avec célérité. Qu'on feme en même tems une graine quelconque dans une glaife & dans le fable, elle fera plus tardive d'un mois dans celle-là que dans celle-ci. Or, l'expérience prouve que la lenteur de l'une & la précipitation de l'autre font très-fouvent également nuifibles au Cultivateur. Donc le fol argilleux eft plus précieux que l'on ne penfe, puifqu'il participe de l'une & de l'autre, & qu'il eft dans fa compofition, ainfi que dans fes effets d'une nature qui tient un jufte milieu entre les deux.

Si l'on obferve bien les fols argilleux, on aura lieu de remarquer qu'ils font propres prefque à toutes les productions; puifque fuivant les principes que nous avons établis, toutes fortes de plantes fauvages y venant bien, il n'eft point douteux qu'ils abondent confidérablement en fucs. Nous avons encore obfervé que certaines plantes viennent naturellement dans la terre glaife, que d'autres fe plaifent principalement dans les fables; mais celles-ci ne profpereront point dans les glaifes, non plus que celles qui viennent dans les glaifes ne profpereront point dans les fables; au lieu que les unes & les autres pouffent également dans les fols argilleux : il réfulte de cette obfervation, que l'univerfalité du fol argilleux doit beaucoup encourager l'induftrie du Cultivateur : il ne fuffit point qu'une graine fe développe, qu'elle vienne; il faut encore qu'elle pouffe jufqu'à fon parfait accroiffement, c'eft pourquoi un Cultivateur doit améliorer & aider fon terrein, principalement lorfqu'il eft argilleux pour arriver au but qui eft l'objet de fes travaux.

Les fols argilleux font en apparence différens. Il y a des Cultivateurs qui appellent argille la terre qui eft fous le gazon de quelque nature qu'elle foit. Mais c'eft une erreur : nous convenons cependant qu'il y a différentes argilles : nous en connoiffons de cinq fortes; argilles glaifeufes, argilles fablonneufes, argilles graveleufes, argilles pierreufes & argilles crayonneufes : voici ce que l'on doit entendre par ces différens noms.

L'argille glaifeufe eft un fol où la partie glaifeufe domine fur toutes les autres fubftances qui entrent dans fa compofition; car, comme nous l'avons déja dit, les fols argilleux font en général compofés de beaucoup de matieres différentes. L'argille fablonneufe eft un fol argilleux, dans lequel le fable abonde trop. L'argille graveleufe eft celle où le gravier domine, & ainfi des autres.

Ainfi c'eft au Cultivateur à traiter les fols argilleux de la même maniere; mais d'admettre quelque différence dans les engrais,

quand il a bien diſtingué la qualité de l'argille ; c'eſt à lui à corriger la ſubſtance qui y domine par un engrais qui ſupplée à celle
qui y manque ou qui eſt en petite quantité ; par exemple, ſon argille
eſt-elle glaiſeuſe, il faut qu'il faſſe uſage du ſable, & ainſi des autres
argilles ſuivant leur différente nature.

Il y a dans certains endroits une eſpece d'argille blanchâtre entre-
mêlée de matieres pierreuſes & de coquillages calcinés & briſés :
tantôt cette matiere eſt deſſous, & tantôt elle eſt deſſus le gazon. Les
engrais qui lui conviennent ſont du fumier & de la vaſe des foſſés.
Il faut la labourer profondément pour la renverſer & la bien mêler.
Il faut mettre de grands intervalles entre les labourages, afin que
le ſoleil & les pluyes ayent le tems de l'ameublir.

Au lieu de ſable on peut donner de la chaux aux argilles glaiſeuſes.
Cette méthode eſt d'autant plus avantageuſe, qu'avec un peu de
conſtance le Cultivateur aura le plaiſir de voir la chaux ſe fondre
inſenſiblement, & s'incorporer au ſol ſi intimément, que dans trois
ou quatre ans le terrein ſera changé en une eſpece de marne, qui
dans le beſoin pourroit être employé comme engrais pour d'autres ſols.

Nous avons obſervé qu'il y a des glaiſes ſi tenaces, qu'elles ne
peuvent recevoir d'engrais qu'à force de ſoins & de travaux, ou
ſi affamées, qu'il eſt comme impoſſible de les ſaturer. Nous avons
obſervé d'un autre côté que ſi leſable prend l'engrais promptement,
il le laiſſe paſſer ſi vîte que le Fermier ne retire aucun profit de ſes
dépenſes & de ſes travaux. Mais dans les ſols argilleux, le Cultivateur n'eſt expoſé ni à l'un ni à l'autre de ces inconvéniens. D'abord
ils ſont naturellement aſſez fertiles, en ce que leur texture eſt aſſez
détachée pour donner paſſage aux engrais, & aſſez ferme pour en
retenir la ſubſtance.

Le ſol argilleux enfin eſt un terrein très-avantageux à un Cultivateur intelligent, à moins que ſa ſituation ne le rende trop ſec
ou trop humide.

Quant à la façon de cultiver l'argille, le Cultivateur doit plutôt
s'en rapporter à la texture du ſol qu'à la couleur, car la couleur
peut être différente, quoique la ſubſtance ſoit, ou peu s'en faut, la
même.

Si la glaiſe domine dans l'argille, il faut d'abord commencer
par la rompre & lui donner enſuite une préparation avec un mélange
de gazon & de bruyere, brûlés de chaux & de fiente de cochon.
On peut encore faire uſage d'un autre engrais ; le fumier de vache

mêlé avec du fable & des cendres de genêt à épines. Il faut avouer cependant qu'il n'eft pas fi parfait que le premier.

Lorfque le fol argilleux eft naturellement bien mêlangé, & qu'aucune des matieres qui le compofent n'y dominent, le fumier ordinaire fuffit pour le rétablir, lorfqu'il a été épuifé par les récoltes. Mais ce fecours n'eft pour ainfi dire que momentané ; pour la rendre plus durable, on peut fe fervir des raclures de corne, de la fcieure de bois, de vieux fabots que l'on fcie ou que l'on brife, de vieux fouliers & des peaux de toutes fortes d'animaux. Ces engrais donnent une force étonnante au terrein, & durent plus qu'on ne peut fe l'imaginer.

Lorfque l'argille eft graveleufe, la fuye eft l'engrais qui lui convient le plus. Cette matiere donne à ce terrein la chaleur qui lui manque ; mais il faut fçavoir faire ufage avec modération de cet engrais : ce fol eft facile à ameublir, & n'exige qu'un labourage ordinaire.

Si l'argille eft chargée de pierres, foit pierres à chaux, foit cailloux, comme elle eft dans une grande difette de terre végétale, il faut lui donner du bon fumier ; & pour le faire tel, nous confeillons au Cultivateur de porter tout le fumier hors de la cour, & de faire un mêlange de fumier de cheval, de vache, de cochon, de fiente de poule avec la vafe des rivieres & la terre des foffés. Le tas de ce mêlange une fois fait, il faut qu'il le couvre de gazon nouvellement coupé, & qu'il laiffe le tout s'amortir enfemble.

Après que l'engrais eft amorti, il faut s'attacher au choix du tems auquel il eft avantageux de le répandre fur le terrein. Il faut bien fe donner de garde de l'y porter en été, parce que dans cette faifon, l'air & le foleil étant extrêmement chauds, ils en feroient évaporer toute la fubftance. C'eft donc à l'automne qu'on doit donner la préférence ; cette faifon eft pluvieufe, & les eaux de la pluye lavent l'engrais & en portent toute la fubftance jufques dans le cœur du fol. Par ce moyen, ce fol ftérile par lui-même devient trèsfertile, parce que, quoique ce terrein foit naturellement peu précieux, il a néanmoins la propriété de recevoir tous les engrais qu'on lui donne.

Il y a une efpece d'argille beaucoup plus ferme que les autres, qui abonde en Angleterre, & qui fûrement n'eft pas rare en France : les Cultivateurs Anglois en tirent un fort bon parti, en la préparant de la maniere qui fuit. Ils y fement du trefle après l'avoir engraiffée de la façon précédente, à laquelle ils ajoutent une certaine

quantité

quantité de fable vif. Ce trefle refte trois ans fur le terrein : ce tems expiré, on le laboure & on l'ameublit après l'avoir fumé avec des matieres graffes ; cette méthode eft excellente ; puifque non-feulement elle fertilife ce fol, mais encore que cette fertilité dure pendant plufieurs années.

Il eft des Cultivateurs qui en même tems qu'ils labourent ce fol, y fement le trefle ou du bled farrafin, fur lequel ils fe contentent de renverfer la terre. Ces méthodes font bonnes, mais elles font inférieures à celle que nous venons d'indiquer.

Nous avons donné une certaine étendue à nos obfervations fur la terre argille, parce qu'elle eft extrêmement commune, & qu'elle varie beaucoup. Nous avons cru qu'il étoit intéreffant d'en faire bien connoître les différentes natures, & d'en indiquer les différentes cultures, pour détruire l'erreur du vulgaire, qui penfe que cette terre eft inhabile à toute production ; au lieu que nous prouvons d'après l'expérience, que ce fol eft propre à tout, & que par fa nature, il eft très-favorable à l'herbe & aux arbres.

CHAPITRE XX.

Des Sols fablonneux.

I L y a des cantons dans prefque toutes les Provinces où la fuperficie du terrein n'eft que du fable pur ; tout y annonce la ftérilité. Les vents agitent fans ceffe la furface de ces fols, & empêchent les plantes d'y établir leurs racines ; la terre, loin d'y être propre à les nourrir, les defféche & les brûle.

Lorfque ce fable eft ainfi répandu, on doit le regarder comme le fol de l'endroit ; mais qu'on prenne bien garde de ne pas confondre. Par fol fablonneux nous entendons dans la pratique un terrein où le fable domine fur les autres fubftances qui entrent dans fa compofition ; c'eft en effet cette quantité de fable plus ou moins grande, qui conftitue les fols plus ou moins légers, plus ou moins grumeleux ; cette circonftance feule forme la diftinction que l'on doit faire de toutes ces efpeces de terres ; car le fol dont nous avons déja parlé fous la dénomination d'argille fablonneufe, ne doit point être appellé fol fablonneux, mais argilleux ; parce que la terre glaife qu'il contient, malgré la grande quantité de fable que l'on y trouve, le tient très-lié, de sorte qu'il n'est ni léger ni grumeleux comme le sol sablonneux proprement dit, & dont il est ici question.

On distingue les sols sablonneux comme ceux dont nous avons déja parlé ; ils sont de plusieurs sortes. Cette différence qu'on y observe vient de la différence de leurs couleurs. Les principales sont le sol sablonneux rouge, sol sablonneux jaune, & sol sablonneux blanc. On en trouve aussi un qui est brun, mais il est le plus méprisé de tous, parce qu'il est de tous le moins susceptible de culture, & qu'il est essentiellement stérile ; il est le plus commun dans les pays de Bruyeres, & n'a presque point de mélange. Le sable qui le compose est blanc, mais il tire sa couleur brune d'une terre brunâtre & stérile, qui est au-dessus de la bruyere & des racines du genêt épineux.

Les autres sortes de sols sablonneux tirent presque tous leur couleur du sable qui entre dans leur composition, leurs trois principales couleurs étant le rouge, le blanc & le jaune ; mais il arrive quelquefois, & même souvent, que les terres qui y sont mêlées prévalent en couleur.

Il y a des Provinces où l'on appelle le sol sablonneux simplement terre rouge ; il y a aussi des endroits où l'on appelle argille une certaine terre ciselée.

Il y a encore un autre sol sablonneux que dans certains endroits on appelle sable noir. Ici on pourroit se tromper par cette dénomination, parce que ce sol n'est pas principalement composé d'un sable noir, mais bien d'une abondance de terre végétale qui donne cette couleur noirâtre, non-seulement à toutes les autres substances qui entrent dans la composition de ce sol, mais encore au sable blanc.

Les sols sablonneux sont en général stériles par leur propre nature ; mais ils sont susceptibles d'améliorations considérables, cultivés par un colon judicieux. Toute production quelconque est plus sujette à être brûlée dans ce sol que dans tout autre ; mais bien cultivé suivant nos observations, il conduit à bien presque toute sorte de production ; l'expérience seule peut confirmer les espérances que nous donnons.

Plus un sol est sec, plus il est chaud en comparaison des autres ; mais heureusement pour le Cultivateur il conserve ses bonnes qualités après qu'il a reçu tous les apprêts qui lui conviennent, & déposé les mauvaises.

On a vû déja que la bonne qualité des sols sablonneux consiste à pousser vivement & avancer les productions, mais aussi qu'ils ont le défaut de les brûler bientôt après dans un temps de sécheresse. Or si le Cultivateur sçait leur donner les diverses préparations qu'ils exigent, ils conservent toujours leur propriété de hâter la germination & la végétation ; de sorte que bien conduits ils peuvent récompenser de deux ou trois récoltes ses soins & ses travaux.

Nous observerons encore que le grand avantage des sols sablonneux est qu'ils ne produisent point des plantes gourmandes, & que ce qu'on appelle mauvaises herbes ne s'y plaît point. Ainsi on voit bien qu'il n'y a point de sol pour peu qu'il soit propre à la culture, qui n'ait ses avantages particuliers, & qu'il n'y en a point qui, avec des préparations convenables, ne paye largement les soins qu'on lui donne.

De tous les sols, le sablonneux est celui qui cede le plus aisément aux instrumens de l'Agriculture ; c'est donc celui qui s'ameublit & s'amende le plus facilement. Les sols sablonneux rouges exigent beaucoup d'engrais, les noirs moins, & les deux autres sont à cet égard à peu près égaux.

Si de tous les sols, le sablonneux est celui qui peut être le plus facilement humecté, il est aussi celui qui de tous profite le moins de l'humidité, car les eaux s'y perdent avec autant de facilité qu'elles y entrent, bien différents des sols glaiseux qui sont difficilement humectés, mais retiennent longtems les eaux. Cependant il arrive quelquefois que les sables conservent l'humidité, mais ce n'est que lorsqu'ils sont soutenus en dessous par un lit de terre glaise qui n'est pas absolument distant de la superficie.

Mais il est très-rare que l'on trouve cette ressource dans les sables : le lit qu'ils ont sous la superficie est ordinairement ou pierreux ou graveleux, & l'on voit bien qu'il n'est pas plus propre que le sable même à contenir les eaux. Toute l'attention du Fermier doit donc se porter vers cet objet important ; il faut à force d'artifice donner à ce terrein la fermeté qui lui est nécessaire pour retenir l'humidité radicale, sans laquelle la végétation languit & dépérit totalement.

Il y a dans certaines Provinces un sol sablonneux, noirâtre, mêlé d'éclats de pierre & de coquillages de mer, que le Fermier doit amender avec du fumier bien pourri : on ajoute à cet engrais, de la vase des fossés, ou bien on coupe des gazons que l'on y incorpore, & que l'on fait pourrir ensemble ; & quand le tout est parvenu à une extinction raisonnable, on le répand dans un tems pluvieux sur la superficie.

Le fol fablonneux rouge doit cette couleur à un fable rougeâtre qui entre principalement dans fa compofition. On remarque ordinairement dans ce fol une terre très-fubtile. On y voit auffi des maffes de fable entaffé, que l'on pourroit appeller pierres fablonneufes. Ces maffes divifées par les pluyes, ou brifées par le labourage, dégradent le fol, tandis que le Cultivateur travaille à l'améliorer par des engrais. Il y a des endroits où la terre végétale eft mêlée à ces fables dans une certaine quantité, en d'autres tout le fol eft du fable pur.

Nous n'avons point en France de Cultivateur qui ait encore rifqué des cultures fuivies de ce fol, ou du moins nous n'en connoiffons pas; & il n'eft point étonnant, car le labourage, nous l'avons déja dit, y trahiroit fes efpérances; puifque en l'ameubliffant, les maffes altèrent & retardent même l'activité du peu de terre végétale qu'il contient, & l'effet des engrais dont on peut l'enrichir. Cependant les Anglois ne l'abandonnent point à fa ftérilité. Voici de quelle façon ils le traitent: comme ils ont remarqué que dans les endroits où ce fol eft le plus dépouillé de terre végétale, il a auffi le plus de profondeur; ils le labourent profondément après avoir mis toutefois des enfants dans le champ pour l'épierrer autant qu'il eft poffible; enfuite ils y enterrent de vieux chiffons, des haillons, des peaux d'animaux, des fabots & beaucoup d'autres matieres de cette forte; enfuite ils étendent leur fumier mêlé avec de la vafe de foffé. Par ce moyen ils donnent de la chaleur au fol en même tems qu'ils portent du corps & de la confiftance près de la fuperficie.

Mais comme il eft très-difficile de trouver des engrais de cette forte, nous croyons qu'il feroit plus fûr & moins difpendieux de le préparer avec de la terre glaife jufqu'à ce qu'il ait acquis la confiftance du fol argilleux.

Quand ce fol abonde tant en fable, nous confeillons au Cultivateur de le préparer avec de la terre glaife; alors de fablonneux qu'il étoit il deviendra argilleux: nous avons déja fait voir la valeur de ces fols: nous fçavons qu'il eft compofé de fable, de terre molle & de terre glaife. Dans les fols fablonneux on trouve plus ou moins de terre molle, ils ne font donc défectueux qu'en ce qu'ils manquent de glaife qui s'y incorpore affez facilement pour le rendre habile à retenir la terre productrice & lui donner de la fécondité.

La terre cifelée, comme on l'appelle en certains cantons, que quelques Cultivateurs regardent comme un fol argilleux, approche plus du sol sablonneux que de l'argille : elle se brise en retombant de la charrue, & devient très-divisible à la plus petite gelée. Dans les Étés secs, elle est toujours comme de la poussiere ; elle a assez de qualité pour tenir un rang parmi les bons sols sablonneux ; préparée avec du seul fumier, elle donne d'excellentes récoltes.

Mais après toutes les améliorations que nous avons donné jusqu'ici pour toutes ces sortes de terres sablonneuses, nous croyons devoir en proposer une qui est la plus sûre de toutes, mais qui est la plus dispendieuse. Cependant elle dédommage beaucoup par sa durée ; il n'y a que les premieres avances qui puissent ne pas la faire goûter. C'est le mêlange des sols ; comme les sables n'ont point de liaison, ils manquent de consistance, & rien de plus facile que de leur en faire acquerir par le secours des glaises ou d'autres terres plus riches, en les étendant comme du fumier sur la superficie : tout Cultivateur qui suit cette méthode, imite la nature ; & l'on peut dire alors que c'est plutôt composer un sol que l'améliorer.

Le froment, l'orge & l'avoine prosperent beaucoup dans les sables par un tems humide ; mais comme ce succès dépend de cette circonstance, à moins qu'on n'ait donné par le mêlange dont nous venons de parler, une bonne consistance à son terrein, c'est au Cultivateur à calculer les risques, & voir s'il est en état d'en supporter les suites ; les navers y réussissent parfaitement, & sont d'un goût exquis & très-salubre. Les vers & les insectes qui les rongent aiment une terre humide où ils puissent s'enterrer ; ainsi dans ce sol ils sont brûlés, parce que la chaleur l'échauffe & le desséche.

Les patates & les carottes y réussissent parfaitement ; les pois, les vesces & les lentilles, le sainfoin & la luzerne y payent avec usure les travaux du Cultivateur.

Quant au bled, nous l'avons déja observé, le succès dépend entiérement de l'industrie du Fermier ; car quoiqu'il n'y ait point de terrein qui ait plus besoin d'une amélioration suivië, il est certain qu'il paye dix fois la dépense qu'on y fait.

Quant aux pâturages, un terrein sablonneux réussit à proportion de la terre végétale qu'il contient : il y a des sables rouges, par exemple, dans le Condomois & dans l'Agenois qui donnent une herbe fine & douce ; mais en petite quantité, abandonnés à leur pauvreté naturelle. Ils produiroient des pâturages abondans, fins & délicats, s'ils étoient secourus d'un mêlange de terre glaise, de fumier & de vase. Il n'est point de sol qui répondît mieux aux espérances du Cultivateur ; il y a une Province en Angleterre où les

Colons en tirent des profits immenses. Les pâturages, par exemple, d'Oxfordshire sont les plus beaux qu'on puisse voir ; cependant le sol y est extrêmement sablonneux, & ce n'est que par les fumiers abondans que les Fermiers y portent, qu'ils l'échauffent & le fertilisent.

Il y a des sols sablonneux qui ont sous la superficie un lit de gravier ; ils produisent une herbe douce & fine, & assez abondante ; mais la sécheresse lui est funeste ; il est vrai qu'elle se rétablit à la moindre pluie ; ils seroient très-abondans, si au fumier on ajoutoit le mélange que nous avons indiqué.

Une autre espece de sol sablonneux, qui est assez particuliere & assez rare, d'un brun clair, composé d'un sable tranchant & d'une terre fine & végétale, donne d'excellens pâturages ; l'herbe qu'il produit est la meilleure qu'on puisse trouver dans tous les autres sables.

Si les sols sablonneux ont des proprietés pour les grains & pour les pâturages, ils en ont fort peu pour les bois de haute futaye. Le hêtre cependant y acquiert un accroissement passable ; le noisettier, le houx, & quelques autres arbrisseaux y prosperent beaucoup mieux que dans tout autre terrein ; mais ces sols n'ont point assez de consistance pour les autres arbres ; ils n'ont ni assez de fermeté pour contenir & fixer leurs racines, ni assez de suc pour leur fournir une nourriture suffisante ; mais aussi s'ils n'ont pas les qualités propres à conduire les arbres à leur grand accroissement, ils leur sont très-favorables dans leur enfance. En effet, les pepinieres y réussissent fort bien, & comme ces jeunes nourrissons sont nés dans un terrein peu substantiel, ils font des progrès rapides transplantés dans des sols gras & riches.

CHAPITRE XXI.

Des Sols graveleux & pierreux.

ON doit mettre une très-grande différence entre ce qu'on appelle sol graveleux & lit de gravier ; on trouve fréquemment des graviers à une certaine profondeur de la terre ; on les voit aussi quelquefois sur la surface, c'est-à-dire, tout dépouillés & sans aucun mélange de terre ; ce qu'on appelle gravier est un amas de pierre à

fufil & de cailloux ; ces pierres , quand elles forment toute la furface
du terrein , tiennent la place du fol , quoiqu'à la vérité on ne puiffe
qu'improprement leur donner ce nom ; elles ne peuvent fournir
aucune nourriture ; rarement y voit-on même des plantes fauvages ,
fi l'on excepte les bords de la mer , où l'on en trouve quelqu'une
dont les racines plongent fi profondément, qu'elles pénétrent d'un
pied ou deux dans l'intervalle de ces pierres.

Cette furface compofée de pierre à fufil & de cailloux feulement , eft donc ce qu'on appelle gravier ; mais afin qu'un fol foit
graveleux , il doit être compofé de terre molle ou de fable , ou de
terre glaife , ou de quelqu'autre fubftance quelconque , le gravier
dominant toujours.

Ce fol doit être divifé en plufieurs fortes , felon la nature de la
matiere qui s'y trouve mêlée. C'eft de-là fans doute que les Cultivateurs les appellent tantôt graviers glaifeux , graviers argilleux ,
ou graviers fablonneux ; nous en ajoutons une qui eft le gravier
marneux. On voit dans quelques cantons du Royaume un fol compofé d'une marne fablonneufe & de gravier fans aucun autre
mêlange. Il y a quelques Cultivateurs qui ayant voulu le mettre en
valeur , fe font rebutés , parce que les pluies lavoient la marne
jufqu'au fond du lit quelque tems après le labourage , & que par-là
le gravier reftoit tout dépouillé. Nous croyons que s'ils avoient eu
l'attention de lui donner la confiftance de l'argille glaifeufe , ils
auroient formé un lit liant ; par ce moyen ils auroient créé une nouvelle efpece de fol fort reffemblant à celui qu'on voit & qu'on appelle
dans certains endroits argille pierreufe , qui eft très-fertile.

Cependant cette obfervation , nous en prévenons notre Lecteur,
ne porte point fur l'expérience ; mais nous ofons avancer qu'en
partant de nos principes, on peut l'exécuter avec quelqu'efpérance
de fuccès.

Comme ces fols font compofés de gravier & de matieres pierreufes, ils font généralement meilleurs ou plus mauvais , fuivant
que la terre végétale y eft plus ou moins abondante. Le gravier eft
en lui-même fi ftérile, que la grande différence de la fertilité qu'on
peut lui donner dépend de la proportion du mêlange.

Lorfque les fols graveleux font dépouillés , on perd toutes fes
peines & toutes fes dépenfes en voulant les améliorer. Quand ils
ont une certaine portion de terre végétale , elle fert du moins à retenir l'engrais quel qu'il foit ; mais quand il en a peu ou point du tout ,
l'engrais paffe à travers le gravier & devient en pure perte. Les Cul-

tivateurs font généralement fi perfuadés de cette vérité, qu'ils abandonnent ces fols à leur ftérilité ; cependant il feroit à propos de
plonger la fonde & d'examiner fi le gravier cave fi profondément,
qu'il ne fût pas poffible de porter fur la fuperficie une partie de la
terre qu'il couvre. Si la chofe étoit praticable, ce feroit une reffource,
parce qu'on pourroit par des labours affidus & des mêlanges d'engrais , vivifier ce terrein & le rendre fertile.

Dans certains endroits le gravier n'eft qu'un affemblage de cailloux ronds & polis ; dans d'autres , on trouve parmi ces cailloux
beaucoup de pierres de figure irréguliere. Il y a encore des endroits
où ce fol eft compofé entierement de ces pierres irrégulieres , & de
terre végétale fans caillou & fans pierre à fufil. C'eft donc très-
improprement qu'on appelle ce terrein fol graveleux , au lieu de
fol pierreux ; ces pierres n'étant que des éclats de pierres à chaux
ou d'autres rocailles.

Ce fol eft fort fupérieur à l'autre , parce qu'il y a de la chaleur
dans la pierre à chaux , & que ces éclats étant d'une figure irréguliere , retiennent mieux dans leurs angles rentrants la terre végétale ,
ce qui eft bien différent dans les cailloux dont le poli laiffe échapper
à la moindre pluie la petite portion de terre qui peut y être mêlée dans
le tems fec.

Ce terrein eft paffablement fertile : l'orge y réuffit ; on le prépare
avec du fumier ordinaire : il retient très-bien cet engrais.

Le gravier glaifeux eft un fol tenace ; les cailloux rompent la
glaife & l'ouvrent aux pluies & aux racines des plantes ; mais ce
fol manque ordinairement de bonne terre : le meilleur engrais
pour ces fols eft la marne.... mais il faut choifir celle qui eft légere
& friable , & qui fe diffout facilement dans l'eau. Il faut préalablement épierrer le fol autant qu'il eft poffible ; tous les apprêts qu'on
lui donne doivent être faits dans les tems convenables , & l'on en
fait un fol paffablement bon.

Les graviers argilleux font par leur nature préférables au précédent ; ils font compofés de terre glaife , de fable , de terre fine &
de cailloux ; il faut ainfi que l'autre les épierrer autant qu'il eft poffible , & les nétoyer de la même maniere que nous avons dit pour
les fols argilleux pauvres.

Les graviers fablonneux quand ils contiennent de la terre fine
mêlée avec du fable & des cailloux , font paffablement bons ; mais
lorfqu'ils en font dépouillés , ils méritent à peine d'être cultivés ,
parce que quelques riches engrais qu'on y répande, la pluie les lave

&

& les entraîne à travers le gravier avec tout le fable qu'ils contiennent ; de forte que ce fol, après beaucoup de culture, revient à fa
premiere nature, c'eft-à-dire, qu'il refte entierement dépouillé
de toute fubftance nutritive. Si un Cultivateur zelé, qu'aucune difficulté n'arrête, veut entreprendre ce fol, il n'a point d'autre moyen
d'amélioration que de commencer par en faire de l'argille, & enfuite
de l'enrichir de fumier & d'autres engrais. Voilà l'unique but dont
il doit s'occuper. Pour y parvenir, il doit d'abord préparer fon
fol avec de la terre glaife, j'entends qu'il l'incorpore bien à force de
labours avec le fable & les cailloux : quand par ce moyen il aura
créé un fol entierement différent, il doit bien le fumer ; parce que
alors il aura affez de fermeté pour retenir l'engrais ; la marne, en ce
cas, eft préférable au fumier ; alors on ne peut point dire qu'il
a amélioré fon terrein, mais au contraire qu'il l'a créée.

Les Fermiers Anglois dans le pays d'Oxfordshire, lorfqu'ils en-
treprennent des terreins de cette nature, commencent par y parquer les moutons en hyver & les faupoudrent de graine de foin
qu'ils mettent dans le fumier. Si le parquement ne fuffit pas, ils
ajoutent quelque fumier frais ou de la vieille paille, ou du chaume.
Quelquefois encore, fans avoir recours au parquement, ils répandent fur le terrein du fumier ordinaire & le fond d'une vieille molle
de foin.

On obferve que quand ces terreins ne font point en peloufe,
avant que de les défricher ils portent une très-grande quantité de
mauvaifes herbes & une très-modique récolte de bled ; on les dé-
friche ordinairement en automne ou en hyver. Si c'eft en automne
qu'on donne les deux premiers labours, on n'y touche point de
tout l'hyver ; mais au printems on les laboure pour les enfemencer
d'orge ; l'on a éprouvé que cette méthode réuffit mieux que des
labourages plus fréquens. Il faut enfuite s'attacher à entretenir le
cœur du fol par des engrais. Lorfqu'on a cette attention, il la paye
amplement. Quand le fol paroît épuifé, on le met en friche avec
du trefle ou du ray-gras. Qu'on ne croie pas cependant que nous
donnions ces méthodes comme les meilleures abfolument. Nous
difons feulement que l'on peut les pratiquer avec un fuccès raifonnable. Enfin nous avançons qu'un fol graveleux, pauvre, nud, &
affamé ne peut être amélioré qu'en recevant de la terre, & qu'après
avoir été ainfi façonné, il demande des engrais auffi riches, que
fi la nature l'avoit fait tel que nous demandons au Cultivateur de le
rendre.

Tome I. O

Il eſt des cantons en Angleterre où les graviers glaiſeux ſont pré-parés d'une façon différente de toutes celles que nous avons données juſqu'ici ; ils y répandent beaucoup de chaux qu'ils mêlent bien avec le ſol par les fréquens labourages qu'ils lui donnent ; une expérience ſouvent répetée prouve la ſupériorité de cette méthode ſur toutes les autres. Que l'on ait l'attention de calculer les produits de ces terreins préparés avec de la chaux , & qu'on les compare avec ceux des terreins qu'on améliore avec de la marne , on verra que les derniers produiront plus , à la vérité ; mais que les premiers produiront beaucoup plus long-tems ; ainſi c'eſt au Cultivateur à ſe conſulter lui-même , & les circonſtances qui peuvent le déter-miner ſur l'une ou l'autre de ces deux méthodes.

Nous ſçavons qu'il eſt beaucoup de Cultivateurs qui croyent, que quoique l'effet de la chaux dure plus longtems que celui de la marne , il eſt cependant funeſte au terrein ; mais nous oſons dire qu'ils ſont dans l'erreur ; c'eſt tenir trop aux anciens principes ; il n'eſt queſtion que de ſçavoir redonner une préparation au terrein quand il paroît épuiſé. La chaux , non plus que les autres amendemens , ne donne point une vie éternelle aux terreins , nous le ſçavons ; mais lorſque ſon effet ceſſe , on met le terrein en friche en trefle ou en rai-gras , & l'on procéde enſuite , comme nous l'avons in-diqué ci-deſſus.

D'ailleurs , il ne nous ſeroit point difficile de prouver que la terre primordiale , ou terre végétale , n'eſt que de la chaux , & que ſes principes n'ont varié que par les mêlanges que les eaux y ont porté. Cette propoſition qui paroît ſi nouvelle , ne l'eſt pas tant que l'on penſe. Un Auteur François*, trop négligé , peut-être , par les Auteurs de nos jours , mais eſtimé en Angleterre comme le guide le plus aſſuré qu'on puiſſe prendre dans l'Agriculture , a prouvé in-vinciblement que la terre par ſa nature n'eſt qu'une chaux plus ou moins éteinte , plus ou moins embarraſſée par les ſouffres qui s'y ſont mêlés : circonſtances qui ſont toutes les différences des ſols dont nous venons de parler. Mais notre objet n'eſt point d'établir des ſiſ-têmes : nous courons après l'utile , & ce n'eſt que la ſolidité de la pratique qui puiſſe nous y conduire.

En général les ſols graveleux ont moins beſoin de labourage que bien d'autres. Ceux qui ſont glaiſeux en exigent davantage ; les ſablonneux en veulent fort peu ; ces ſols ſont preſque tous , pour ainſi dire , précoces. Le gravier ſablonneux accélere l'accroiſſe-

____
* Serres.

ment autant qu'aucun autre ; il demande pour sa préparation beaucoup de soins & d'attention ; mais quand on l'administre bien , il
répond aux espérances du Cultivateur ; il est doux & léger ; ainsi
des labourages fréquents , loin de le favoriser , lui nuisent.

Il y a des engrais qu'on peut répandre sur ce sol & qui sont
d'une efficacité surprenante & de très-longue durée ; c'est la raclure
de toutes sortes de cornes , & autres choses semblables : bien différens
du parquement des moutons dont l'effet est prompt , à la vérité ,
mais qui finit presqu'aussitôt qu'il a commencé. On voit donc qu'il
nous est impossible de guider le Fermier sur ce point ; c'est à lui à
considérer & sa situation & la qualité du sol. Les engrais dont nous
venons de parler , peuvent lui être très-favorables s'il a un bail assez
long ; car il ne seroit pas juste , qu'ayant amélioré par ses soins un
terrein pour vingt-cinq , trente ans , son successeur en profitât , ce
qui arriveroit infailliblement si son bail n'est que de neuf ans. Lorsque
le gravier est sablonneux & mêlé d'un peu de terre glaise , la vase
pure des fossés est le meilleur des engrais qu'on puisse lui donner ;
quand la glaise y est en plus grande quantité , la marne est préférable ; & enfin lorsqu'elle y est encore en plus grande quantité ,
la chaux est son amendement véritable. Qu'on ne nous objecte point
les répétitions , les moindres circonstances deviennent importantes
en Agriculture ; notre but est d'instruire le Fermier & de le rendre
habile Praticien sur les plus petits objets ; nous aimons mieux être
prolixes & clairs , que concis & obscurs.

Enfin nous disons que le sol graveleux , quand il est bien administré , est d'une fertilité étonnante. En effet est-il de spectacle
si singulier que de voir du froment extrêmement dru sortir d'une
superficie où l'on ne voit que des cailloux ? mais on n'en est plus
surpris lorsqu'on sçait qu'il y a de la terre à une certaine distance de
la surface , que par conséquent les racines du froment y tiennent ,
quoique ses tiges s'élevent parmi des pierres. D'ailleurs , lorsque ce
sol est bien préparé & enrichi dans la saison convenable de bons
engrais , qui ne voit que les pluyes qui surviennent , emportent
avec elles dans l'intérieur tout le suc , & que les racines en profitent
pendant que le gravier de la surface les défend des grandes chaleurs
& leur conserve une humidité continuelle , à peu près comme on peut
le remarquer sous une pierre ou une planche couchée sur la terre ;
ce qui doit continuellement rafraîchir la tige & nourrir l'épi.

Les sols graveleux en général , quant aux pâturages , produisent
une herbe douce , & lorsqu'on leur donne des préparations ana-

logues à leurs différentes especes, soit avec de la vase, soit avec du fumier, soit avec de la marne, ils sont abondants en herbes ; mais aussi que le Fermier se souvienne toujours qu'il n'est pas de sol qui demande des attentions plus suivies ; que s'il les leur refuse, quelque bon que soit le cœur du terrein, il trahira toujours ses espérances.

Mais si le Cultivateur veut voir ce sol faire des prodiges pour les pâturages, il n'a qu'à faire le mêlange du fumier fin avec de la vase, un peu de sable, & les fonds des meules de foin ; qu'il le répande sur le terrein à l'approche de la pluye, pour le faire pénétrer dans le cœur du sol.

Si les arbres, comme il arrive quelquefois, réussissent dans ce terrein, ce n'est qu'à proportion de la substance qui se trouve à une certaine profondeur au-dessous du sol : le hêtre y réussit assez bien, de même que le frêne ; l'orme y prend quelquefois un certain accroissement. Il est vrai que ce sol a l'avantage de nourrir les arbres sans qu'ils portent aucun préjudice aux bleds ; parce que les arbres plongent profondément leurs racines pour prendre leur nourriture, & n'altérent point du tout la surface.

CHAPITRE XXII.

Des Sols crayonneux.

COMME nous avons vû sur la surface de la terre du sable pur & dépouillé dans certains endroits ; en d'autres du gravier également dépouillé de toute substance ; de même on trouve des espaces qui ne sont que pure craye : il y a une activité bien louable dans les Cultivateurs Anglois ; il y a des Fermiers qui s'exposent sur ces terreins à toutes les dépenses les plus onéreuses & les attentions les plus suivies d'une culture aussi pénible : cependant ce n'est pas là ce que nous entendons généralement par sol crayonneux : en général, afin que nous disions qu'un terrein est un sol, il faut qu'il contienne toujours de la terre végétale, mêlée avec une autre substance quelconque. Ainsi en suivant cette idée, le sol crayonneux est un sol où la craye domine, mais où comme dans les autres on trouve des mêlanges d'autres substances terrestres.

On distingue au premier coup d'œil un sol crayonneux ; sa blancheur le manifeste d'abord. Il est vrai qu'il y a des glaises blanches qui paroiſſent lui reſſembler ; mais dans un tems de pluye les glaiſes deviennent ſombres, au lieu que les crayes ſont encore plus blanches. D'ailleurs, on trouve dans les glaiſes de cette couleur en les touchant, des parties compactes, qui les diſtinguent entiérement des crayes.

Les différences des ſols crayonneux ſont plus ſenſibles que celles que nous avons miſes entre les autres ſols. Dans ceux-ci, la différence vient de la matiere qui y eſt mêlée avec celle qui en eſt la baſe. Mais dans les crayes, cette ſubſtance principale différe conſidérablement elle - même dans différents endroits ; par exemple, le gravier eſt gravier, le ſable eſt ſable, quelle que ſoit la ſubſtance qui y eſt mêlée. On voit que généralement tous les graviers des différents cantons ſe reſſemblent aſſez. Mais la craye différe conſidérablement dans ſa nature & dans ſes qualités. On en trouve d'auſſi dure que la pierre, & d'auſſi molle que la marne ; & cependant nous les déſignons toutes ſous le même nom.

Mais pour nous exprimer plus clairement, nous diſons qu'on trouve dans la craye depuis la dureté de la pierre juſqu'au friable de la marne qui s'émiette dans la main. Or, comme les ſols crayonneux peuvent en certains endroits avoir pour baſe une craye dure & pierreuſe, & en d'autres être principalement compoſés de cette craye molle & friable, nous avons jugé à propos d'en faire ſentir la différence, pour faire ſaiſir les différentes préparations qu'elles exigent indépendamment des autres ſubſtances qui y ſont mêlées.

Ces éclairciſſemens ſont abſolument néceſſaires au Fermier ; car s'il n'apprend à bien diſtinguer ces ſols, déſignés ſous le même nom, il riſque de travailler en pure perte ; parce que tel ſol crayonneux ſera très-peu amélioré par une méthode qui enrichira tel autre ; envain donc lui parlera-t-on d'expériences faites ſur ces terreins, s'il n'entend pas exactement ſur laquelle de ces ſortes de crayes compriſes ſous le même nom, un Cultivateur a travaillé.

En général, plus la craye eſt dure, plus le ſol eſt déſeſperé, mais au contraire, plus elle eſt tendre, moins on a à craindre les dépenſes & les ſoins.

On apperçoit dans les crayes friables une ſubſtance graiſſeuſe, & en quelque façon tenace, ce qui lui donne la qualité d'une eſpece de marne ; alors on peut dire que le ſol n'eſt autre choſe qu'un mélange de terre griſâtre & de craye ; & c'eſt naturellement le plus riche de ces ſols, & le plus aiſé à préparer.

Il ne demande que peu de labourage & peu d'engrais. On en

trouve ordinairement fur le penchant des montagnes ; le peu de frais qu'il exige, fait que les récoltes y font très-lucratives.

Quand le fol crayonneux eft de cette efpece, c'eft-à-dire tendre, il faut le labourer rarement, mais profondément ; mais au contraire quand il eft dur, il faut le labourer fouvent & légerement.

Un des principaux avantages de ce fol, c'eft de n'être point fujet aux mauvaifes herbes : les herbes qui y viennent vigoureufes, font le pavot & l'herbe de Mai. Les plus pauvres de ces fols font très-aifés à ameublir ; on regagne en labour ce qu'on dépenfe en engrais.

On le met ordinairement en fillons fort élevés, afin de l'échauffer : lorfque la craye eft dure, on l'améliore avec du fumier moitié pourri ; mais quand elle eft tendre, on y répand de la vafe fine mêlée avec un peu de fumier fin bien pourri. Cet engrais eft fondu par les pluyes, entre dans le fol, l'échauffe, le rend liant & lui donne une fertilité furprenante.

Il y a dans certaines Provinces un fol qui n'a point de nom véritable, & qu'on devroit appeller, comme en Angleterre, marmelé ; il eft compofé d'une craye tendre, d'une glaife blanchâtre & d'un peu de fable tranchant. Ce mélange le rend naturellement doux & tendre ; car, nous l'avons déja dit, la glaife blanche n'eft pas fi rude que les autres, & le fable rend ce fol-ci encore plus friable ; il retombe de la charrue en petites molécules, enforte qu'il n'a befoin que de peu de labourage, & qu'il fe divife à la moindre gelée.

Il eft par fa nature ce qu'on fait les autres fols crayonneux par les engrais & les autres préparations. Ainfi le Fermier en voyant la qualité de ce fol, ne peut manquer de fe bien conduire dans l'adminiftration des autres fols crayonneux pauvres en les décompofant de telle forte qu'il les faffe approcher de la nature de celui-ci...

Sur-tout qu'on obferve bien que trop de zèle peut être défavorable à ce terrein ; car plus il eft léger & détaché, moins il exige de labourage ; parce que, lorfqu'il eft trop ameubli, il n'a plus affez de confiftance pour foutenir les racines du bled. Le moindre vent le renverfe & fait, comme on dit, qu'il s'étrangle, & que l'épi fe retrait.

Regle générale, le parquement des moutons eft de toutes les préparations la plus convenable qu'on puiffe donner aux fols crayonneux. C'eft l'engrais qui pénétre le plus promptement dans la terre ; & ces fols font de tous les plus propres à le recevoir promptement. D'ailleurs, il a affez de corps pour le retenir & en tirer tous les avantages poffibles.

Il réfulte encore un autre avantage du parquement, c'eſt que les moutons en piétonnant continuellement, preſſent le ſol, & lui donnent une fermeté qui manque à toutes les crayes par la nature de leur compoſition.

Il eſt des pays en Angleterre où les Laboureurs y font entrer avec la charrue des vieux haillons en guiſe d'engrais, ſur-tout dans les plus pauvres crayes , & cette méthode réuſſit prodigieuſement ; lorſque le ſol de craye contient de la terre glaiſe, rude & tenace, comme il arrive ſouvent , il devient une des terres les plus liantes qu'on puiſſe trouver. L'engrais qui lui convient le plus, eſt du fumier coupé, parties égales de ſable ; cet amendement le rend court , & l'enrichit conſidérablement ; par cette méthode , il eſt d'une culture aiſée & d'un rapport très-avantageux.

Il y a des cantons en Angleterre où l'on fait tant de cas de la ſuye pour toutes ces ſortes de ſols,qu'on l'y emploie préférablement à tous les autres engrais. Ils trouvent qu'elle eſt le plus riche engrais qu'ils puiſſent donner à leurs terreins de craye : ils ſe ſervent auſſi des haillons ; mais ils les employent d'une autre maniere que celle dont nous venons de parler : ils ne les font point entrer avec la charrue ; au contraire , ils les coupent auſſi menu qu'ils peuvent, & les répandent ſur la ſuperficie. Les pluyes les dé-trempent & les pourriſſent à la longue, & en portent tout le pré-cieux dans le ſol, où ils agiſſent avec toute l'efficacité des engrais les plus riches. Mais la ſuye paroît cependant leur être beaucoup plus favorable, puiſqu'on a obſervé que vingt boiſſeaux de ſuye produiſent autant d'effet que cinq cents peſant de haillons ; cependant ſi l'effet de la ſuye eſt plus prompt , celui des haillons eſt de plus longue durée.

Le froment & l'orge ſont les productions les meilleures des ſols de craye bien préparés. La différence qu'il y a entre le ſol glaiſeux & le crayonneux, conſiſte en ce que ſur le premier on ſeme des feves après le froment, & ſur le dernier des pois, ce qui donne ordinaire-ment d'excellentes récoltes.

La principale attention du Cultivateur eſt de prendre toujours garde au tems auquel il enſemence les ſols crayonneux. Il eſt im-portant de ſemer par un tems beau & fixe ; car ſi dès qu'on a ſemé , il tombe des pluyes abondantes , la terre ſe lie ſi intimément & ſe reſſerre au point que la ſemence ne pouvant piquer la ſuperficie , conſéquemment tout eſt perdu. L'avoine peut être ſemée ſur ce terrein, mais elle n'y profite point comme le froment & l'orge,

& même le froment eſt-il le ſeul dont la récolte y ſoit comme aſſurée. L'orge qui y vient eſt préférée à l'orge de tous les autres terreins ; mais cette préférence coûte cher au Cultivateur , parce qu'il arrive ſouvent que la récolte manque par les raiſons que nous avons rapportées.

Le ſeigle y réuſſit mieux que ſur tout autre terrein ; il eſt propre, non-ſeulement aux pois, mais encore à toutes ſortes de légumes. L'yvraie & les lentilles proſperent beaucoup ſur les ſols de craye les plus pauvres.

Il n'y a point de ſol qui nourriſſe mieux les herbes les plus tendres ; mais le trefle ne vient que ſur les ſols riches de cette eſpece. Le ſainfoin & les autres herbes fines y réuſſiſſent auſſi-bien qu'on peut le déſirer , à cauſe de la légereté du ſol. Le ſainfoin ſur-tout , dont les racines piquent profondément , y réuſſit d'autant mieux qu'elles y ſont toujours humides malgré la ſéchereſſe de la ſuperficie.

Cependant qu'on ne penſe pas que le ſol crayonneux ſoit favorable aux foins, comme les grands crus que l'on y deſtine. Il ne peut fournir que des herbes douces pour les pâturages , encore même faut-il lui donner des préparations avec de la vaſe & du fumier riche , ſi l'on veut qu'il produiſe une certaine abondance d'herbes ; c'eſt un ſol qui ſe trouve ordinairement ſitué ſur des endroits montagneux ; par conſéquent il paroît deſtiné par la nature même à la charrue, & non à la production des arbres ou des herbes.

CHAPITRE XXIII.

De la Terre molle.

APRE'S avoir donné toutes les différences des ſols qui peuvent être fertiliſés pour peu qu'il entre de terre molle dans leur compoſition, il convient que nous conſidérions cette terre dans ſa propre nature , puiſqu'elle eſt de toutes la plus riche, & celle qui demande le moins de préparation, mais qui toutefoiſen a beſoin.

Comme les ſols crayonneux dont nous venons de parler, ſont ordinairement ſur des montagnes , les ſols de terre molle ſe trouvent preſque toujours dans les vallées & dans les bas fonds ; & comme les premiers paroiſſent deſtinés par la nature à la charrue, les derniers ſemblent l'être aux pâturages.

Mais

Mais ce fol, ainfi que les autres eft très-rare dans fon état pur &
entier, & reçoit comme les autres des mélanges de toute forte.
Quelques-uns de ces fols fe trouvent même fitués fur des élévations,
reçoivent la charrue & rendent d'abondantes récoltes de bled.

Ce qu'on appelle proprement terre molle, eft cette terre que l'on
trouve immédiatement au-deffous du gazon dans les pays marécageux : elle eft pure & fans mêlange de glaife, pierre & même de fable.
En d'autres endroits on la trouve mêlée avec plus ou moins de l'une
ou l'autre de ces fubftances.

Ainfi lorfqu'elle eft pure, on doit alors l'appeller terre molle,
de même que le gravier, la craye, la glaife & les fables font ainfi
défignés quand ils font purs & dépouillés de toute autre fubftance ;
& comme mêlés avec d'autres matiéres, ils forment les fols graveleux, fablonneux, &c. de même quand la terre molle eft incorporée
avec la terre glaife, fable, elle forme à fon tour différentes fortes
de fols : cependant on les appelle généralement terres molles, c'eft
l'ufage qui a accrédité cette dénomination générale.

Mais on voit bien que ces fols ne peuvent être ainfi appellés,
que dans le cas où la terre molle y domine entiérement. Ainfi lorfqu'elle n'y eft qu'en fous-ordre, & par conféquent en moindre quantité, ils tirent alors leur dénomination de la fubftance qui y abonde
plus que toutes les autres matiéres qui entrent dans leur compofition. Ainfi la terre molle ne leur donne point fon nom, mais comme
nous l'avons obfervé ci-deffus, elle change en fol le gravier nud, ou
la terre glaife pure, ou toute autre fubftance dépouillée de tout
principe de germination.

Nous avons fouvent employé le mot terre végétale mêlée avec ces
différentes fubftances dans la formation des fols ; elle eft la même
que la terre molle : nous avons dit qu'il eft rare d'en trouver qui
foit pure. Cependant il y a des endroits où elle eft fi dépouillée de
tout mêlange, que le Cultivateur peut acquerir la connoiffance de fa
nature.

Lorfque les Jardiniers veulent avoir de la terre végétale pure, ils
en trouvent dans les vieux faules ou autres arbres caducs & ruinés.
Ils appellent cette terre, terre vierge ou terre pure : quelques-uns
l'appellent terre adamique. En effet, c'eft celle qui approche le
plus de ce que nous appellons terre pure végétale ; on trouve
quelquefois dans les pays marécageux une terre qui lui reffemble à
tous égards.

Nous avons vû près d'Orléans, ou pour mieux dire dans un de fes

Fauxbourgs (S. Marceau,) un terrein marécageux, qui confiste en terre végétale presque pure ; & ce qui nous a surpris, c'est que le sol a pour le moins quatorze pieds & demi de profondeur, sans changer de qualité. C'est une terre fine & noire ; elle est légere & détachée ; à peine peut-on y appercevoir quelque grain de sable. Humectée, elle est spongieuse, séche, elle se brise aisément & se réduit presque en poussiere ; & quand il a plu, on voit la petite quantité de sable, qui sans doute s'y trouve par accident, s'en détacher entiérement.

Il y a des Auteurs qui ont pensé que la surface naturelle de tous les pays marécageux est de la tourbe ; mais ils se trompent : la véritable tourbe n'est qu'un composé de vieilles tiges de plantes & autres substances végétales, & d'une matiere bitumineuse qui les lie ensemble. Elle est à une certaine profondeur, au lieu que la terre fine & noire dans les riches terreins marécageux est au-dessus, & immédiatement sous le gazon ou la pelouse.

Il n'y a point de sol aussi fertile que cette espece de terrein marécageux, ce qu'on doit attribuer à sa pureté ; puisqu'il est presque tout entier terre végétale ; cependant l'humidité l'affecte beaucoup, & malheureusement on ne peut point le mettre à couvert de cet inconvénient ; il est presque toujours situé dans des bas fonds, autrement il seroit de tous les sols celui que le Cultivateur préfereroit.

Il y a encore une autre terre molle située également dans les bas fonds, qu'on appelle terrein marécageux.

C'est un terrein marécageux composé de la terre fine & noire dont nous avons parlé, & d'une terre glaise tenace qui est d'un bleu extrêmement foncé. Cette terre est noire & tendre ; à une certaine distance elle ressemble assez à l'autre. C'est le plus riche sol qu'on puisse désirer pour les pâturages : il n'a presque point besoin d'engrais ; dans la plûpart de ces terreins, la nature se charge de ce soin, parce qu'ils sont généralement situés le long des rivieres qui débordant, les inondent. Ces eaux qui y séjournent pendant un certain tems, y déposent en se retirant, une vase fine & riche qui est un engrais par lui-même, & d'autant meilleur que le Fermier avec tous ses instrumens & toute son industrie, ne pourroit jamais le répandre si uniformément ; c'est ici à peu près le même effet que produit le Nil par ses inondations.

Le terrein marécageux étant sec, est passablement ferme & dur, alors il a une couleur plus pâle ; quand il est humide, il est noirâtre, tendre & mol, mais un peu tenace. Il a le même goût que la vase ou bourbe d'un étang que le soleil vient de deffécher : ce fol réfifte plus à l'humidité que certains autres fols marécageux ; parce qu'il a en deffous un lit profond de glaife ; elle entre même en trop grande quantité dans fa compofition pour que les eaux le pénétrent fi promptement.

Il eft affez fingulier que le fable qui entre dans la compofition de tous les autres fols foit fi rare dans celui-ci.

Ce fol que le Cultivateur appelle marécageux, parce qu'il fe trouve dans les bas fonds, fe trouve auffi quelquefois dans des pâturages plus élevés ; mais on remarque qu'il n'a point la même fertilité, quoiqu'il foit de la même nature.

De cette remarque, il eft aifé au Cultivateur de tirer l'induction fuivante pour les pâturages marécageux fitués fur des hauteurs. Il doit leur donner pour préparation principale de la vase des rivieres ou des étangs. Il doit la répandre immédiatement avant la pluye, afin que lefcivée, elle pénétre dans la terre ; puifque, comme nous l'avons dit, la nature enrichit ces terreins fitués au niveau des rivieres qui les inondent facilement. Rien de plus facile à l'art, que d'imiter ce procédé, qui eft fans contredit, le meilleur que le Cultivateur puiffe fuivre : il n'eft rien qui mette plus de reffemblance entre ces deux fols que la vase ainfi lavée.

Nous avons déja parlé d'un fol, que dans certains cantons on appelle terre à poule ; il différe fortpeu du terrein marecageux dans les bas fonds ; cette terre eft noirâtre, légere & fine, & compofée de cette même terre de marais ; mais elle eft plus chargée de fable ; ce fol fe trouve ordinairement dans les pâturages fitués contre les pieds des montagnes. Le Fermier doit prendre garde de s'équivoquer fur ce point. Ce terrein n'eft point du tout propre au labourage, il manque du corps & de la confiftance néceffaires pour foutenir les racines de bled ; ainfi il rifqueroit fes peines & fes dépenfes.

Il n'y a point de terre qui ait plus de nuances que la terre marécageufe, & qui mérite plus l'attention du Cultivateur ; en voici une preuve qu'il faut faifir une fois pour toutes. La terre à poule n'eft point propre, nous venons de le voir au labourage, cependant on en trouve une efpece que l'on appelle fol noir à caufe de fa couleur, que l'on laboure avec fuccès ; ce fol principalement eft compofé de la même terre noire & fine que le terrein marécageux ; mais elle contient beaucoup plus de fable, & même un peu de terre glaife. Ainfi, à proprement parler, il eft compofé de terre molle & d'argille ;

l'on voit qu'il différe du terrein marécageux, & de ce qu'on appelle terre de marais, en ce que le premier contient très-peu de fable, mais point de terre glaife ; que le fecond contient une plus grande quantité de terre glaife, mais point de fable, & que le troifiéme dont nous parlons ici, contient l'un & l'autre, c'eft-à-dire de la glaife & du fable ; ce qui nous fait dire qu'il eft d'une nature différente de celle des deux premiers.

Il eft propre non-feulement aux pâturages, mais encore au labourage, en ce que la terre glaife qui entre dans fa compofition, lui donne cette confiftance néceffaire pour foutenir les racines du bled, qualité que, comme nous l'avons dit, la terre à poule n'a point.

Il y a encore une efpece de terre à poule comprife fous la dénomination générale, & qu'on devroit appeller dentelée. Il eft à propos d'expliquer fa différence pour mettre tous les Fermiers en état de ne pas fe tromper. Ce fol eft fablonneux, d'une couleur noirâtre & paffablement riche. Dans certains endroits, ce fol varie encore, & furpaffe beaucoup l'autre en fertilité ; c'eft un fol doux compofé de terre molle, fine & d'une quantité confidérable d'argille rougeâtre ; l'herbe qui y vient eft douce & abondante.

Nous avons encore obfervé une autre terre à poule qui eft de la nature de la dentelée. Elle eft compofée de terre fine & noire, d'une quantité de glaife, & d'un peu de fable, ou pour mieux dire d'une argille glaifeufe : elle eft coupée de traits ou rayes blanchâtres qui ne font que les premieres pouffes des champignons ou moufferons, ce que les Jardiniers appellent *femence de champignons* ; en effet, les pâturages fitués dans ce fol, en produifent beaucoup. Ainfi, il n'eft point furprenant que cette femence paroiffe fur la furface : il eft propre au bled, quoiqu'il reffemble beaucoup à la terre à poule proprement dite, qui n'eft point cependant comme nous l'avons fait obferver, propre au labourage.

Ce feroit peu d'avoir donné toutes les différentes fortes de terre molle, fi nous nous bornions à ce point, quoique très-important : il faut encore pour le bien de l'Agriculture, donner le moyen de les employer le plus avantageufement.

D'abord, comme les autres fols font naturellement deftinés au labourage, ceux-ci le font déterminément aux pâturages.

Nous avons obfervé qu'en général les terreins marécageux produiront de l'herbe bonne, pour avertir le Fermier qu'il ne doit jamais s'avifer de forcer un fol.

Il y a quelquefois des Fermes fi mal diftribuées, que les terres labourées excédent de beaucoup les pâturages ; il y en a d'autres où les pâturages excédent les terres labourées. Dans l'un ou l'autre de ces cas, le Fermier est obligé de faire des changemens pour mettre la Ferme dans une juste proportion qui est la base d'une bonne Agriculture.

Or, s'il arrive que ses pâturages soient sur cette terre molle, son premier devoir est d'examiner si tout le terrein de sa Ferme est de même nature, ou s'il y a de la variété.

Il n'est point douteux que le dernier cas est plus ordinaire ; en le supposant, il doit choisir pour le labourage, suivant ce que nous avons dit de la nature de ces terreins.

Les terres molles sont en général si riches qu'elles fournissent une abondante nourriture aux bleds ; mais nous avons fait voir qu'elles ont des molécules si atténuées, qu'elles ne peuvent soutenir les racines.

Mais ce n'est point encore là le seul inconvénient qui résulte du changement des terreins propres aux pâturages en terres labourables. Les plus fines de ces terres portent ordinairement sur un lit de terre glaise pésante, & sont presque toujours situées dans des bas fonds. Il s'ensuit qu'elles abondent en une nourriture humide qui produit beaucoup de feuilles & peu de grain.

Le Fermier ignorant, séduit par l'apparence de ces terres, & entraîné par une cupidité mal entendue, les convertit en terres labourables, comptant en retirer de grands profits. Nous en avons vû ne récolter que de la paille presque sans épi. Ainsi, si le Fermier par la mauvaise distribution de la Ferme est forcé à quelque changement, qu'il observe scrupuleusement les régles que nous allons établir pour son avantage.

Il faut choisir le terrein qui a le plus de glaise & d'argille ; car quoique les sols argilleux & glaiseux par leur nature, soient peu propres aux pâturages, ils sont de tous les plus favorables aux bleds ; ils sont les seuls qui se serrent assez, & se collent à la racine du bled, & qui le tiennent droit & ferme. En observant cette régle, on est sûr de mettre en labourage le terrein le moins propre aux pâturages, & qui cependant est le plus favorable aux bleds ; ainsi cette opération procure deux avantages essentiels.

A cette attention il faut joindre celle de préférer les terreins qui sont situés en pente. L'abondance d'humidité donne au détriment de l'épi trop d'accroissement à la tige : or, quand les terres molles sont d'un plan incliné, elles ne sont jamais si humides, parce que les eaux s'écoulent facilement.

Cette régle qui paroît d'abord contredire l'autre que nous avons déja établie, part cependant du même principe; car les terres molles des terreins qui font d'un plan incliné, font toujours plus glaifeufes ou plus argilleufes que les terres fituées horizontalement; & cette obfervation eft fondée fur la différence de la fituation.

Lorfqu'on force ces terreins en les convertiffant en bled, le fumier eft le meilleur engrais qu'on puiffe leur donner : nous avons déja fait voir combien il eft difficile de rompre la texture d'une terre molle argilleufe ; ainfi en pareil cas, le Fermier ne doit s'occuper que du foin de donner au fol la richeffe qu'il perd à proportion de fes productions.

Dans certains cantons de l'Angleterre, les Fermiers préparent ce terrein avec la chaux. Ils lui fuppofent beaucoup de fraîcheur, & lui donnent par conféquent par cet engrais de la chaleur. Cette pratique, quoique bonne, n'eft pas cependant auffi favorable ni auffi durable que la marne. En d'autres endroits, on y incorpore avec la charrue des peaux de lievre & de lapin, de vieux haillons, de même qu'ils le pratiquent dans les terreins fitués fur la pente des montagnes ; on prend indifféremment ceux de laine & de toile : les rognures de papier & de carton font excellentes. Ainfi quiconque peut aifément fe procurer de ces matieres, doit fe promettre des récoltes furprenantes.

Nous venons d'examiner quels font les engrais qui conviennent aux terres molles qu'on emploie au labourage. Nous allons parler de ceux qui favorifent le plus les terres molles mifes en pâturages. Nous avons dit qu'elles font de toutes les terres celles qui ont le moins béfoin de préparation; mais on fçait qu'un fol quelconque en exige cependant quelqu'une.

Si le fol qu'on veut mettre en pâturages eft une terre molle mêlée d'argille, il faut, comme nous l'avons dit, imiter la nature, en y répandant dans des tems favorables de la vafe des foffés & des rivieres.

Si le fol eft une terre molle chargée de terre glaife, tel, par exemple, que le fol marécageux dans la compofition duquel il n'entre point de fable, il faut lui donner du fumier pourri & coupé des boues des grands chemins, qui ordinairement font d'une nature fablonneufe & tranchante, & qui s'amalgameront infenfiblement au fol, & rompront par conféquent la glaife qu'il contient en la réduifant à une efpece d'argille.

Ces fols peuvent encore être améliorés, rélativement à leur fi-

tuation, & aux matieres dont ils font compofés par des terres d'autres fols que l'on prépare fuivant les indices. C'eft ainfi que certains
terreins marécageux font changés en fols propres au labourage fi l'on
en a befoin, par le fecours d'un argille friable qui porte dans le
cœur du fol des fables & de la terre glaife : ceux-là divifent le
terrein, & celle-ci lui donne la confiftance & le gluant qui lui eft
néceffaire pour s'unir intimément à la racine du bled, la contenir
& lui donner un fiége affez ferme pour qu'il ne foit ni déraciné, ni
renverfé.

Cette méthode peut être encore pratiquée avec fuccès dans les
terres à poule proprement dites, quand on veut les mettre en
terres labourables. On les prépare avec de l'argille, qui incorporée
par le fecours de la charrue, leur donne la fermeté qui leur manque.

On voit bien que nous envifageons les engrais d'une façon dont
ils n'avoient pas encore été confidérés par les Cultivateurs ; car,
donner des fumiers aux terres, c'eft les enrichir, mais non pas
changer leur nature, & nous avons eu pour objet d'apprendre
aux Colons à créer des fols excellens fur des terreins jugés ordinairement fi ftériles, qu'ils ne méritent point d'être cultivés. Les
terreins marécageux les plus riches pour les pâturages, font fujets
à de grands inconvéniens à caufe de leur humidité. Il n'y a point
de remede plus court & plus affuré que de les brûler ; cette méthode
ufitée dans les pays de marais, peut être introduite partout ailleurs
au grand avantage du Cultivateur.

Le fol marécageux eft celui qui exige le plus cette opération ; elle
y eft très-facile. Les herbes qui font fur la fuperficie, s'enflamment
aifément & font confumées en peu de tems.

Pour y bien procéder, on coupe le gazon ou la peloufe auffi mince
qu'il eft poffible, avec la charrue. On l'entaffe en monceaux de diftance en diftance, on y mêle des paquets de genet épineux, ou
quelques mottes de tourbe pour bien les incendier. Le gazon étant
bien brûlé, on en répand les cendres qui améliorent le terrein, puifqu'il devient plus fec & meilleur à tous égards.

On a obfervé par des expériences répétées, qu'il eft inutile d'entreprendre de mettre ces terreins en terres labourables. Les Cultivateurs dégoûtés par les pertes qu'ils ont faites, ont été obligés
de les remettre en pâturages.

Mais enfin, fi quelque Cultivateur eft encore dans le cas de remettre un femblable terrein en pâturage après l'expérience peu
heureufe du bled, nous lui confeillons d'y femer avant que de pren-

dre ce parti, quelque peu de froment ; parce que comme le terrein poussera de l'herbe avant qu'on ne coupe le froment, le chaume y servira du moins d'un puissant engrais.

Cependant, quoique les terres molles ne réussissent pas généralement pour le bled, il y a d'autres productions pour lesquelles on peut les labourer avec certitude de profit.

La graine de choux s'y plaît beaucoup & y profite extraordinairement : lorsqu'on les destine à cette récolte, il faut les labourer fréquemment. Le principal engrais qu'il faut employer, est de le brûler. Nous dirons en passant que le choux réussit toujours mieux sur un terrein frais, que toute autre production ; il y réussit aussi plusieurs fois, pourvu qu'à chaque récolte on ait l'attention d'en faire brûler le chaume ; & c'est la seule utilité qu'on peut tirer du pied de choux, car vouloir entreprendre de le faire entrer dans le terrein avec la charrue, seroit peine perdue. Il est si dur & si filandreux, qu'il ne pourrit que très-difficilement. Mais enfin, si l'on veut tirer encore un plus grand profit de ces terres par le labourage, il faut après l'année des choux, qu'on les ensemence deux ou trois années de suite d'avoine. Les récoltes en seront très-abondantes, pourvu que le terrein soit aidé d'un peu d'engrais. Mais il y a à craindre les années de sécheresse pour cette production ; parce que le terrein étant léger, & la racine de l'avoine n'étant point ferme, elle est renversée : dans les années pluvieuses, il humecte si fort, que le produit est très-riche en paille & très-pauvre en épis.

Après les trois années d'avoine on laisse le terrein en pâturage. Pour y bien procéder, on jette du ray-gras ou du trefle avec l'avoine qu'on seme la troisiéme année ; & quand le terrein a été en pâturage pendant cinq ou six ans, on le laboure légerement, on brûle le gazon, comme nous avons déja dit, & on le seme de choux.

Si nous sommes prolixes, ce n'est que pour faire voir de la façon la plus intelligible, les avantages & les inconvéniens qui résultent de mettre les terres de pâturage en terres labourables.

Ces terres ne sont point favorables aux arbres, parce qu'elles manquent de fermeté, & qu'elles sont trop humides : il n'y a que le saule qui est un arbre de marais, qui y réussisse. En général les arbres viennent promptement dans un terrein riche ; mais ils sont plus fermes dans un terrein fort. Si le chêne, par exemple, croît lentement dans un sol glaiseux, son bois a l'avantage d'être plus sain que les arbres qui viennent dans les autres sols.

Chaque sol a sa production naturelle, & il faut se conformer autant
qu'il

qu'il eſt poſſible à ſuivre les indices qu'il donne ; car quelle que ſoit la production à laquelle un ſol eſt propre par ſa nature , c'eſt celle qui y réuſſira toujours le mieux , pour peu qu'il ſoit ſécouru des améliorations artificielles.

LIVRE II.

CHAPITRE PREMIER.

Des ufages de la glaife, de l'argille, du fable & autres fubftances qui font fur la fuperficie, ou dans la terre, rélativement aux Arts, & les produits qu'elles peuvent rapporter au propriétaire, & premiére-ment des ufages de la glaife.

NOus avons confidéré les terres glaife, fable, argille, craye &c. dans leur état propre à conftituer par le mêlange de quelqu'autre fubftance, la nature des différens fols; & conféquem-ment en tant que l'on peut par le fecours d'une culture fuivie, en retirer quelques avantages. Nous allons à préfent les confidérer dans leur état proprement dit, c'eft-à-dire, dépouillées de tout mêlange, & chercher avec foin les moyens d'en tirer tous les profits poffibles. Or, fi ces fubftances, comme, par exemple, la glaife pure, le fable, &c. couvrent la furface de la terre, ou forment fa croûte, on voit bien, comme nous l'avons déja dit, que dans ce cas on ne peut pas les appeller proprement fols, quoiqu'elles en tiennent la place; puifqu'elles ne méritent point, relativement à l'Agricultura, la moindre attention de la part du Cultivateur. Cependant il arrive fouvent qu'elles font une partie principale de fon domaine, ce qui le met dans la néceffité d'employer tous les moyens poffibles d'en tirer le moins mauvais parti; & ces mêmes moyens que nous voulons lui fournir nous font réprendre encore toutes ces terres, pour en exami-ner les qualités & les ufages. S'il nous arrive dans cet examen de paffer quelquefois la fuperficie, ce ne fera qu'autant que nous croi-rons intéreffer le Cultivateur. Des recherches trop approfondies nous écarteroient de notre objet, qui fe réduit à inftruire le Propriétaire ou le Fermier fur tout ce qui à cet égard peut lui être de quelque utilité.

Tout propriétaire dont le domaine confifte en partie en terre glaife pure, ne doit point fe rebuter. Il y a beaucoup d'ufages auxquels elle eft propre, & nous allons les mettre tous fous fes yeux, afin quil fçache profiter de chaque efpece de glaife.

Q ij

La premiere chose qu'il doit donc examiner, c'est la qualité &
la nature de la glaise, ne perdant jamais de vûe la division que nous
avons déja établie. En suivant les précédentes instructions, il aura
lieu de remarquer que la rouge & la jaune sont celles qui se trouvent
le plus souvent sur la superficie, & que la noire & la blanche sont
dans la plûpart des endroits à une certaine profondeur au-dessous
du sol.

Il ne faut cependant point croire que la rouge & la jaune ne soient
quelquefois au-dessous du sol, ce qui arrive lorsque la superficie est
un terrein pauvre, mais mêlé d'autres substances. On remarque que
dans ce cas le lit de glaise pure que l'on trouve immédiatement sous la
croûte est si épais, que la moindre fosse que l'on y pratique rapporte
un profit considérable avec fort peu de travail : on entend que
nous parlons ici des lieux où la communication un peu aisée faci-
lite le débouché des ouvrages qu'on en fait.

La glaise rouge est la plus précieuse ; parce qu'elle est propre,
non-seulement à la composition des choses les plus recherchées,
mais encore de celles dont on fait un plus fréquent usage. Il faut observer pour ne pas s'équivoquer, que quoique nous l'appellions
rouge, elle ne l'est pas absolument : sa couleur est un brun teint de
rouge ; car lorsqu'on l'appelle ainsi, ce n'est que pour la distinguer
de la jaune.

Elle est de toutes les glaises la plus propre à affermir le fond des
étangs ; car, soit que l'étang soit graveleux, soit qu'il soit sablonneux, si le fond est bien couvert de glaise rouge bien battue, l'eau
ne se perd jamais, & cette réparation dure des siécles.

Elle est encore d'une très-grande utilité dans les Brasseries, on
s'en sert pour mastiquer les bondons : on ne sçauroit croire la
grande consommation qu'il s'en fait dans les pays à bierre. Il arrive quelquefois que la glaise se crevasse ; on évite ce défaut en la
battant avec de la saumure bien forte en place d'eau commune, ce
qui la rend ferme & bien liée. On s'en sert aussi à la greffe des arbres,
on la préfére dans cet usage à toute autre ; mais il faut avoir la précaution de la bien battre avec du fumier de cheval, afin qu'elle ne se
crevasse pas ; Mêlée avec du foin haché, elle sert de couverture aux
appentis & petites cabanes, ce qui épargne la dépense de la maçon-
nerie. D'ailleurs, & voici son excellence, elle sert en certains cas
de fumier pour certaines terres ; calcinée, elle est un excellent engrais. Cette préparation la réduit en cendres que l'on répand avec la
main sur les terreins de pâturage & de bled ; cette découverte

qui eſt très-moderne , eſt une des meilleures améliorations.

On voit par tous ces différens uſages , qu'une foſſe de glaiſe rouge ouverte dans un endroit convenable , peut devenir un tréſor pour le Propriétaire , ſoit en l'employant lui-même , ſoit en la vendant.

La jaune eſt d'une nature & a des propriétés à peu près égales à celles de la rouge ; auſſi ſert-elle à remplir les mêmes objets ; elle eſt quelquefois auſſi pure que la rouge , mais elle n'a point cette conſiſtance & cette fermeté qui caractériſent celle-ci qui eſt toujours préférée ; on obſerve qu'il eſt très-rare d'en trouver de l'une & de l'autre dans le même pays : elles s'excluent réciproquement ; ainſi il ſemble que la nature s'étudie à compenſer l'abſence de la rouge par la jaune qu'un Propriétaire intelligent peut mettre à profit. Il eſt vrai qu'elle demande dans le travail beaucoup plus de ſoins & d'attention ; quoique par ſa nature elle paroiſſe demander d'être moins battue que la rouge , elle veut l'être davantage ; & ſi encore il arrive ſouvent qu'elle ſe crevaſſe , & que dans un endroit humide elle s'écoule ſur la ſurface , & devient comme de la bouillie ; il eſt vrai cependant qu'elle ne ſe diſſout ainſi qu'à une certaine profondeur.

L'une & l'autre glaiſe ſervent à faire des thuiles ; de la rouge particulierement on en tire qui , quoique d'une couleur moins belle , ſont d'une fermeté très-eſtimable. Mais on ne s'en ſert guéres ; parce que la dépenſe & les travaux pour la préparation en ſont beaucoup plus grands. Les faiſeurs de tuiles préférent des argilles dont nous parlerons dans la ſuite , parce qu'elles ſont plus aiſées à couper & à temperer. Mais s'il leur arrive de manquer d'argille , ils ſe ſervent des glaiſes en y incorporant des cendres & des boues. Par ce moyen ils les rendent plus courtes & plus faciles au travail : ils pratiquent la même méthode , lorſque les argilles qu'ils appellent proprement terre à brique , ne ſont pas aſſez chargées de ſable.

On emploie auſſi les glaiſes jaunes & rouges dans les poteries , mais rarement ſeules. La jaune ſert principalement à la poterie des jardins , elle devient rougeâtre en cuiſant.

Il y a une ſorte de glaiſe qui , je crois , eſt rare en France ; elle eſt mêlée d'une glaiſe jaune & d'une glaiſe bleuâtre , de nature fort tendre & mêlée d'un peu de ſable. On tire de cette glaiſe , facile à travailler , des briques admirables. Tout Propriétaire qui en trouve dans ſon terrein , poſſéde un véritable tréſor , pourvu que le tranſport en ſoit facile. Mais il faut bien prendre garde que cette terre ne soit pas trop friable ; une moyenne consistance fait tout son prix. Quand cela arrive, il ne faut pas se décourager. Comme ordinairement on trouve cette glaise sur la superficie, si elle a ce défaut, on n'a qu'à fouiller, & l'on est certain de découvrir une glaise plus ferme & plus tenace, qui mêlée avec celle de la croûte, est d'une bonne consistance ; ainsi en général toutes les glaises peuvent être travaillées en briques, soit pures, soit mêlées, excepté celle qui est absolument sale & friable.

J'ai remarqué en certains endroits une espece de glaise jaune mêlée de sable ; mais il y est en telle quantité, qu'on peut appeller cette terre argille ; elle est excellente pour la poterie, attendu qu'elle prend parfaitement le vernis.

Il y a des personnes qui, séduites par la fermeté de la glaise rouge, la préférent à cette derniere espece de glaise jaune, croyant que les ouvrages auxquels on l'emploie sont plus forts ; mais on a eu lieu de remarquer leur erreur. La glaise rouge seule fournit des ouvrages à la vérité assez fins, qui prennent le vernis, mais qui sont fort cassants.

Il y a une espece de glaise jaune pure ciselée, ou pour mieux dire tranchée de petites rayes blanches ; partout où l'on la trouve, on doit la préférer pour tous les ouvrages de poterie.

Les différentes observations que nous venons de faire sur les deux premieres sortes de glaises, étoient absolument liées à notre objet ; puisqu'il est question de mettre le Propriétaire en état de connoître leur nature & leurs usages, afin qu'il ne néglige point par ignorance, un point aussi important, ou que séduit par les promesses qu'on lui fera de grands profits, il n'abandonne point ses fonds à des entreprises dont il ne seroit que la dupe en voulant employer ces terres à des usages auxquels elles ne sont point propres.

Il n'en est pas des briques comme de la poterie ; partout où l'on trouve de la glaise quelconque, on peut en fabriquer des briques ; mais pour la poterie, les différens mêlanges des glaises valent mieux qu'une seule de ces terres ; & de toutes celles que nous avons dit ci-devant, celle qui est coupée & tranchée de rayes blanches, est préférable.

Sous la dénomination de glaise noire, nous rassemblons toutes les glaises de couleur sombre.

La glaise noire bleuâtre, qui est la plus forte & la plus commune, ne se trouve ordinairement qu'à une certaine profondeur ; mais l'épaisseur de son lit dédommage des frais qu'il en coûte pour la chercher : elle est pure, dure & tenace ; en général on en fait des tuiles, & c'est de-là qu'on l'appelle terre à tuiles.

Comme il arrive quelquefois que les glaises sont extrêmement mêlées sur la superficie, le Cultivateur est alors maître de choisir ou de les employer comme terre glaise, ou de les cultiver comme sol. Il n'en est pas de même de la noire, qui partout où elle est chargée de différens mélanges au point de pouvoir être cultivée, ne mérite point qu'on l'emploie à d'autres usages, de même que quand elle est assez pure pour qu'on l'emploie comme glaise dans les tuileries ; on perd ses frais & ses soins à la cultiver.

Outre les tuiles, elle est encore propre aux poteries ; mais il faut la couper de substances moins compactes. Il y a des endroits où l'on trouve une glaise entierement noire. En Angleterre, par exemple, on en fait des pipes ; la cuisson la rend extrêmement blanche. Si cette terre n'avoit en France que l'utilité des pipes, il est certain que son produit ne payeroit point les frais d'exploitation & de fabrication ; la consommation en est si peu considérable dans le Royaume, que nous avons vû une Manufacture tomber fort peu de tems après son établissement ; mais cette terre donne une grande beauté aux poteries.

On trouve encore une autre terre glaise noire qui est aussi liante & aussi tenace que l'autre, on l'employe, mais rarement, à la fabrique des pipes ; elle devient rouge à la cuisson ; on s'en sert très-avantageusement pour la poterie. Ces deux terres très-difficiles à distinguer, peuvent l'être cependant, puisqu'on n'a qu'à les jetter dans le feu, celle qui devient blanche en cuisant est propre aux pipes, & celle qui devient rouge l'est à la poterie.

Quoique nous ayons compris les glaises bleues sous la dénomination de noires, il est nécessaire d'en faire connoître une sombre plombée, qui est de la meilleure qualité ; on l'appelle, dans certains cantons de l'Angleterre, glaise blanche ; mais on n'en voit pas trop la raison ; car la poterie qu'on en fabrique est d'un jaune pâle ; peut-être qu'on l'appelle ainsi, parce qu'elle est de toutes les glaises la plus transparente.

Les glaises blanches en général sont celles que l'on employe pour les pipes ; elles sont d'un grand revenu pour le propriétaire, parce que pour peu que le transport en soit aisé, on trouve toujours à s'en défaire avantageusement, attendu qu'on la mêle avec les autres glaises blanches ; on la distingue ordinairement de celles-ci par le poids ; elles sont beaucoup plus pesantes & plus tenaces.

On trouve encore une autre sorte de terre glaise noire d'une texture très-fine, qui devient au feu d'un gris pâle ; on s'en sert pour les cours de ventre ou dévoyement ; elle a les mêmes proprietés que la terre de Lemnos.

CHAPITRE II.

Des usages de l'Argille.

NOUS avons fait voir les différens usages des glaises. On a vû que l'on les employoit beaucoup à la fabrication des briques ; cependant par leur propre nature, du moins si on les considere dépouillées de toute substance étrangere, on ne les employeroit point ou très-difficilement, si on ne les mettoit par l'art au même point de divisibilité que les argilles ont ; aussi pour éviter ces différentes opérations, laisse-t-on la glaise partout où l'on trouve de l'argille, à moins que celle-ci, trop chargée de sable, n'ait besoin du mêlange de la glaise pour acquérir la tenacité requise. Nous avons encore observé, que plus les glaises sont tenaces, moins elles approchent de la superficie, & plus elles ont besoin d'être travaillées & batues pour leur donner cette flexibilité qui les rend propres à être fabriquées. Les argilles au contraire, sont des glaises coupées par la nature d'une quantité proportionnée de sable, de sorte qu'elles sont en général & naturellement de la même qualité que les mêlanges artificiels que l'on fait dans tous les endroits où elles manquent.

Autre avantage, qui est certainement considérable, c'est que partout où l'on trouve de la glaise fine, rarement on trouve aux environs des couches de sable : le contraire arrive dans tous les endroits où il y a de l'argille ; or on sçait que le sable est très-nécessaire pour fabriquer des briques.

L'argille brunâtre est celle qu'on employe le plus communément pour les briques. Lorsqu'un sol argilleux de cette nature est d'un tempérament trop pauvre pour être cultivé, il dédommage le propriétaire par la vente des briques ; mais (nous répéterons souvent cette observation) il faut d'abord examiner la situation du lieu, la facilité ou la difficulté de la communication & les degrés de la consommation, attendu que cette terre ni les briques qu'on en

tireroit ,

tireroit, ne peuvent point supporter de grands frais, principalement ceux de voiture.

L'argille jaunâtre est aussi d'un grand usage dans la fabrication des briques. Mais le propriétaire avant que de faire les dépenses nécessaires pour l'employer, doit auparavant en faire l'épreuve au feu ; il faut en jetter un peu dans le feu, & si en cuisant elle devient promptement d'un beau rouge, il peut alors en toute sûreté faire son entreprise ; elle rend une belle brique rouge, qui est meilleure faite de cette terre pure, qu'avec des mêlanges.

On observe encore une espece d'argille, ou pour mieux dire, une marne glaiseuse qui est tendre & friable, & que l'on travaille aisément ; on en fait des briques qui sont assez bonnes, mais moins dures que celles qu'on fait des argilles précédentes.

Il y a des pays où l'on trouve une glaise marnée brunâtre : nous la nommons plutôt glaise qu'argille ; parce qu'il y a beaucoup moins de sable que dans les argilles ordinaires ; on en peut faire des briques qui d'abord paroissent belles & bonnes. Mais, observation qui doit être faite en général, toutes les marnes sont des terres qui n'ont pas la consistance nécessaire pour les bonnes briques, elles les rendent trop fragiles.

On trouve aux environs de Newcastle dans Staffordshire une argille brune qui a la singuliere propriété de devenir bleue au feu ; le coup d'œil en est charmant. Les briques qu'on en fait sont fortes ; il paroît que les Romains la préferoient aux autres argilles pour les urnes ; on en a trouvé beaucoup dans la Province de Kent & en d'autres endroits qui étoient de cette couleur.

Les usages des argilles ne consistent point dans les seules briques ; elles servent encore aux poteries lorsqu'elles contiennent une certaine portion de glaise propre à leur donner la tenacité suffisante ; & même lorsqu'elles ne l'ont pas cette tenacité, elles servent à enduire & peindre la partie extérieure des différens ouvrages de poterie.

Il y a encore une sorte d'argille boueuse que l'on jette dans l'eau pour la dépouiller des sables & des autres substances, & quand l'eau est chargée de la pure terre glaise qui y est contenue jusqu'à la consistance de sirop, on s'en sert pour donner une couleur jaune foncée aux ouvrages de poterie.

L'argille d'un rougeâtre sombre, préparée de la même façon, donne la couleur noire à la poterie ; mais cette argille, ainsi que les dernieres, ne méritent point la moindre attention ; à moins que le terrein qui les contient ne foit voifin de quelque poterie.

Mais il y a une argille précieufe & qui eft extrêmement rare. Je ne fçais pas, j'avoue mon ignorance, fi l'on en trouve en France ; le terrein du feul village d'Hedgerly en Angleterre, en fournit ; on l'appelle terre à feu. Les Anglois en font une exportation confidérable, ce qui prouve qu'elle ne fe trouve point dans les autres Royaumes. On en fait les briques à feu ; cette dénomination leur eft donnée à caufe de leur grande réfiftance au feu. Cette terre précieufe eft, à proprement parler, la véritable argille ; elle eft d'un jaune brunâtre très-rude au tact & très-friable, elle devient au feu d'un rouge extrêmement vif.

Voilà les fignes qui la caractérifent ; on s'en fert pour enduire les poëles, & à toutes les opérations où l'on employe un feu violent. Les Chimiftes & les Raffineurs s'en fervent auffi ; on en fait les briques pour conftruire les poëles & les fourneaux ; le propre de cette terre d'ailleurs eft d'acquérir à mefure qu'elle eft échauffée, une couleur rouge fort belle, qu'elle conferve fans altération pendant plufieurs années, au lieu que l'argille commune fe vitrifie avec le tems.

Une terre fi précieufe devroit encourager à la recherche, ou du moins exciter la curiofité de quelqu'Artifte pour tâcher d'imiter la nature par l'art ; ce qui ne paroît pas impoffible. Un Particulier de Londres affure, qu'en mêlant de la glaife jaune avec du fable dur & pâle, on peut en quelque façon faire une argille qui a les mêmes propriétés ; en fuivant une expérience femblable, on éviteroit l'inconvénient de la plus grande partie de nos briques à feu, qui compofées d'un mélange de mauvaifes fubftances, ou du moins mal combinées, blanchiffent & fe calcinent dans peu de tems, & ne font par conféquent que d'un ufage, pour ainfi dire, momentané.

CHAPITRE II.

Des ufages du Sable.

NOUS avons confideré les fables relativement à l'Agriculture ; mais comme tels ils ont des fucs qu'ils fourniffent aux plantes. Les fables, nous l'avons fait voir, s'épuifent facilement par les lefcives des pluyes ; comme ils ne font que des petits cailloux chargés accidentellement de parties terreftres nutritives , il n'eft point étonnant qu'ils dégénerent après quelque tems & qu'ils deviennent ftériles. Nous allons les confidérer à préfent comme purs & dénués de toute autre fubftance ; & comme tels ils ne different guéres du gravier ; puifque les fables ne font en effet que du gravier atténué, & que le gravier n'eft qu'un fable plus gros; auffi leurs ufages font-ils à peu près les mêmes.

Tout fol dont la fuperficie n'eft que du fable ou gravier pur, ne vaut point la peine d'être cultivé. Il faut donc alors examiner quel ufage on peut en faire , mais toujours plutôt d'après la confidération de la fituation, que de la variété des efpeces de fable.

D'abord, on l'emploie dans plufieurs endroits comme engrais fur les terreins glaifeux ; nous avons fait voir que c'eft avec fuccès.

Il y a beaucoup de fortes de fables qui font d'un ufage moins important, & que l'on emploie différemment fuivant leur fineffe , leur rudeffe ou autres propriétés accidentelles.

Il y a une efpece de fable d'un jaune foncé, qui au tact, reffemble à une poudre fubtile ; il n'a prefque point de tranchant ; on s'en fert pour la fufion des métaux.

Le pur fable blanc fert à faire le verre le plus fin. Il répond en ce cas auffi parfaitement au même but que le criftal , car il eft meilleur que la pierre à fufil. Le fable blanc n'eft en effet autre chofe que des particules atténuées de criftal, qui font devenues nebuleufes par le mêlange d'une terre blanche, qui s'y eft incorporée , ou qui l'enveloppe, de même que les autres fables différemment colorés, ne font que des dégradations occafionnées par des terres jaunes ou rougeâtres qui les enveloppent.

On fe fert auffi du fable qui a un certain degré de fineffe pour polir les verres. Les fables les plus fins font auffi d'une très grande utilité aux Plombiers ; ils en font un lit fur lequel ils jettent leur plomb laminé.

On diftingue ordinairement trois fortes de fables ; le fable de fablonniere, le fable de riviere , & le fable de mer.

Il n'y a d'autre différence entre le fable de fablonniere & le fable de riviere , fi ce n'eft que le fable de riviere eft bien lavé, & que celui de fablonniere eft chargé de boue ; l'une & l'autre font de différentes couleurs.

Le fable de mer eft de fa nature le même que les deux autres. Mais il eft ordinairement mêlé des fragmens de coquillages brifés par les impulfions de la mer contre les bords. Il y a des endroits où l'on appelle fable de mer, un fable qui n'eft à proprement parler que ces mêmes coquillages extrêmement attenués. On l'emploie comme engrais, il eft d'une fertilité étonnante, autant par l'abondance que par la durée.

On ne peut guére employer comme engrais le fable commun que pour les glaifes ; au lieu que le fable de mer , tenant par ces coquillages de l'animal , opere comme les fubftances animales ; il faut encore ajouter la propriété du fel marin dont il eft impregné.

CHAPITRE IV.

Des ufages du gravier.

LES ufages du gravier n'appartiennent prefque point à l'utile de l'Agriculture, c'eft pourquoi nous les renvoyons à l'agréable, comme nous nous en fommes impofé la loi.

Cependant il y a une forte de gravier qui peut être employé très-avantageufement comme engrais. Il eft compofé d'éclats de pierre à fufil, mêlées d'une bonne partie d'argille marneufe. Nous prions le Lecteur de ne point perdre de vue cette obfervation ; elle eft importante : nous avons vû beaucoup de terres abandonnées dans le Gatinois, dont on ne connoît point les propriétés, & qui tiennent beaucoup de la nature de ce gravier : regle générale, dans tout gravier où l'on trouvera de l'argille, cette fubftance eft marneufe, & par conféquent contient des principes de fécondité : les éclats de pierre à fufil rompent la glaife, & donnent paffage aux fables attenués qui font toujous mêlés avec les graviers ; ces fables qui trouvent paffage par les ouvertures que font les pierres à fufil, la divifent & portent avec eux dans le terrein qu'on veut mettre en valeur la fubftance marneufe, & l'enrichiffent ; il faut ajouter encore que la glaife ainfi rompue & divifée, profite des rayons du foleil, des influences de l'air & des pluyes.

Pour donner une plus grande efficacité aux engrais, il faut vers la S. Michel répandre du fumier fur le terrein ; avec cette attention on peut s'attendre à des récoltes excellentes de froment du fol de glaife qui promet le moins.

CHAPITRE V.

Des usages de la craye

IL n'est guere de terre qui soit propre à plus d'usages que la craye, ainsi il est toujours avantageux d'en avoir dans son domaine : elle est souvent d'un grand produit : elle est rare dans certaines Provinces, & commune en d'autres. Dans celles-là, un bon lit de craye est un fond réel, & dans celles-ci, la craye a toujours quelque valeur qui mérite l'attention du Propriétaire.

Si la chaux qu'on fait de la craye n'a pas l'avantage d'être de la meilleure qualité possible, elle a du moins celui de se calciner plus aisément, & d'être par conséquent, attendu la modicité des frais, vendue à meilleur marché.

La craye comme engrais, est d'un usage connu pour en faire une consommation considérable. Nous en avons parlé dans les articles des différents sols qu'elle améliore, & nous allons en parler bien plus amplement.

Mais pour mettre le Propriétaire en état de distinguer auquel de ces deux usages généraux la craye qu'il porte est propre, nous allons examiner sa nature : en général la craye dure & pierreuse, est propre à la chaux, & la craye tendre & marneuse est propre à l'engrais, en l'employant telle que la nature nous la présente. Nous disons telle que la nature la présente, parce qu'en effet la craye la plus dure réduite en chaux, est aussi un excellent engrais.

Le blanc de chaux dont on fait tant d'usage, se fait de la craye ; car en effet, il n'est qu'une craye dure & ferme, réduite en poudre presque impalpable, qui mêlée avec l'eau, surnage, & se forme en gâteau à mesure que l'eau s'évapore. La craye est encore précieuse, relativement à la Médecine : on trouve dans les puits à craye une substance arrondie & écailleuse qu'on appelle œuf de craye. Les anciens ont observé qu'ordinairement on trouve en dedans une craye aussi fine que le blanc de chaux, & qui lui ressemble parfaitement : les naturalistes prétendent que cette substance étoit autrefois des hérissons de mer, espece de coquillage assez commun sur les côtes d'Angleterre, qu'elle s'est pétrifiée & remplie ainsi de craye fine depuis le déluge universel. C'est donc aux personnes qui s'occupent de cette étude, à décider si cette conjecture est bien ou mal fondée.

Il y a des cantons où la craye se trouve près de la superficie ou à la pente des montagnes ; de sorte qu'on n'a pour ainsi dire qu'à l'employer. En d'autres pays elle est à une profondeur considérable.

Il y a des pays en Angleterre où ils exploitent la craye à bien peu de frais, quand elle est située sur la pente des montagnes. On mine un grand espace de craye à peu de profondeur ; cette opération faite, on monte en dessus, & l'on fait une petite tranchée parallele à la partie où l'on a cessé de miner en bas. Le soir on remplit d'eau cette tranchée, & toute la partie minée se détache le lendemain : cette exploitation réussit encore mieux pour les crayes dures & pierreuses.

Il y a deux autres sortes de crayes dont on se sert dans le dessin, l'une appellée craye ou crayon rouge, & l'autre craye ou crayon noir : il est des personnes qui croient que ces crayes sont teintes ; mais c'est une erreur : elles sont des substances différentes, que l'on ne trouve que par petites couches ; elles ne sont nullement de l'espece des crayes communes.

Nous avons considéré toutes les substances qui forment les sols, ou comme propres à l'Agriculture, ou comme propres à d'autres usages. Il n'y a donc que la terre molle qui nous reste à examiner ; mais comme son usage naturel n'est rélatif que précisément à l'Agriculture, nous ne la considérerons pas sous d'autres points de vûe.

Nous passons à d'autres terres que chacun peut trouver dans son terrein, & dont il peut tirer quelqu'avantage.

CHAPITRE VI.

De la terre à Foulon.

SI nous suivions l'ordre naturel de cet ouvrage, nous parlerions de la marne, puisque la véritable terre à foulon n'est qu'une marne la plus fine. Mais comme les différentes marnes doivent beaucoup nous occuper dans la suite, nous ne parlerons ici que de la terre à foulon, pour éviter les rédites.

On sçait combien est précieuse à la Fabrique des Etoffes de laine cette terre, dont l'exportation est en Angleterre défendue sous peine de mort. Il est étonnant qu'en France on ne fasse point des recherches exactes pour en découvrir, dont les qualités approchent de celles de la terre à foulon d'Angleterre ; il est certain toutefois, que pour peu que le Gouvernement voulût aider & favoriser une entreprise si utile, on en sortiroit avec succès ; puisqu'on y voit de tant de sortes de marnes, qu'il n'est point possible qu'on n'en découvrît dont la finesse égalât celle d'Angleterre, ce qui porteroit nos draps à la perfection de ceux de cette Nation.

Mais cette terre est si rare, que relativement à l'Agriculture, on ne peut point en faire usage. La terre à foulon est la marne la plus fine, la plus douce & la plus molle ; elle se divise en très-peu de tems dans l'eau.

Quoique la terre à foulon ne soit jamais employée comme engrais, il n'est pas cependant inutile de la faire connoître au Cultivateur proprement dit : car la terre à foulon commune & sale se trouve en des endroits où l'on ne trouve point la fine & pure. Or, comment le propriétaire pourroit-il connoître la valeur de ce qu'il trouve, s'il ne sçait point distinguer ces deux sortes de terres ?

Nous avons dit que l'on pouvoit avec succès donner du gravier pour engrais à certains terreins ; il est certain qu'une semblable méthode paroît d'abord surprenante ; mais on peut en rendre raison. On observe que dans certains graviers on trouve souvent des mottes grosses quelquefois comme le poing, d'une substance grisâtre. Cette substance examinée avec attention, paroît composée d'une portion de quelque espece de glaise mêlée d'un sable tranchant & qui a la douceur du savon ; ce qui, au rapport des connoisseurs, doit la mettre dans la classe des terres à foulon.

Qu'on prenne, par exemple, une motte de cette terre, qu'on la jette dans l'eau, elle se divisera dans l'instant & formera trois sortes de sédimens. On verra au fond un sable tranchant, au dessus un sédiment délié de terre glaise jaune ou brune, & en haut une couche légere d'une substance molle & de couleur d'olive, ce qui en effet, imite exactement la dissolution de la terre à foulon jettée dans l'eau ; quelles que soient les secousses que l'on donnera pour confondre ces trois substances, elles se diviseront dans l'instant en trois couches.

Or il n'est pas douteux que le sédiment qui surnage & qui ressemble entierement à la terre à foulon mouillée, n'en soit. En effet on voit que cette observation peut être d'une très-grande utilité, ou relativement à l'Agriculture, ou à d'autres usages.

Nous pousserons donc plus avant nos observations, pour guider le plus parfaitement qu'il nous sera possible dans la recherche de cette matiere qui est précieuse.

En premier lieu, on doit prendre pour regle certaine, que partout où l'on trouvera de la terre à foulon sale & mêlée sur la surface, il arrive souvent qu'on en trouve de la fine en creusant.

En second lieu, partout où il y a des couches d'une substance pure à une certaine profondeur, elle est sale & mêlée vers la surface ; c'est ainsi en effet que nous voyons les sols glaiseux n'être au - dessous de la superficie à une certaine profondeur que de la glaise pure ; il en est de même de tous les autres sols. Ainsi lorsqu'on voit de la terre à foulon mêlée à la surface sur un lit de gravier, on peut avec raison conclure que cette même substance doit être pure à une certaine profondeur.

Il y a encore un autre signe qui indique au propriétaire le cas dans lequel il peut faire sa recherche, afin de ne le pas exposer à des dépenses qui frustreroient ses espérances ; qu'il observe bien si ces veines de terre à foulon plongent perpendiculairement dans un lit de gravier ; si cela arrive, nous lui conseillons de risquer quelque dépense pour aller jusqu'à l'extrémité de la veine ; & c'est ici le cas d'imiter les mineurs qui suivent à travers les rochers la veine qui n'est d'abord que comme un fil, jusqu'à ce qu'ils arrivent au lieu où elle s'élargit & forme une couche considérable.

La terre à foulon est un trésor qui devroit exciter toutes les attentions du propriétaire ; aussi un ancien Auteur assure-t-il, que l'on devroit de tems en tems suivre la charrue & la bêche pour examiner par soi-même les différentes substances que l'on retourne, & dont le paysan ne connoît pas le prix. La nature se plaît à nous donner des indices pour animer notre industrie ; c'est à nous à les suivre. Peut-être trouvera-t-on surprenant que nous nous soyons arrêtés si longtems sur un point qui n'est pas intimément lié à l'Agriculture proprement dite. Mais si l'on a fait attention aux engagemens que nous avons pris, on nous sçaura quelque gré de nous voir entierement occupés à donner des moyens aux possesseurs des Domaines de tirer toute l'utilité possible de leur terrein, & d'être utiles à l'Etat.

CHAPITRE

CHAPITRE VII.

De l'Ochre.

L'Ochre eſt une terre dont on ſe ſert dans la **Peinture** & autres Arts : il y en a de différentes ſortes ; les deux principales ſont la jaune & la rouge ; la jaune devient rouge en la brûlant , au lieu que la rouge a par ſa nature cette couleur.

Outre ces deux ſortes qui ſe ſoudiviſent encore , il y en a deux autres dont les Gantiers ſe ſervent dans quelques Provinces de l'Angleterre , & qui ne ſont point auſſi connues qu'elles méritent de l'être.

On en trouve dans quelques endroits de couleur pourpre & de couleur cendrée ; on peut même en ajouter une cinquiéme ſorte, qui eſt couleur de paille foncée ; on s'en ſert dans la préparation des peaux dont on fait les culottes, & des buffles pour les ceinturons.

Qu'on ne penſe pas toutefois , d'après ce que nous venons de dire, que toute terre colorée eſt une ochre. Bien-loin de là , l'ochre eſt une terre abſolument différente de toutes les autres ; il eſt vrai qu'il y a des ochres glaiſeuſes ; mais qui ſont peu eſtimées. La véritable eſt par ſa nature légere , friable , poudreuſe & extrêmement fine entre les doigts.

L'ochre jaune eſt la plus commune , c'eſt-à-dire , celle qu'on trouve plus abondamment. L'Angleterre en fournit beaucoup à toute l'Europe , qu'elle tire des montagnes de Shotover près d'Oxford.

On la trouve ordinairement ſous des ſols de glaiſe & de ſable ; elle y eſt répandue par petits monceaux ; de ſorte que quand on les apperçoit dans l'un ou l'autre de ces deux terreins , & qu'ils ſont d'une aſſez bonne qualité , nous conſeillons de riſquer quelque dépenſe pour fouiller plus avant , bien aſſurés que nous ſommes , qu'on ſera dédommagé.

Dans ces endroits on trouve de deux ſortes d'ochres , l'une pierreuſe & l'autre glaiſeuſe ; la premiere n'a beſoin d'aucune préparation pour être employée , étant naturellement pure & fine ; la ſeconde eſt ſale & colorée irrégulierement ; on la trempe dans l'eau pour en ſéparer le ſable, & l'on en forme des gâteaux.

Quelquefois auſſi on en trouve dans le gravier. Il y a une ochre grife ou cendrée ; la pourpreufe eft la plus rare ; les feuls Gantiers s'en fervent : il eft étonnant que les Peintres n'en faffent point ufage : elle tient beaucoup du rouge de Perfe, & s'incorpore parfaitement avec l'huile.

CHAPITRE VIII.

De la Tourbe.

LA Tourbe eft un compofé fingulier de différentes fubftances ; il eft étonnant que dans les pays même où l'on n'a point d'autre chauffage, on n'en connoiffe généralement que le nom, & que l'on en ignore abfolument la nature.

La dureté de la tourbe après qu'elle s'eft égoutée, fait tomber dans l'erreur beaucoup de gens peu accoutumés à en voir.

La tourbe ou pour mieux parler la terre à tourbe (car il faut diftinguer la fuperficie de la fubftance qu'elle couvre,) eft un compofé de matiere bitumineufe, & de différentes plantes, qui après qu'elle eft deffechée, lui donnent cette combuftilité qui la rend fi propre au chauffage au défaut du bois.

Il y a deux fortes de tourbes ; l'une que l'on trouve aux fommets, aux côtés, ou aux fonds des montagnes ; l'autre dans des fonds fitués horizontalement ; ces deux fortes différent auffi en couleur : celle des montagnes eft pâle, fpongieufe, légere & d'une confiftance molaffe ; celle des marais au contraire eft ferrée & compacte, & d'un brun noir foncé, qui tend vers le noirâtre.

Les pays marécageux font ceux où la tourbe fe trouve le plus ordinairement. Partout où l'on y fait des foffés pour clorre les pâturages ou des terres femées, pour peu que l'on faffe la tranchée profonde, on peut trouver de la tourbe, & l'on fe dédommage avec ufure des frais de clôture : cet objet fi négligé en France, & qui cependant ne mérita jamais plus d'attention de la part des Particuliers & du Gouvernement, exige que nous nous y arrétions. Le luxe qui a fait des progrès fi rapides & fi dangereux, épuife le bois par la multiplicité des feux qu'on fait dans les maifons. Il y a même tout lieu de craindre qu'il ne manque tout à fait ; pourquoi néglige-t-on la feule reffource que la nature nous offre, & dont deux Nations ont la fageffe de profiter ? qu'on ne dife point que la tourbe ne fe trouveroit pas facilement : point de Royaume, qui par sa situation soit plus propre à toutes les productions que la France. Il est certain que si l'on vouloit faire une nécessité au peuple de se servir de tourbe au lieu de bois, on en trouveroit pour peu qu'on y portât ses attentions, des veines suffisantes pour remplacer le bois qui se consomme à grand prix, & dont l'entiere disette depuis si long-tems annoncée, est beaucoup plus prochaine qu'on ne pense. On objecte que l'odeur en est incommode, l'habitude leve cette difficulté ; mais est-elle mal-saine ? c'est ce que l'expérience dément. Les Anglois, les Hollandois, tous les Habitans du Brabant en sont-ils incommodés, sont-ils plus valétudinaires que nous ? D'ailleurs, seroit-il donc absolument impossible de lui donner une préparation qui lui ôte cette odeur ? La véritable terre à tourbe est une substance légere, spongieuse, tenace, de couleur noirâtre ; elle est coupée de filamens des racines de plantes, de feuilles flétries & de roseaux, & autres parties d'autres plantes ; ces matieres végétales entrent principalement dans sa composition.

On trouve la tourbe à peu de profondeur, mais jamais sur la surface comme quelques personnes l'ont pensé.

Elle n'est jamais immédiatement sous le gazon, mais à une certaine distance du sol qui est une terre noire marécageuse, ou terre pure de marais ; celle-ci ressemble naturellement si peu à la tourbe, que lorsqu'on les leve ensemble, & que l'on les expose au soleil pour les faire sécher, elle s'en détache.

La tourbe se coupe aisément pendant qu'elle est encore sous le sol, on lui donne la forme que l'on veut : elle durcit en séchant ; il est même difficile de la casser : on observe que la partie bitumineuse qui est entre les tiges & les fragmens des feuilles des plantes est très-dure ; dans la partie où l'on a cassé la tourbe, elle est lisse & luisante comme de la poix.

Plus la tourbe est noire, plus elle a de qualité ; aussi doit-on préférer celle des marais à celle des montagnes : il arrive quelquefois qu'il entre de la terre glaise ou quelque autre dans sa composition, ce qui lui ôte presque tout son prix.

La tourbe par sa nature est directement contraire à l'engrais ; plus elle est près du sol, moins il est propre à quelque production, l'on en excepte le jonc : c'est pourquoi il faut bien prendre garde quand on laboure le sol qui la couvre, de trop plonger la charrue ou la bêche de peur de faire remonter la tourbe qui anéantiroit tout l'effet du labour, car il est confirmé par l'expérience qu'elle rend le sol stérile.

Voici les signes qui indiquent la tourbe. Un sol mol & spongieux peu ferme & comme tremblant quand on marche dessus, avec une bonne terre molle & noire au-dessous du gazon, annonce la tourbe. Il peut cependant arriver que toutes ces circonstances réunies trompent, mais fort rarement : la tourbe est ordinairement d'un pied jusques à quatre, & même cinq de profondeur au-dessous du gazon. La couche est souvent d'une épaisseur considérable ; plus on la coupe près de la glaise qui lui sert de lit, plus son odeur est forte.

Les mois d'Avril & de Mai sont la saison la plus propre à la coupe de la tourbe. On observe d'abord dans les terreins à tourbe un gazon lourd & épais qui s'enfonce sous les pieds ; ensuite l'on trouve un sol humide de terre noire d'un pied, ou plus de profondeur ; ensuite vient la tourbe qui couvre ordinairement un lit de glaise.

C'est sans doute par cette raison que la tourbe conserve son humidité. Le sol léger & noir qui la couvre, donne passage à l'eau qui pénétre aisément jusques à la tourbe, & la glaise qui est au-dessous la retient. Par-là la tourbe se gonfle, devient spongieuse & éleve le sol, ce qui le fait céder facilement, lorsqu'on marche dessus.

L'herbe qui vient sur les terreins à tourbe est mauvaise & dure. Mais si la couche a quatre à cinq pieds d'épaisseur, il faut bien se donner de garde de la couper au-delà de deux pieds, la partie inférieure de la couche étant ordinairement trop abreuvée d'eau, ce qui la rend très-difficile au feu, & lui donne l'odeur forte dont nous venons de parler.

Il y a cependant des endroits, où au lieu d'un lit de glaise, on en trouve un de sable ; mais l'expérience prouve que cette tourbe a moins de qualité.

Nous avons dit que la tourbe est contraire à la fertilité des terres. Rien de plus certain ; mais en revanche ses cendres font un engrais précieux : il ne faut pas cependant croire que la tourbe ne se trouve précisément que sur les montagnes & dans les pays marécageux : on observe qu'il y a des prés qui ne sont voisins ni des montagnes, ni des marais, qui donnent une tourbe excellente : ainsi la recherche en est toujours avantageuse pour tout Propriétaire qui soupçonne en avoir dans son domaine : comme cette recherche n'est pas bien dispendieuse, puisque la tourbe n'est ordinairement qu'à un pied ou un pied & demi de profondeur, nous la conseillons même dans les pays où l'on abonde en bois ; quand ce ne seroit que pour en faire du brulis dont on engraisseroit les terres.

Il est des personnes qui pensent que la tourbe vegete, & qu'à mesure qu'on en tire de la *Tourbiere*, elle se réproduit ; c'est une erreur : l'expérience prouve que la nature refuse cet avantage. Quelques personnes pour s'en convaincre ont fait jetter dans la fosse de tourbe qu'on vuide, les gazons & la terre molle d'une fosse qu'on ouvre à côté, comptant que cette méthode favoriseroit & assureroit même la reproduction de la tourbe ; leurs espérances ont été trompées : ainsi, vérité incontestable : tout lit de tourbe une fois épuisé ne se renouvelle jamais.

Rien de plus aisé que la préparation de la tourbe pour la rendre propre à être employée. On la coupe par parties qui ont la forme de grandes briques, on les met à terre séparément pour les faire égouter & sécher. On les retourne deux ou trois fois, & après qu'elle est un peu durcie, on les met en pile, mais on a l'attention de laisser des intervalles, pour que l'air puisse y pénétrer & achever de la sécher.

CHAPITRE IX.

MÉMOIRE envoyé de Bordeaux, & signé M. P.

Sur l'encouragement de l'Agriculture.

MONSIEUR,

EN lisant le premier Livre du Corps d'Agriculture que vous avez eu la complaisance de me communiquer, j'ai vu avec plaisir cet esprit patriotique qui caractérise le sujet fidele & zelé qui s'occupe toujours du bien public ; les moyens que vous y donnez pour encourager l'Agriculture, & sur lesquels vous avez sans doute craint de vous appésantir, m'ont paru simples & solides. Croiriez-vous que j'ai osé étendre vos idées, bien persuadé que vous ne refuseriez pas de placer dans votre ouvrage des réflexions qui sont le fruit de quelques recherches que j'ai faites avec soin ? C'est un croquis que je vous envoi, mais qui est suffisant pour éclairer le Ministere sur des abus que sans doute il ignore : je présente aussi un Tableau de votre loterie, pour faire voir tout le résultat qu'on pourroit en obtenir en faveur de l'Agriculture.

Les conquêtes que vous faites dans les états qui ne doivent leur naiſſance qu'à des branches du luxe, & qu'en terme de l'Art, on peut appeller *gourmandes*, m'ont fait d'abord un vrai plaiſir ; mais voyant qu'elles n'étoient pas réelles, j'ai gémi comme vous ſur les vols que les Arts frivoles ont fait à l'Agriculture. Permettez-moi de vous dire que vous préſumez trop de votre zele, lorſque vous aſſurez que ſi vous étiez armé de l'autorité du Miniſtere, vous convertiriez au profit de l'Agriculture toutes ces femmes qui, ſéduites pour la plûpart dans les Provinces, vont cacher leur honte à Paris, & deviennent libertines par néceſſité. L'habitude au vice eſt indeſtructible, parce qu'elle a pour principe la pareſſe. Mais au reſte, en ſuppoſant que votre miſſion ne fût pas heureuſe, nous aurions toujours dans nos campagnes un fond de femmes ſuffiſant pour remplir le vuide que l'inutilité de vos ſoins laiſſeroit. Vos braves héros ſeroient pourvus & ſe perpétueroient avec plus de confiance dans les bras d'une pudeur qui, quoique agreſte n'en ſeroit que plus eſtimable pour eux.

Après avoir examiné l'idée de votre loterie, j'en ai ſenti toute l'utilité. Le Laboureur actif, aſſuré d'avoir des fonds à trois pour cent, entreprendroit avec chaleur des défrichemens dont il réſulteroit pour lui un profit réel & des avantages conſidérables pour la cauſe commune. Mais je voudrois que pour piquer l'avarice des Actionnaires, les frais de cette loterie n'influaſſent ni ſur le nombre ni ſur la qualité des lots. Pour remplir cet objet vraiment important, Meſſieurs les Intendans, & par leur ordre leurs Subdélégués feroient choix de perſonnes de probité, & Propriétaires d'un certain fonds, pour la diſtribution gratuite des billets.

Voici comment je crois que l'on pourroit exécuter ce projet. Chaque Ville principale nommeroit un Receveur qui diſtribueroit ou feroit diſtribuer les billets par des Commis affidés, que l'on exempteroit du logement de gens de guerre, & à qui l'on accorderoit d'autres Priviléges ; cette nomination ſeroit dévolue aux Echevins, Capitouls, Jurats ou Conſuls : toutes les recettes ſeroient verſées dans la caiſſe des Hôtels de Ville. On obſerveroit le même ordre pour les Villes de la ſeconde & troiſiéme claſſe. Pour les petits Villages, Hameaux & Paroiſſes de la campagne Meſſieurs les Curés ſeroient invités à ſe prêter à des vûes ſi utiles en ſe chargeant de la diſtribution ; & comme je voudrois que tout le monde concourût à ce grand bien, il faudroit faire des ſociétés d'un billet que l'on diviſeroit en vingt parties, de ſorte que pour trois ſols on ourroits'y intéreſſer.

J'ai calculé & j'ai vu qu'il ne feroit pas impoffible d'acquérir par ce moyen cinq cents mille Actionnaires, ou ce qui eft la même chofe pour votre objet, la diftribution de cinq cents mille billets ; parce qu'il eft bien vraifemblable que les perfonnes aifées en prendroient plus d'un, & rempliroient le vuide qui pourroit fe trouver par le défaut des Actionnaires.

Or, cette loterie verferoit dans la caiffe une fomme qui groffiffant par la continuation de fon produit périodique, & par le trois pour cent, fourniroit à tous les frais que l'on feroit obligé de faire pour l'encouragement de l'Agriculture.

Pour éviter, ce qui malheureufement n'arrive que trop, que l'argent des Provinces provenant de la loterie, n'allât s'abîmer dans la Capitale, il faudroit que chaque Capitale de Province fît fon tirage particulier de la perception qu'elle auroit faite. Il eft certain que par cette voie, les Provinces feroient plus encouragées aux progrès de la loterie; il en réfulteroit même une certaine concurrence qui deviendroit très-avantageufe à la caiffe.

En fuppofant donc que dans tout le Royaume on parvînt à diftribuer cinq cents mille billets, qui par mois rendroient 1500000 l. & par conféquent dans les douze tirages qui fe feroient par chaque année. . . . . 18000000 l.

J'aurois par le produit du 12 pour 100 au profit de l'Agriculture, clair & net de tous frais ; puifque par le moyen de regie établie, il n'y en auroit point. 216000 l.

Je fuppofe que pour établir d'abord un fond plus confidérable, on ne fît pendant cinq années d'autre emploi du produit annuel de la loterie que dele prêter à 3 pour 100. Je trouverois dans la caiffe la fomme de 21600000 l. de capital auquel j'ajouterois le produit de chaque année du 3 pour 100 qui fourniroit à une partie des dépenfes ; les emprunts que l'on feroit à la caiffe feroient privilégiés & par corps.

Je trouve le moyen d'ajouter à la fomme des hommes que vous voulez acquérir pour l'Agriculture. Je voudrois qu'au lieu de deftiner les enfans trouvés à des maîtrifes, on en donnât à des Fermiers & aux Laboureurs : cette innovation produiroit un grand bien, & remédieroit à un grand mal : j'ai obfervé, Monfieur, que les ouvriers qui n'ont pas les facultés pour acquérir la maîtrife, prennent ces enfans, & que par l'apprentiffage qu'ils leur donnent ils y parviennent ; cet ufage eft fujet à beaucoup d'inconvéniens : comme ces enfans fe fentent appuyés par la direction de l'Hôpital, ils

portent des plaintes fréquentes, & qui presque toujours sont écou-
tées : l'ouvrier qui nécessairement doit pour en faire de bons sujets,
les tenir dans la dépendance & la subordination, se trouve lui-
même dépendant ; puisqu'il est toujours dans les allarmes, craignant que son éleve ne se plaigne de lui, & ne lui ôte par là tout espoir de parvenir à la Maîtrise. Or, des enfans qui ne sont point
contenus, deviennent souvent de fort mauvais sujets, soit relativement à l'Art, soit relativement aux mœurs ; deux objets importants
que le gouvernement ne doit point perdre de vûe. D'ailleurs, cette
voie ouverte pour parvenir à la maîtrise sans payer les droits augmente encore les désertions de l'Agriculture. Il seroit donc bien
plus avantageux de faire sortir ces enfans de Paris, où la plus grande partie se perd, & de les répandre dans les campagnes, où
ils deviendroient des Citoyens d'autant plus utiles, qu'ils auroient des mœurs & l'habitude du travail.

On ne sçauroit croire combien les Hôpitaux destinés à la conser-
vation de ces innocentes victimes de la crainte ou de la honte fourniroient de sujets à l'Agriculture ; sur-tout si les Hôpitaux des Provinces se modeloient sur celui de la Capitale, où l'on reçoit ouver-
tement & sans enquête tous les enfans qu'on y présente. En Province au contraire, on procéde criminellement contre les personnes que l'on surprend les mettant dans la boëte ; ce qui fait que
très-souvent le vice est suivi du crime. Les exemples en sont très-
fréquents : vous ne sçauriez vous imaginer le nombre d'enfants que
l'on trouve morts dans les bleds qui sont aux environs de la Ville
de Bordeaux. Combien en trouve-t-on d'exposés à la porte des Cou-
vens, soit de Religieuses, soit de Religieux, ce qui donne lieu à des
anecdotes scandaleuses qui retombent toujours sur la Religion.

Je crois, Monsieur, que vous avez dû vous appercevoir qu'il
n'est rien qui révolte plus le Cultivateur que les corvées. Elles sont
multipliées à l'infini. D'abord les corvées pour les chemins : L'Ami
des Hommes, ce tendre Défenseur de l'humanité, en a dépeint
tout l'odieux, avec les couleurs les plus vives : il a même donné
les moyens d'y remédier. La paix qui tient notre soldat dans une
inaction dangereuse à tous égards, devroit interdire à Messieurs les
Intendans cet usage qui sert de voile aux vexations les plus cruel-
les : on devroit les y employer. Ensuite viennent les corvées de
droit qui appartiennent aux Seigneurs ; droit qui fait honte à
l'humanité, & qu'une Religion qui, comme la Religion chré-
tienne, ne porte que sur la charité, ne peut voir qu'avec horreur.

reur. Mais enfin, puisqu'il est des hommes qui ont la foiblesse de tirer leur grandeur de l'avilissement de leurs égaux , plions-nous à un préjugé qui fait gémir, & qui malheureusement est invincible ; il y a une troisiéme espece de corvée qui appartient au Roi & à l'Etat ; au Roi en ce qu'il est le Défenseur de la Glebe ; à l'Etat, parce qu'il est lui-même intéressé à sa propre défense, & que ces deux intérêts que j'ai séparés pour un instant de raison, n'en font qu'un.

Lorsque nos troupes sont obligées de se mettre en campagne, chaque Village est obligé de fournir des chevaux ou des bœufs, des chariots & des hommes pour conduire ces équipages : dans toutes les mutations de garnison, même embarras & même servitude, qui sont d'autant plus préjudiciables au Cultivateur, que cela arrive très-souvent dans un tems qui lui est précieux. Je sçais que le Roi paye ; mais il lui sera toujours difficile , pour ne pas dire impossible , de dédommager le Cultivateur du tems, de la fatigue de ces bestiaux , de l'usure des chariots, & des pertes auxquelles les charrois l'exposent, principalement dans la saison de la récolte ou des semailles, où il faut saisir des momens qui une fois perdus , ne peuvent plus se retrouver.

J'imagine , Monsieur, qu'on pourroit, avec peu de dépense, remédier à cet inconvénient. Puisque le Roi paye sur la Taille ces divers charrois, que les sommes de ces divers payemens forment un total considérable, qui pris distributivement pour chaque Cultivateur employé, ne lui rend point la vingtiéme, ni peut-être la cinquantiéme partie de la somme des risques qu'il court ; je voudrois que le Gouvernement adoptât, sauf à en corriger le défectueux, le plan que je vais lui présenter.

Les Villages sur les grandes routes, ou simplement les Fermes si vous voulez, auroient de quatre en quatre lieues, j'entends parler de (lieues de France) quatre chevaux de charrue bien constitués & bien choisis ; le Roi les payeroit. Le laboureur s'en serviroit pour le labourage, & seroit obligé de les bien entretenir. Lorsque les troupes marcheroient , il seroit obligé de les fournir pour les quatre lieues ; là ces animaux seroient relayés par les autres, & ainsi de suite jusqu'aux lieux de la destinée des troupes ; mais comme cette dépense pourroit d'abord allarmer le Gouvernement , je voudrois que l'on examinât à combien monte la somme qu'il en coûte au Roi pour les charrois nécessaires à cent mille hommes qu'on met en campagne ; ainsi cette somme bien connue, on en feroit la répartition la plus juste sur toute la glebe. Tous les Sujets, propriétaires de fonds, rentiers, ou qui vivent de leur induſtrie, ſeroient employés dans cet état; & le produit de cette levée qui ſe feroit pendant ſix ans ſeulement, fourniroit au Roi des fonds ſuffiſants pour l'achat des chevaux; mais comme ces animaux n'ont qu'un certain tems de ſervice, & qu'il faudroit les renouveller au moins de douze en douze ans, alors je crois que le Fermier, ayant joui pendant ce long intervalle de tems du produit de leur travail, entreroit ſans murmurer pour la moitié dans l'achat des nouveaux chevaux, d'autant plus que le Roi lui abandonneroit l'argent qu'il retireroit des réformés. Mais comme une grande partie de la culture ſe fait dans pluſieurs cantons du Royaume avec des bœufs, le Roi ſe trouveroit déchargé du ſecond achat, parce que cet animal rend un profit conſidérable après ſon tems de ſervice. Il ſeroit en effet ſingulier, que le laboureur demandât au Roi un dédommagement pour un avantage réel qu'il lui auroit produit; puiſqu'il eſt vrai de dire, que des bœufs que l'on aura achetés jeunes, & qui n'auront coûté que vingt piſtoles, ſe vendront après le tems de ſervice écoulé depuis trois cens juſqu'à quatre, & même cinq cent livres, ſuivant les pays. Le laboureur ſeroit donc obligé de renouveller ces animaux; on auroit, il eſt vrai, à m'objecter la mortalité. Je réponds qu'il y a des hazards qui ſont inſéparables de toutes les entrepriſes : car enfin un propriétaire ou un Fermier n'a qu'à s'arrêter à cette conſidération, la terre ſe trouvera inculte par le manque des beſtiaux.

On m'objectera ſans doute, que le laboureur peu intéreſſé à la conſervation de ces animaux, épargneroit les autres chevaux de la Ferme & forceroit ceux-ci par le travail. Mais je réponds que les mêmes Inſpecteurs établis pour l'inſpection des terres, ſeroient auſſi chargés de cette fonction, & que ſur leur rapport le laboureur ſeroit puni, s'il ſe comportoit d'une façon oppoſée aux vûes du Gouvernement.

Dans toutes les Fermes où on auroit mis des chevaux pour le Roi, il y auroit auſſi un chariot à demeure : il ſeroit à couvert & enchaîné avec un cadenas, afin qu'il ne fût qu'au ſervice des troupes : les Subdélégués en auroient les clefs & ſeroient tenus de les faire entretenir. Je me rappelle, Monſieur, qu'un Controlleur Général avoit goûté ce plan, & qu'il y avoit vû toute l'utilité poſſible.

Voilà, Monſieur, toute l'extenſion que j'ai pris la liberté de donner aux moyens que vous avez propoſés pour l'encouragement de l'Agriculture, je ferois au comble de mes vœux si le Gouvernement y trouvoit des raisons de se déterminer à la traiter plus favorablement qu'on n'a fait jusqu'à ce jour. J'ajouterai, si vous voulez bien le permettre, quelques observations que j'ai eu occasion de faire, soit à Paris, soit dans les Provinces sur la population dont les intérêts sont si intimement liés aux intérêts de l'Agriculture.

Je vais plaider la cause des enfans, que l'on abandonne cruellement à l'aveugle vigilance de gens qui par état n'ont aucune connoissance relative à cette partie du Ministere ; quoique la plus intéressante, & pour le Gouvernement en général, & pour chaque membre en particulier, elle n'est cependant point suivie avec la grande & tendre attention qu'elle exige ; ce qui fait un ravage étonnant, quoique sourd, dans la population, & dévaste par conséquent l'Agriculture.

Depuis que les femmes ont introduit l'usage odieux & sans doute préjudiciable à leur santé, de ne pas allaiter leurs enfants, cette cruauté a pris faveur jusqu'aux recoins les plus obscurs du Royaume. Je dis que cet usage est odieux, parce que la nature ayant choisi les voyes les plus certaines pour la multiplication des especes, & qu'ayant dans cette vûe préferé la méthode, qui veut que chaque femelle nourrisse ses petits, il est certain qu'un lait étranger se trouve très-rarement analogue au tempérament du nouvel individu. Je dis aussi que cet usage est opposé à la santé des femmes. Si l'on se donne la peine de remonter aux principes du méchanisme du corps humain, il ne sera point difficile de s'en convaincre. Le lait destiné à se consommer en tout ou en partie pour la nourriture de l'enfant, ne trouvant point ouvertes les voyes que la nature lui a destinées, refoule dans le sang, l'aigrit & le corrompt. De-là, les suites si fâcheuses des couches, principalement dans les pays où un air épais, humide & froid suspend l'activité de la transpiration, & où par conséquent le lait ne trouvant plus de voye ouverte pour s'échapper, devient entiérement héterogène à la masse générale des liqueurs.

J'ajouterai une autre observation intéressante pour les parens qui ont des entrailles. Je dis qu'un enfant allaité par une femme étrangere, ne doit qu'une partie de son existence à sa mere, & que la nourrice, quoique forcée par la nécessité à donner son sang à un inconnu, jouit très-souvent d'une partie de la tendresse de son nourrisson au préjudice de celle qui lui a donné le jour. Je passe sous silence d'autres inconvéniens, dont les suites ne sont pas moins dangéreuses. Mais ce n'est point ici le lieu d'entreprendre la destruction d'un abus , introduit par la pareffe , ou par l'efprit de coquetterie , ou peut-être par les appas d'une volupté outrée, dont par bienféance je ne dépeindrai point la faleté.

Mais puifque l'abus a prévalu contre tout le pouvoir de l'humanité , je demande pourquoi on n'a pas au moins la charitable précaution d'établir une commiffion de médecine ou de chirurgie , dont le miniftere feroit d'examiner , fuivant toutes les regles de l'Art , les nourrices inconnues , qui vont avec un fimple certificat de leur Curé fe préfenter dans les grandes Villes , pour emporter des enfans , qui font autant de victimes de leur cupidité , ou de leur négligence , ou quelquefois même de leur débauche.

Cette importante fonction eft cependant confiée à des gens qui par eux-mêmes n'ont aucun droit de vifite , & qui quand même ils l'auroient , n'ont aucune connoiffance acquife fur cette matiere ; Juges ineptes ils décident fur les torts que les parens ou les nourrices peuvent avoir. De bonne foi font-ils compétents ? Et comment peut-on confier à des gens femblables cette portion innocente & foible de l'humanité , qui doit être un jour la bafe de la confervation & de la puiffance de l'Etat ?

Quoi , le Gouvernement attentif à la fûreté des Sujets , fait des Loix , commet des Tribunaux pour la confervation de leur vie & de leurs biens ; & ces innocentes créatures , impuiffantes par la foibleffe de leur âge , & incapables de fe procurer le plus petit fecours , font livrées à l'ineptie , & quelquefois même à la cupidité d'un homme fans principes ! Dans les Provinces le mal eft encore plus grand ; puifque ces enfans n'ont pas même ce foible fecours contre la négligence de leurs nourrices.

Seroit-ce expofer le Gouvernement à une dépenfe déplacée , que vouloir qu'il établît dans les Capitales des Provinces une commiffion de médecine & de chirurgie , & qu'aucune nourrice ne pût , fous peine de punition , fe charger de la nourriture d'un enfant fans une permiffion expreffe de la commiffion , qui fans doute ne la donneroit qu'après un examen fcrupuleux de la qualité du lait , de la conftitution , en un mot , de toutes les marques extérieures d'une bonne fanté.

Ma tendreffe ne fe borne point à cette précaution , je crois qu'il conviendroit de créer un ou deux Infpecteurs par Intendance : ils n'auroient d'autre fonction à remplir que de vifiter les enfans , & de faire le rapport du lieu , de la falubrité ou de l'intemperie de l'air qu'on y refpire , de la vigilance ou négligence des nourrices , de l'état enfin de la santé des nourriſſons ; les parens en ſeroient inſtruits par le Bureau de la Commiſſion, afin qu'ils retiraſſent leurs enfans, & qu'en leur donnant tous les ſoins qu'une paternité agiſſante pourroit leur inſpirer, ils ſe conſervaſſent ce précieux gage de la tendreſſe conjugale, & à l'Etat un tréſor qui eſt la baſe de ſa conſervation & de ſa puiſſance.

Mes réflexions, Monſieur, portent ſur des remarques ſuivies : j'ai, afin qu'elles ne tinſſent pas de la conjecture, ſacrifié deux années à ma curioſité. J'ai trouvé dans la Brie & la Picardie, que j'ai viſitées avec ſoin, comme étant les deux pays où Paris envoye le plus de nourriſſons de quoi me convaincre ; j'ai obſervé que pendant ce tems il y en eſt mort un tiers & un huitiéme. Ainſi, en ſuivant de près cette remarque, on verra que ſur vingt-deux mille enfans, qui année courante, ſortent de Paris, il n'y en rentre guéres que douze mille. Voilà le dépériſſement qui m'a frappé, & qui aſſurément méritoit toute l'attention de *l'Ami des Hommes*, dont la tendre vigilance pour les intérêts de l'humanité n'a cependant point fait mention.

Quoique vous veniez de voir la ſomme de la population de Paris diminuée conſidérablement, non comme on le penſe, par la maladie épidémique, appellée petite vérole ; mais par l'inattention & le peu de tendreſſe qu'on a ordinairement pour un ſang étranger ; un autre abus non moins puniſſable & moins digne des ſollicitudes du Gouvernement, lui porte un coup auſſi funeſte.

La plûpart des enfans du peuple ſont retirés par économie, & plus encore par néceſſité, dans le courant de l'année. Les parens n'ont d'autre aliment à donner à ces enfans que l'on ſevre, que la bouillie. Si l'on prenoit bien garde aux dévaſtations qu'elle cauſe dans ces petits tempéramens par la mauvaiſe qualité que l'avarice des Laitieres donne au lait, on trouveroit d'abord le principe de l'état de langueur & de dépériſſement dans lequel nous voyons ces pauvres enfans.

J'ai été ſouvent témoin du mélange mortel que ces femmes ſont pour augmenter la quantité de lait qu'elles vendent à Paris ; croiriez-vous qu'elles y mettent de la farine & du plâtre pour donner de la conſiſtance & de la couleur à la grande quantité d'eau qu'elles mêlent avec le lait ? Or, pour peu qu'on ſoit inſtruit de la ſtructure de l'eſtomac & des propriétés des terres gipſeuſes, on voit le ravage que ce mélange doit faire dans un individu dont les organes ſont ſi minces, ſi flexibles, & par conſéquent ſi ſuſceptibles de la moindre impreſſion. Pourquoi ces enfans périſſent-ils malgré tout le ſçavoir de la médecine & de la chirurgie ? Ce ne peut être, ſans doute, que parce quon n'a point remonté à cette cauſe. Ce que je dis ici pour les enfans peut fort bien regarder auſſi les adultes; une nourriture ſemblable doit néceſſairement altérer le tempérament le mieux conſtitué. Il ſeroit donc également utile de créer des Inſpecteurs intelligens pour cette partie : lorſqu'ils ſurprendroient les laitieres en flagrant délit, ils en feroient le rapport à la Commiſſion de Médecine, & celle-ci au Lieutenant de Police, qui infligeroit les peines convenables.

Quant aux mandians que vous pouſſez de retranchement en retranchement, & que vous forcez à la fin, j'eſtime, Monſieur, que cette acquiſition ne ſeroit pas bien avantageuſe pour vos Soldats, qui accoutumés à une diſcipline ſévere, ſeroient peut-être obligés de traiter trop durement ces malheureux. Je conviens que ſur le grand nombre, qui eſt, à la honte de la France, répandu dans le Royaume, on en trouveroit quelqu'un qui entreroit de bonne foi dans vos vûes en travaillant ; mais ceux qui réſiſteroient devroient, ſuivant moi, être renvoyés à leurs Paroiſſes reſpectives pour y être entretenus aux dépens des Communautés, ſauf à elles de les occuper & de tirer parti de leur travail pour ſe dédommager. L'Angleterre, la Hollande, en un mot preſque tous les Etats voiſins déchargent la Société de ce fardeau, & font valoir avec quelqu'avantage les occupations qu'ils ont l'attention de diſtribuer à chacun de ces pauvres relativement à leur dextérité & capacité. Par ce moyen, on ne verroit plus dans les grandes Villes ce peuple de mandians dans une nudité ou ſcandaleuſe, ou révoltante par des maladies feintes ou vraies, & les femmes enceintes ne ſeroient plus expoſées à des inconvéniens fâcheux.

La guerre que vous faites aux Orfévres que vous nommez *Fauſſetiers*, & qui font des Metteurs en œuvre, feroit trop de ravage ; il en eſt beaucoup dans le nombre qui ſont mariés ; ce ſeroit ſe rendre comptable du déſeſpoir où jetteroit tant de familles une innovation ſi inattendue. Mais je trouve un moyen de tirer trois grands biens pour la ſocieté de ce peuple d'inconnus, qui vivent ſans Loi dans leur profeſſion, & qui, comme vous le remarquez, nous diſcréditent par leur mauvaiſe foi dans les pays étrangers. Le premier, c'eſt de les faire connoître & de les mettre en communauté; par-là on regle leur capitation. Voilà donc un fond de plus pour le Roi. Le ſecond eſt en faveur de l'Agriculture ; les Maîtriſes

qu'on créeroit feroient payées fix cens francs, le produit en feroit
verfé dans la caiffe d'Agriculture ; mais comme ces Ouvriers vivent,
pour la plûpart, du jour à la journée, & qu'ils pourroient bien
n'être point en état d'acquérir la Maîtrife, il faudroit leur en faciliter
le moyen, en leur donnant deux années pour le parfait payement
de ladite fomme de fix cens francs que l'on diviferoit en huit payemens. Le troifiéme enfin feroit revivre avec honneur cette branche
deshonorée de notre commerce ; puifque le plus petit bijou où on
auroit employé de l'or ou de l'argent, feroit empreint après l'effai,
d'une marque qui forceroit ces gens à la fidélité. La Communauté
feroit refponfable de la rentrée du total. Par-là ceux d'entr'eux
qui vivent autant d'intrigue que de leur profeffion, feroient, s'ils
ne payoient point, expulfés à la décharge de ceux qui auroient
payé, & l'on en verroit infenfiblement diminuer le nombre. Je fuis,
Monfieur, &c.

*Nous avons bien voulu inférer ce Mémoire, parce qu'il nous vient
d'une perfonne refpectable & par fon amour patriotique & par fa
charge, & que d'ailleurs il eft le complement de nos deux premiers
Chapitres. Mais nous proteftons que nous ne ferons ufage à l'avenir que
de ceux qui tiendront à la feule Agriculture pratique. Tout ce qui
aura l'air de projet ne trouvera point de place dans notre Ouvrage.*

CHAPITRE X.

Des Engrais en général.

APRE's avoir confidéré les différens fols & les différentes terres,
rélativement à l'Agriculture & rélativement aux autres avantages qu'une bonne induftrie peut en tirer, l'ordre exige que nous
entrions dans l'examen des engrais, qui comme on le fçait, contribuent effentiellement à leur amélioration.

Comme on ne peut ni changer la nature d'un fol, ni le fertilifer
fans le fecours de la charrue & des engrais, nous entrerons dans les
détails les plus circonftanciés, pour ne laiffer rien, fi du moins il nous
eft poffible, à defirer fur ces deux points importants, dont le dernier fera l'objet entier du fixiéme livre.

Pour remplir nos vûes, nous avons raffemblé dans ce fecond
livre toutes les efpeces d'engrais, & nous les faifons paffer par ordre

sous les yeux du lecteur ; nous tâchons de lui faire connoître l'effet que chaque engrais produit sur chaque sorte de terrein auquel il est analogue. Cet arrangement doit lui présenter de la maniere la moins confuse la méthode de s'en servir rélativement au temperament & à la qualité du terrein qu'il veut fertiliser.

La matiere est assurément ample, & présente d'abord beaucoup de difficultés à vaincre. Mais nous avons sous nos yeux des documens si clairs & si satisfaisants, qu'il ne nous sera pas difficile de remplir notre engagement.

Pour y parvenir, nous divisons d'abord les engrais en engrais naturels & engrais artificiels. Nous excluons d'ici la théorie ; il est sûr que si l'on vouloit bâtir des sistêmes sur leur mêlange, on pourroit raisonner long-tems, mais moins utilement qu'en nous renfermant, comme nous nous le sommes proposé, à la seule pratique appuyée de bonnes expériences.

Comme il y a des terres dont les propriétés sont différentes, de même il y a des engrais qui produisent des effets différents : ainsi tel engrais qui fertiliseroit telle terre, pourroit être très-nuisible à telle autre. Il faut encore ajouter la différence des climats qui donnent plus ou moins d'activité aux terreins, & qui par conséquent les rendent plus ou moins susceptibles d'amélioration : nous insisterons avec d'autant plus de confiance sur cet article, qu'il n'y a point d'Auteur qui paroisse s'en être occupé. De ce que nous venons de dire, il résulte la nécessité absolue de connoître la nature particuliere de chaque engrais, de chaque terre & de la temperie de l'air où elle est située.

***

PREMIERE PARTIE,

CHAPITRE. XI.

Des Engrais naturels, & premierement de la nature de la marne.

LA marne est une espece de terre qui mérite à bien des égards la préférence sur tous les autres engrais ; premierement parce qu'elle convient à plusieurs sortes de sols, & qu'elle se marie parfaitement avec les différentes terres qui les composent ; secondement, parce que la fertilité qu'elle leur communique, est aussi

durable

durable que furprenante ; de forte que le Cultivateur qui en trouve dans fon domaine, peut fe flatter de poff éder un véritable tréfor, fi du moins il a l'attention & la méthode d'en faire l'ufage qui convient. L'Angleterre abonde beaucoup en marne. Les Auteurs Latins, vantent les marnes de ce Royaume ; mais il eft certain qu'en France elles font auffi bonnes & auffi abondantes. Peut être faudroit-il caver plus profondément pour en découvrir dans certains cantons du Royaume : Mais on feroit bien dédommagé des frais & du travail ; puifqu'il eft inconteftable, comme nous le ferons voir, que plus la marne eft profonde, plus elle a de cette propriété végétative qui anime les fols les plus dépouillés de fubftance. Il eft bien fuprenant que les Anciens en ayent connu tout le prix , qu'ils en ayent tiré tous les avantages poffibles , & que les Modernes ayent négligé d'en faire ufage. On trouve fouvent des marnes fans les connoître ; de forte que les Propriétaires des fonds qui ne fçavent pas les reconnoître fous les différentes couleurs que la nature leur donne, ne peuvent point pratiquer cette amélioration , qui de toutes eft celle qui fertilife le plus & plus conftamment les terres. Comme il arrive fouvent qu'il y a auffi des Cultivateurs qui connoiffant cette fubftance, ignorent cependant l'art de s'en fervir , & craignent encore plus les frais de la recherche , nous allons remplir ces deux objets importants ; afin que chacun tire parti des fecours naturels, qu'il peut trouver dans fon propre domaine.

On obferve plufieurs fortes de marnes qui à la couleur font très-différentes ; & c'eft cette variété qui dérobe ce diamant aux Cultivateurs qui ne font pas connoiffeurs. Mais pour peu qu'on nous fuive avec attention dans les documents que nous allons donner, on fera parfaitement en état de reconnoître les marnes fous quelle forme ou couleur qu'elles fe préfentent.

Les marnes , ainfi que les autres terres font pures , ou chargées de quelqu'autre fubftance : nous avons déja fait remarquer qu'en général les couches d'une terre quelconque , qui font à une certaine profondeur, font ordinairement m élangées , comme celles de la fuperficie ; de forte que plus avant la marne eft dans la terre, plus elle eft pure, circonftance avantageufe qui doit toujours encourager le Cultivateur à cette recherche : d'ailleurs , la fonde lui eft d'un grand fecours & d'une grande épargne.

Nous divifons donc les marnes, premierement en deux efpeces, en marne pure ou fimple , & marne impure ou compofée. Les marnes pures ont toutes la même texture ; ainsi elles ne présentent à l'œil d'autre différence que les différens degrés de dureté qu'elles peuvent avoir , & la différence des couleurs.

La marne pure est une substance qui ressemble à la terre à foulon : elle est molle & grasse ; mais elle n'est pas gluante comme l'argille, ni friable , ou *pulverisable* comme l'ochre , ni sablonneuse comme *loam* ; elle est d'une nature fine , délicate & absolument différente de celle de toutes les autres terres : un Cultivateur qui fait creuser des puits , ou qui fait d'autres ouvertures dans la terre , doit bien suivre de l'œil les substances qu'on en retire ; car cette espece de terre se découvre ordinairement par cette voie. Ainsi pour peu que la terre lui paroisse approcher de la nature de celle dont nous venons de parler , il doit suivre l'examen avec attention. Pour assurer sa découverte, il n'a qu'à en jetter une petite motte dans un verre plein d'eau : elle se gonflera comme la terre à foulon, & se divisera soudain d'elle-même. Cette expérience doit lui prouver qu'il a trouvé de la marne ; mais comme nous avons dit qu'il y a des marnes dures & des marnes molles , il ne doit pas s'étonner, si en faisant l'expérience, la terre qu'il aura jettée dans l'eau est quelquefois un peu de tems sans se diviser : il est bien naturel que les marnes dures produisent cet effet ; ainsi, que la terre se divise promptement ou lentement , n'importe, il peut compter qu'il a découvert de la marne & par conséquent un trésor.

CHAPITRE XII.

Des différentes especes de Marnes pures.

IL y a quatre especes de marnes pures que l'on distingue par la couleur. Marne blanche, marne jaune, marne rouge & marne bleue. On en trouve aussi de la noire, mais elle est moins commune que les autres.

Lorsque nous avons dit que les marnes sont plus communes que l'on ne pense ; ce n'est que d'après des épreuves qui nous ont convaincu de cette importante vérité ; car nous avons vû creuser en beaucoup d'endroits où ces terres précieuses étoient jettées au rebut par l'ignorance des Cultivateurs. Il seroit donc nécessaire que l'on fouillât d'espace en espace sur un domaine, ou du moins que quand

on fait des clôtures avec des fossés profonds, ou que l'on cherche
des eaux, on prît avec soi des connoisseurs pour examiner les
fouilles & profiter des découvertes qu'on ne manqueroit pas de
faire. D'ailleurs, quel inconvénient y auroit-il à ordonner aux
Inspecteurs d'Agriculture, en supposant un si utile établissement,
de s'acquitter de cette fonction, & d'informer les Propriétaires du
résultat de leurs observations. Pour peu qu'on trouve de marne
& à quelque profondeur qu'elle plonge, il est moralement impossible qu'elle ne paye avec usure les frais de la fouille, de la préparation & du transport ; combien donc n'est-elle pas avantageuse
lorsque la couche est épaisse, ce qui arrive ordinairement.

Il y a beaucoup de pays dans le Royaume où la marne n'est point
connue. Mais je ne doute point que l'on n'en y trouvât, pour peu
que les Cultivateurs eussent de zele ; & certainement je ne crois
point qu'il y ait de menager instruit, qui ignore les excellens effets
de cette espece d'amélioration.

La marne que l'on appelle blanche, mais qui n'est que blanchâtre, est ordinairement la plus molle & la plus légere ; la bleue
est la plus ferme & la plus pésante ; la rouge & la jaune ne sont ni
si légeres que la premiere, ni si pésantes que la derniere : elles
tiennent un juste milieu.

Il y a des pays où l'on ne se sert de la blanche que pour les pâturages, à cause de sa grande divisibilité ; elle se dissout par la seule
chûte des eaux de pluie: on se sert de la bleue pour les bleds, parce que
comme elle est plus dure & plus pésante, le tranchant de la charrue
la coupe & la divise ; mais il ne faut pas prendre cette méthode à
la rigueur, parce qu'en la suivant, le Cultivateur se priveroit souvent
d'un secours qu'il ne doit jamais négliger dans quelque partie
d'Agriculture que ce soit. Il peut se servir de l'une & de l'autre de
ces deux marnes, soit pour les pâturages, soit pour les terres
labourables ; mais il doit suivre la méthode que nous allons lui
prescrire.

Si les marnes dont on est en possession sont bleues, c'est-à-dire
dures & serrées, il faut les repandre sur le terrein long-tems
avant qu'on ne repandroit les molles ; afin que l'air, les brouil-
lards & les pluyes ayent le tems de les amollir avant que l'on ne
donne le dernier labour ; pour les pâturages, il faut observer
de les répandre également de bonne heure, mais beaucoup
moins épaisses. Si au contraire, les marnes sont légeres & molles,
on ne doit les mettre sur le terrein que beaucoup plus tard, parce

que, comme nous l'avons dit, elles se brisent & se dissolvent presque aussitôt qu'elles sont exposées au grand air.

Il y a une espece de marne blanchâtre en Angleterre dans la Province d'Oxford, elle s'émiette avec une facilité surprenante. Les Colons s'en servent avec un succès admirable, tant pour les terres labourables, que pour les pâturages. Mais ils la repandent indifféremment dans toutes les saisons de l'année : elle forme sur la terre en se dissolvant, une espece de croûte qui ressemble à une sorte de crême.

La marne bleuâtre qui sort de la terre aussi ferme que l'argille, doit être répandue sur les terres labourables au commencement de l'hyver, afin que les gelées & les pluyes la brisent & la dissolvent.

Quant aux marnes rouges & jaunes, comme elles ont beaucoup d'affinité par la couleur avec les argilles ainsi colorées, il est certain qu'il seroit très-difficile de déterminer le Laboureur à s'en servir, si l'on ne le persuadoit par l'évidence des expériences ; c'est donc aux Propriétaires à faire sur ce point les essais convenables, pour vaincre la résistance du Paysan. Ces terres cependant, comme on peut le remarquer, en les jettant dans l'eau, ont toutes les propriétés des marnes, puisqu'on en a le même résultat : elles sont en quelque façon supérieures aux autres, puisqu'elles n'ont ni la grande mollesse & légereté de la marne blanche, ni la grande dureté & pesanteur de la bleue. L'Auteur Anglois qui nous sert de guide, rapporte à l'occasion de ces marnes & de l'opiniâtreté des Laboureurs, un fait qui lui est arrivé : il y a des cantons, dit-il, où l'usage de la marne, & la marne elle-même sont inconnus : en parcourant un canton de la Province de Buckingham, il vit un Laboureur qui creusoit un fossé pour clore un champ. Il examina la fouille, c'étoit de la marne rouge pure, aussi molle que la terre à foulon : elle s'émiettoit dans l'eau, & petilloit dans le feu. Il lui apprit que ces effets étoient les marques caractéristiques qui devoient lui faire reconnoître la véritable marne ; mais, soit qu'il l'eût répandue sur un sol peu propre à recevoir cet engrais, ou soit qu'il s'en fût servi de quelqu'autre façon avec peu d'intelligence, sa récolte ne réussit point, ce qui l'indisposa beaucoup contre les donneurs de conseils : il se promit bien de ne plus en écouter. Ce détail que nous rapportons, prouve assez combien difficilement le Laboureur se prête à des méthodes qui lui sont inconnues, si on ne l'anime d'abord par l'intérêt, en faisant les dépenses des premiers essais, ensuite par l'évidence du produit de la nouvelle méthode qu'on lui propose.

La marne noire eſt ſi rare, qu'il ſeroit preſque inutile d'en parler. Mais en ſuppoſant que quelque propriétaire en trouvât dans ſon Domaine, nous devons l'avertir que pour la reconnoître, il doit pratiquer les moyens que nous lui avons indiqués pour la connoiſ-ſance des autres marnes ; avec cette différence, toutefois, que celle-ci ne pétille que peu ou point du tout au feu ; que comme elle tient un peu à la nature des terres marécageuſes, elle peut être em-ployée utilement pour les pâturages ſitués ſur des terreins élevés. Elle favoriſe auſſi les terres labourables ; mais ces effets n'y ſont pas ſi ſenſibles que ceux des autres marnes. Il faut avoir l'attention, quand on la fait ſervir d'engrais pour les terres à bled, de la ré-pandre en Eté & fort peu épaiſſe ſur le terrein, afin qu'elle ait le tems de s'égouter ; mais nous avertiſſons qu'elle ne vaut rien pour les terres labourables qui ſont dans des bas fonds.

CHAPITRE XIII.

Des différentes eſpeces de Marnes impures ou mélangées.

TOUT mélange dégrade les marnes : celles qui en ſont le plus chargées ſont donc celles qui ont le moins de valeur ; elles différent entr'elles non-ſeulement par la couleur, mais encore ſui-vant les ſubſtances avec leſquelles elles ſont mêlées. Ainſi comme la couleur ne ſuffit pas pour les diſtinguer, nous les rangerons en différentes claſſes ſelon les matieres dont elles participent. En ſuivant cette méthode, on peut les réduire à quatre ſortes, ſçavoir, marne ſablonneuſe, marne argilleuſe, marne qui participe du ſable & de l'argille, & marne pierreuſe ; on peut encore comprendre dans cette derniere eſpece celles qui ſont réellement auſſi dures que la pierre, & qui cependant ſont d'une nature abſolument diffé-rente. Il y a auſſi des marnes qui contiennent différentes ſortes de coquillages, qui au lieu de s'être pétrifiées, ſe ſont au contraire cal-cinées, & par-là ſont très-friables. Cet incident, loin de traverſer la fertilité des marnes, la favoriſe.

Il eſt certain que l'on trouve des marnes compoſées ou impures de toutes les couleurs ; mais communément elles ſont griſâtres ou jaunâtres. De toutes les marnes compoſées, les ſablonneuſes ſont les meilleures ; elles ſe briſent en les maniant, ſe diviſent & ſe diſfolvent facilement à l'air. Le fable qu'elles contiennent les rend très-propres à l'amélioration des argilles, principalement glaifeufes.

Les marnes qui participent du fable & de l'argille font auffi d'une excellente qualité pour l'amélioration; parce que, comme les précédentes, elles fe brifent dès qu'elles font expofées au grand air.

Les marnes argilleufes & pierreufes font d'une vertu inférieure. Cependant l'expérience prouve que les pierreufes étant une fois ramollies par l'air & les pluyes, ont autant de qualité que les autres. Mais il eft vrai que leur effet exerce beaucoup la patience du Cultivateur. J'en ai obfervé de dures, fur lefquelles le marteau ne faifoit point d'impreffion, quand on les tiroit de la marniere; mais qui après avoir été expofées aux gelées, aux pluyes & au foleil pendant fix mois, fe pulverifoient & étoient d'une fertilité étonnante.

J'ai vu des Laboureurs qui n'ont pas la patience d'attendre l'effet d'une autre marne encore plus dure, qui réfifte entiérement au marteau & aux gelées pendant un très-longtems; ils la croyoient plus nuifible qu'avantageufe aux terres, parce qu'après l'hiver, ils la voyoient encore en pierres, un peu atténuée à la vérité, & non affez divifée pour les convaincre : mais ils revenoient bientôt après de leur entêtement aux approches d'une récolte abondante, & par une amélioration qui duroit au moins quinze ans : que l'on ne fe déconcerte donc pas fi en creufant des puits pour avoir de la marne, on n'en trouve que de la pierreufe : d'ailleurs, il eft certain que fi l'on veut accélérer fa diffolution, on n'a qu'à l'expofer pendant quelque tems, après l'avoir tirée de la marniere, dans un endroit de la Ferme que l'on aura un peu creufé à cet effet, & où l'on fera couler les eaux de leffive & les eaux de la cuifine. On verra qu'elle fe divifera prefque auffi vîte que les marnes blanches, pourvu qu'elle foit expofée enfuite au foleil.

Il y a un *Loam* pierreux dans certains endroits de l'Angleterre, & qui fûrement fe trouveroit en France. Cette terre eft pleine de coquillages plats qui reffemblent à de petites pieces de monnoye. Elle eft auffi dure que la pierre, mais expofée à l'air, elle fe divife facilement, & les coquillages fe diffolvent, & s'incorporent fi parfaitement au fol, que peu de tems après qu'on l'a répandue, on n'en apperçoit pas du tout. L'ufage n'en eft pas commun en Angleterre même, & il eft abfolument ignoré en France. On obferve que fi l'on ne l'expofe point au grand air, elle conferve toujours fa dureté : c'eft fur ces points importans que les Académies d'Agriculture nouvellement établies, devroient porter tous leurs regards, en chargeant

des personnes éclairées de visiter les divers cantons du Royaume,
de les sonder, & d'indiquer aux Cultivateurs peu instruits, les tré-
sors cachés & inconnus, qui en leur épargnant beaucoup de peines
& de travaux, les feroient jouir de récoltes abondantes.

Il y a des endroits où la marne ne se découvre qu'après avoir
fouillé à une certaine profondeur qui est quelquefois considérable:
mais il arrive aussi très-souvent qu'elle est si voisine de la superficie,
qu'on l'enleve avec la charrue, avantage d'autant plus grand,
que dans le second labour, la charrue brise la marne que l'on a
amenée à la superficie par le premier labourage, ce qui augmente
les profits, puisque les frais de la fouille sont épargnés. On observe
encore qu'il y a de la marne qui n'est qu'à un ou deux pieds de la
surface, qu'elle est couverte d'une argille gluante: ces deux substances sont si bien liées vers le sol, qu'on peut hardiment sous-miner
& en tirer jusques à cent charretées, sans que le terrein s'éboule,
ce qui épargne encore les frais des puits.

CHAPITRE XIV.

*De différentes autres sortes de marnes que l'on pourroit trouver en
France, & que l'on trouve en certains cantons
de l'Angleterre.*

ON trouve dans la Province de Buckingham une espece de
marne pure qui est excellente, de couleur bleuâtre mêlée de
rouge. Le rouge fait corps avec la masse de cette substance qui n'est
que coupée de veines bleues: cette marne est très-grasse, elle porte
dans les terres sablonneuses une fécondité admirable: dans la Province de Warwick, on trouve cette même espece de marne qui
est beaucoup plus gluante; elle n'est nullement propre aux pâturages, mais aussi elle anime beaucoup les terres sablonneuses à bled.

Dans la Province de *Chester* on a une marne pierreuse que l'on
nomme marne d'ardoile, nom que l'on ne lui a sans doute donné que
parce qu'elle s'éleve en lames comme l'ardoise. On observe, ce qui
fait une singularité remarquable, que dans ce pays cette espece de
marne est tantôt rouge, tantôt jaune, blanchâtre & tantôt bleue, &
qu'elle a cependant sous ces diverses couleurs toujours la même
qualité.

Dans la Province de *Stafford*, on trouve une marne pierreufe qui s'éleve en mottes quarrées, & que pour cette raifon on nomme marne à *dez*. Elle eft ordinairement jaunâtre, mais rarement rouge ou bleue. Le foleil & la pluye la divifent au grand avantage du Cultivateur; on y trouve auffi des marnes argilleufes; mais on remarque qu'elles dégradent confidérablement les terres après que leurs principes de fécondité font éteints. La marne à dez au contraire laiffe les terres améliorées, après même que les parties fertilifantes font épuifées.

Les marnes pierreufes font plus univerfellement eftimées que les autres à caufe de leur durée: les Fermiers préférent relativement à leur intérêt les marnes graffes; parce que fe divifant plus facilement & plus promptement, elles les font jouir de tous les avantages qu'elles donnent aux terres. Mais cette préférence bien confidérée en elle-même eft fans principe; puifque l'expérience prouve que les dures fertilifent également & plus long-tems; de forte que la cupidité du Fermier remplie, le Propriétaire n'en eft auffi que plus riche.

Cependant il faut bien prendre garde de donner trop d'étendue à cette préférence. Les Cultivateurs expérimentés ont obfervé que les marnes dures qui fertilifent long-tems les terres, caufent à la fin leur ftérilité. Ils ont vû qu'il étoit très-difficile pour ne pas dire impoffible, de redonner la vie aux terres qu'on avoit chargées de cet engrais, après que fon principe de fertilité étoit épuifé. Il eft donc de la derniere importance pour le Cultivateur, de fçavoir diftinguer parfaitement les marnes pierreufes: la marne pierreufe blanche, par exemple, eft très-fertile; mais auffi elle fait payer cher les abondantes récoltes qu'elle donne; les terreins qu'on en a engraiffés, reftent infufceptibles d'amélioration après que l'entier effet de la marne dont nous parlons, a ceffé. Elle tient beaucoup de la craye; tout Cultivateur fçait ou doit fçavoir que la craye fertilife d'abord la terre, mais qu'elle la dégrade à la fin... & comme l'on a tout lieu de foupçonner que la nature de la glaife pierreufe blanche eft très-analogue à la nature de la craye, il n'eft pas étonnant qu'elle produife les mêmes effets; ce qui réellement n'arrive point dans l'amélioration faite par les autres fortes de marnes; on fent que cette obfervation étoit abfolument néceffaire.

Dans la Province de *Shrop*, & dans une partie de celle de *Chefter*, on voit une marne d'un brun obfcur & bleuâtre, tranchée par intervalles de veines blanchâtres, elle eft très-avantageufe aux Cultivateurs;

tivateurs ; on peut la mettre dans la claſſe des marnes bleuâtres pures.

Dans les Provinces de Stafford & de Cheſter, on voit une eſpece de marne pierreuſe , couleur de cendre , & qui reſſemble à une pierre ſablonneuſe, elle ſe briſe aiſément. Ainſi, lorſque le Cultivateur trouve ſur ſon domaine des pierres ſablonneuſes cendrées , & tirant ſur le bleu, il n'a qu'à éprouver ſi elles ſe diviſent expoſées au grand air, & ſi elles petillent dans le feu. Si ces deux indications ſont remplies , il peut être aſſuré que c'eſt de la marne d'une qualité ſupérieure pour engraiſſer ſes terres.

Il y a une autre marne que l'on appelle marne de tourbe , elle eſt gluante & d'une couleur obſcure : c'eſt à proprement parler une marne dégradée par l'argille qui entre dans ſa compoſition. Cependant elle fait un engrais excellent pour les terres ſablonneuſes. Le Cultivateur en retire des avantages conſidérables. On trouve encore une autre marne plus gluante, & qui eſt jaunâtre : on pourroit l'appeller argilleuſe, attendu que l'argille eſt la partie dominante. On l'emploie avec ſuccès ſur les terres dégradées ; la marne qu'on appelle en quelques cantons de l'Angleterre marne de papier , s'éleve par feuillets ; elle eſt pure & forme par conſéquent un engrais admirable.

La marne d'acier qui eſt de couleur obſcure tachée ſouvent de rouge , & quelquefois de bleu, eſt dure, & ſe briſe en lambeaux quarrés, quand on la frappe à coups de marteau ; elle eſt la même que la marne à dez, quoiqu'un peu différente par la couleur. On la répand en groſſes mottes. Le ſoleil, la pluye & l'air la réduiſent peu après en molécules quarrées qui reſſemblent à des dez. Ainſi diviſée , elle s'incorpore inſenſiblement avec la terre , & lui communique ſa fertilité. Il ſeroit bien étonnant qu'après avoir fait connoître toutes les différentes nuances & qualités des marnes, le Cultivateur pût s'équivoquer ſur cette matiere : nous avons un peu inſiſté, afin que chacun voulant employer tous les moyens les plus ſûrs & les plus durables d'améliorer ſes terres, ſe détermine à fouiller, pour découvrir ce puiſſant engrais. On ſent qu'il doit être moralement impoſſible qu'un domaine un peu étendu ne renferme point, ou dans l'intérieur duſol, ou près de la ſuperficie , quelqu'une des terres dont nous venons de parler. Auſſi pour favoriſer cette recherche, avons-nous deſtiné le chapitre ſuivant à donner les moyens les plus propres & les moins diſpendieux de découvrir les marnes, & de creuſer des puits pour les trouver.

CHAPITRE XIV.

De la maniere de découvrir les Marnes & de creuser les Puits.

ON a vû toute l'utilité de la marne : nous la présenterons encore souvent ; on ne sçauroit trop parler de cette substance, si l'on veut en inspirer l'usage dans certains cantons, où sûrement elle est commune quoique inconnue ; on se dégouteroit sans doute de l'entreprise de la recherche, si l'on n'avoit pour la trouver que la fouille avec la bêche ; mais la sonde en diminue presque entierement & les frais & les peines.

AA. Sonde de fer de trois pieds de longueur, & d'un pouce de circonférence. DD, Manivelle ou manche de la sonde. B, Rainure ou ouverture de six pouces de long où la terre entre. C, Meche d'acier. La sonde doit être divisée par six pouces dans toute sa longueur ; pour retenir plus facilement à mesure qu'on la plonge & retire, la différente distance à laquelle chaque différente couche se trouve de la superficie. On la tient par le manche, & on la fait entrer en la poussant comme une vrille ; on la retire après qu'elle a plongé six pouces, pour voir la terre contenue dans la rainure, & en connoître les qualités. Lorsque l'on a employé la sonde de trois pieds dans toute sa longueur, & que l'on veut sonder plus avant, on se sert d'une sonde de six pieds, & après celle-ci d'une de neuf, on va même jusques à se servir d'une de douze pieds, ayant toujours fait auparavant usage des précédentes, qui sont moins longues pour être à hauteur convenable, & faciliter par-là l'ouverture.

Mais pour avoir des résultats fideles, il faut porter avec soi plusieurs petits sachets ; on met dans chacun la terre qu'on a chaque fois tirée de la rainure avec le numero de la profondeur de chaque terre. Après avoir ainsi operé, on se retire, on jette chacune de ces différentes terres dans un verre d'eau particulier, & l'on les y laisse pendant une ou deux heures, après avoir transporté sur chaque verre le numero du sachet dont on a tiré la terre. Par ce moyen, on acquerra une connoissance exacte de la quantité de terre végétale qui est dans chaque couche de terre, & l'on verra si elle est chargée de sable ou d'autres substances. Pour la connoissance de la marne, on n'a pas besoin de laisser les terres si long-tems dans l'eau, à moins qu'elles n'ayent la dureté de la pierre : après les avoir tirées de l'eau, on les jette dans le feu, & suivant qu'elles pétillent plus ou moins, elles ont plus ou moins de qualité : nous avons déja mis sous les yeux du lecteur ce signe caractéristique des terres marneuses. Qu'on se rappelle toujours que la terre végétale surnagera, que les autres mélanges tomberont dans le fond du verre, suivant qu'ils seront plus ou moins chargés de sable ou de gravier, & que la terre végétale s'étant séparée, s'il y a de la glaise, celle-ci tombera en grumeaux, parce qu'elle est pesante par sa nature : si dans les couches qu'on a tiré de la rainure, il y a des substances gipseuses ou plâtreuses, on verra diminuer le volume de l'eau, parce qu'elle sera soudain pompée. C'est pourquoi, comme il y a des terres spongieuses qui ont la même propriété, il faut avoir le soin de laisser ces terres après les avoir tirées de l'eau, exposées quelqu'instant au grand air sur une feuille de papier : si la terre se dessèche d'abord & devient dure, il est alors certain qu'elle est gipseuse ; si au contraire elle conserve son humidité, & si elle cede à la pression du doigt, on ne doit point douter qu'elle ne soit spongieuse. Voilà la véritable façon de distinguer ces deux terres, à moins qu'on ne veuille en venir à une analyse en forme ; détail dans lequel nous n'entrerons pas, d'autant plus qu'il n'est point praticable pour le plus grand nombre des Cultivateurs.

On a vû l'attention avec laquelle nous avons donné toutes les différentes marnes ; mais l'objet ne seroit rempli qu'à demi, si nous ne donnions avec la même exactitude les différens sols sous lesquels on trouve ordinairement cette substance précieuse.

Avant toutes choses, il est bon de prendre langue, de s'informer avec les vieillards du pays où l'on fait cette recherche, s'ils ne se rappelleroient point d'avoir vû des puits à marne. S'ils répondent l'affirmative, il faut alors faire sonder les terres de six, neuf, douze, & même jusques à vingt pieds ; cette dépense, quoiqu'en dise notre Auteur Anglois, qui ne veut point que l'on passe neuf pieds, est bien payée par la découverte du trésor. On avoue que si l'on procédoit à cette opération par la voie ordinaire, elle deviendroit trop dispendieuse ; mais la force du levier que l'on y adapte convenablement, en diminue considérablement les frais, & remet l'entrepreneur au niveau de celui qui trouve la marne à six ou neuf pieds. J'ajoute même que le premier a l'avantage de la qualité de la matiere sur le dernier ; puisqu'il est certain que plus les marnes sont profondes, plus elles sont pures, & que par conséquent elles sont plus riches. Il faut seulement observer de bien suivre la veine avec la sonde pour ne pas exposer le Cultivateur aux frais des fouilles inutiles, & de faire les puits dans les endroits qui lui sont le plus commodes pour le transport.

Mais, dira-t-on, s'il n'y a aucun signe de marne dans un pays, quel parti prendre ? celui de ne pas le décourager. Sans s'exposer aux dépenses des fouilles, il y a des tems où l'on fait cette découverte accidentellement ; on n'a qu'à essayer les terres que l'on remue, soit lorsqu'on creuse des puits, des viviers ou des étangs, soit enfin lorsqu'on fossoye. Nous osons assurer qu'il n'est pas possible qu'en faisant l'essai que nous avons indiqué, & qu'en suivant les inductions que l'on vient de voir, on ne trouve quelqu'une des especes de marne dont nous avons donné la connoissance ; nous exigeons même qu'on suive de tems en tems la charrue, pour voir si en la faisant plonger un peu profondément, on ne leve pas quelqu'espece de terre différente du sol ; car la marne est souvent si près de la superficie, qu'elle est à la portée de la charrue.

Toutefois, si toutes ces attentions ne répondent point à nos désirs, il faut avoir recours à la sonde, & la plonger en différens endroits, mais principalement dans les sols argilleux, car il est très-rare de ne pas y trouver quelque marne : on observe même que celles qu'on y découvre sont les plus pures, les plus fines & les meilleures. Une couche d'argille gluante, épaisse de deux pieds, les couvre ordinairement.

On trouve aussi de la marne sous une terre grasse, sous les terres mêlées d'argille & de sable, quelquefois sous le gravier, mais elle n'y est point abondante. Si elle est sous une terre sablonneuse, on observe que la veine est mince, mais profonde ; c'est pourquoi il faut dans la recherche sonder à petits intervalles pour ne pas la manquer.

Les terres grasses & noires situées dans les bas fonds, couvrent ordinairement une couche d'argille gluante, & quelquefois une couche épaisse de marne fine rougeâtre au lieu d'argille, & souvent une couche de marne entre l'argille & la terre. Le Cultivateur doit suivre cette veine ; il verra qu'elle s'épaissit peu à peu, & remplace l'argille, qui au contraire diminue & disparoît à proportion, ou pour mieux dire change de nature ; & c'est ici le cas où il peut hardiment risquer les frais de la fouille, & faire un puits ; puisqu'il est comme certain qu'il trouvera une couche épaisse de cinq, six ou sept pieds, qui monte jusqu'à un pied & demi de la superficie.

Il arrive que la marne pierreufe fe trouve fous la terre meuble noire argilleufe, mais pas fi fouvent que la marne pure, graffe & molle. Quant aux marnes que l'on découvre dans les fols fablonneux, elles font argilleufes: comme elles n'ont pas une propriété fi efficace que les autres, & qu'elles font ordinairement profondes, c'eft au Cultivateur à prendre garde à fes intérêts avant que d'entreprendre de les exploiter ; c'eft à lui à calculer par des effais peu difpendieux, les profits qui peuvent réfulter d'un tel engrais, & à en faire une fomme qu'il comparera avec la fomme des frais.

Lorfqu'on a trouvé une veine de marne, & que l'on s'eft déterminé à ouvrir un puits, il faut commencer par former un efpace affez grand pour travailler commodément, & charroyer avec facilité. Enfuite on fe fert de la bêche ou de la pioche pour ôter le fol qui couvre la veine, & l'on commence le puits. Lorfque la marne eft d'une nature fine & molle, on y travaille avec la houe. Trois hommes avec cet inftrument en puiferont affez pour occuper quatre hommes à remplir des charrettes.

Mais fi la marne eft argilleufe, il faut fe fervir de la bêche, & le nombre de ceux qui creufent doit être plus grand que celui des hommes qui rempliffent les charrettes, parce que la fubftance eft plus tenace, & qu'elle refifte plus à l'outil. Elles font en effet quelquefois fi feches ou fi gluantes, que les ouvriers ont befoin d'eau pour mouiller leurs bêches. Quelquefois au contraire elles font fi humides, qu'il faut néceffairement fe fervir de la pompe pour les deffécher.

Si la marne eft fine & molle, il eft plus avantageux de la répandre auffitôt fur le terrein qu'on veut engraiffer ; mais fi elle eft ferrée & pierreufe, certains Cultivateurs veulent qu'on mette chaque charretée à part, & qu'on la laiffe ainfi expofée à l'air tout l'hiver, afin que les gelées & les pluyes l'amolliffent & la brifent. Cette méthode ne nous paroît point fondée fur des principes, encore moins fur l'expérience ; parce qu'il eft bien certain que plus la marne eft répandue, plus les pluyes, l'air & les gelées ont d'action fur elle ; au lieu qu'en tas elle ne peut pas être fi bien ni fi promptement pénétrée par les influences de l'air. Et en effet, j'ai vû des Laboureurs du côté de Pontoife, qui m'ont affuré qu'il valoit mieux la répandre en fortant de la marniere, & que moins on fait les couches épaiffes en la répandant fur le terrein, plus facilement & plus promptement elle fe divife.

CHAPITRE XV.

*De la néceſſité de choiſir la qualité de la marne, ou de la préparer
rélativement à la qualité & à la nature du Sol.*

S'IL eſt certain qu'il y a très-peu de terres qu'on ne puiſſe
améliorer par la marne, il ne l'eſt pas moins que les unes en
demandent une plus grande quantité que les autres, & qu'une eſpece
de marne peut convenir à une certaine terre, tandis qu'une autre
eſpece ne ſera propre qu'à l'amélioration d'une terre différente ; il
réſulte de cette importante obſervation, qu'il ſera toujours très-
difficile de faire adopter au Cultivateur peu inſtruit, l'uſage de la
marne, ſi on ne le conduit comme par la main à la connoiſſance des
différentes ſortes de terres marneuſes ; parce qu'il pourroit fort
bien lui arriver de dégrader ou de gâter même entierement ſon ſol en
ſe ſervant indifféremment d'une marne quelconque : nous avons
vû des Cultivateurs l'avoir entierement proſcrite pour avoir trahi
leurs eſpérances ; de ſorte qu'il eſt impoſſible de leur en faire ſentir les
avantages.

Dans certains cantons on répand une telle quantité de marne
ſur les terres, que c'eſt en quelque façon ſubſtituer un nouveau
ſol au lieu de l'amender : il eſt bien certain que les terres qui peuvent
ſupporter cette quantité de marne durent ſans le ſecours d'aucun
autre engrais juſques à quarante ou cinquante ans, & que cette
méthode, quoique très-diſpendieuſe, tient cependant beaucoup à
l'économie pour les Cultivateurs qui ſont en état d'en faire les
avances ; s'il y en a qui veuillent l'entreprendre, il faut qu'ils
obſervent bien de ne plonger la charrue qu'à une très-petite profondeur pendant les premieres années, de ne couper qu'environ
un pouce du ſol, afin de ne pas enſevelir la marne, & de plonger
dans les années ſuivantes la charrue par gradation. On voit que
cette attention, qui eſt cependant indiſpenſable ſi l'on veut retrouver les avantages de ces grandes avances, demande un Laboureur
auſſi attentif qu'intelligent.

Nous diſons qu'il faut avoir des terres qui ſoient en état de ſupporter cette quantité de marne, qui en effet eſt exhorbitante, puiſqu'on en a vû répandre juſques à huit cens, & même mille charretées

par âcre ; parce que fi l'on fuivoit cette méthode fur des fols naturellement fubftantiels, ce feroit en pure perte ; la femence feroit
forcée & même brûlée : la marne n'agit que par fa partie calcareufe,
& il eft bien aifé de comprendre que l'abondance de tels principes
feroit plus nuifible que favorable à la germination. Il n'y a donc à
proprement parler, que les fols fablonneux, qui étant le moins
pourvûs de principes végétatifs, puiffent recevoir avec fuccès
cette grande quantité de marne ; encore même faut-il qu'elle foit
argilleufe. Les marnes jaunâtres & les brunes font celles qui leur
font les plus favorables, parce qu'elles tiennent plus de la nature de
l'argille. Elles lui reffemblent en effet entiérement en fortant de
la marniere : leur action confifte en ce que la partie argilleufe donne
aux fols fablonneux du corps & de la liaifon, & que la partie
marneufe communique fon fuc végétatif à celui du fol, ce qui fe confirme par l'expérience : puifqu'il n'y a point de fol qui rende des
récoltes plus abondantes que les fols fablonneux amendés avec les
marnes argilleufes.

A cet avantage, nous en ajouterons un autre ; c'eft que dans les
années que les récoltes manquent dans les autres fols, elles font
très-abondantes dans les fols fablonneux marnés : les Étés pluvieux
gâtent ou alterent les récoltes des autres fols, tandis que les fols
fablonneux réfiftent à toutes les intempéries ; nous l'avons prouvé
dans le premier Livre au Chapitre des fols de fable. Le Cultivateur
doit donc obferver que plus fon fol eft fablonneux, plus la marne
qu'il voudra employer doit être argilleufe ; car s'il amendoit avec
une marne graffe, pure & molle, les pluyes la porteroient au-delà du
fable, & l'engloutiroient de façon que tous les frais feroient perdus,
& fes efpérances trahies.

Mais on nous objectera que le propriétaire poffeffeur d'un terrein
fablonneux, n'aura fouvent d'aucune efpece de marne, ou que
s'il en a, elle ne fera point argilleufe, & que dans l'un ou l'autre
de ces deux cas, il ne peut point pratiquer cette amélioration.
Nous répondons au premier, qu'en portant les attentions que nous
lui avons indiquées, il eft moralement impoffible que pour peu que
fes poffeffions foient étendues, il n'y trouve quelque forte de marne ;
au fecond, que fi la marne qu'il poffede n'eft pas de l'efpece qui
lui convient, c'eft-à-dire argilleufe, il lui eft très-facile de la rendre
telle en faifant des foffes où il mettra une couche de glaife, une
couche de marne & une de fable, & toujours ainfi alternativement
jufqu'à ce que les foffes foient remplies : il faut qu'elles foient

expofées à toutes les intempéries de l'air. Pour rendre cette méthode
plus efficace, on couvre les foffes avec des épines feches bien
entrelaffées que l'on couvre d'un gazon épais feulement de deux
pouces, & qu'on a brûlé à demi. Après avoir laiffé ce mêlange repofer
ainfi l'efpace de trois mois, on l'incorpore bien enfemble avec la
bêche, on y brife le gazon, & l'on le laiffe s'amalgamer à découvert
pendant trois autres mois, au bout duquel tems on le tranfporte au
champ que l'on veut amender, on le répand auffi également qu'il eft
poffible. J'ai vû dans le pays Aufcitain un Laboureur qui pra-
tiquoit cette maniere d'amélioration, & dont les récoltes étoient
admirées.

Tout fol compofé de fable & d'argille, & où le fable domine
fur l'argille, eft un fol qui ne peut recevoir de meilleure amélioration que la marne ; & cela eft fi vrai, qu'il a été dernierement fait
une épreuve fur un terrein dont on n'avoit pû tirer jufqu'à préfent
d'autre parti que d'en faire des briques ; on l'a marné, & l'on y a
fait deux récoltes des plus abondantes.

Obfervez que pour un femblable fol il faut, pour mieux remplir fon objet, fe fervir de la marne la plus fine & la plus pure
que l'on puiffe trouver : la molle pure bleuâtre eft la meilleure ; il
ne faut pourtant pas rejetter la jaunâtre ; pourvu qu'elle foit pure
& molle ; au lieu que fi le Cultivateur s'avifoit d'employer pour
ce fol une marne argilleufe ou fablonneufe, il ne feroit qu'ajouter
à l'un ou l'autre des défauts qui le rendent ftérile : tout fol dont la
compofition confifte en un mêlange de fable & d'argille, tirera le
peu de fertilité qu'il peut avoir de la terre meuble qu'il contient. Or
une marne fine & pure eft comme de la terre meuble, avec cette différence toutefois qu'elle contient plus de principes de fécondité ;
elle s'incorpore au fol naturel, dont la qualité gluante la retient
jufqu'à ce qu'elle ait communiqué toute fa vertu.

Il arrive quelquefois que la marne pierreufe eft propre à des
fols femblables. Son effet ne fe fait point fentir la premiere année,
mais les années fuivantes, on s'apperçoit de fon efficacité. Il faut
prendre garde que le fol foit plus argilleux que fablonneux : cette
feule circonftance peut faire qu'on fe détermine à y employer la marne
pierreufe. Nous confeillons même de n'en faire ufage qu'autant que
le Cultivateur ne peut pas en avoir de molle & pure ; car quoiqu'on
ait vû cet amendement réuffir quelquefois, des cas particuliers ne
doivent point faire régle. Au refte, fi le Cultivateur vouloit rendre
fon terrein plus argilleux, il n'auroit qu'à pratiquer la méthode que
nous

nous venons d'indiquer ; & il pourroit faire usage de la marne
pierreuse avec succès, pourvu que, comme elle se dissout plus difficilement que les autres marnes, il eût le soin dans le tems de sécheresse,
de jetter de l'eau dans les fosses, pour accélérer l'amalgame des
mélanges prescrits ci-dessus.

Après le sol sablonneux & celui qui est composé d'un mélange
de sable & d'argille, la terre molle est celle que l'amendement fait
avec la marne, favorise le plus. On observe que toutes les sortes de
marnes lui conviennent : il est vrai cependant que les effets des unes y
sont plus puissans que les effets des autres. Mais il n'y a que la différence du plus ou du moins d'efficacité : on aura néanmoins l'attention que sur les terreins de cette espece qui servent aux pâturages,
on ne doit employer que des marnes pures, parce qu'elles se dissolvent & divisent promptement. Mais pour toutes les terres labourables qui sont de la nature de la terre molle, on peut hardiment faire
usage de toutes les marnes, parce que les argilleuses même sont brisées par les labourages. On sçait que les marnes argilleuses & sablonneuses se rompent bien vîte : quant aux pierreuses, s'il faut plus
de tems afin que l'air & les pluyes les divisent, nous avons fait voir
qu'on est bien dédommagé de ce retardement par les avantages
qu'on en retire dans la suite.

Mais les sols de craye acquierent plus de qualité par le secours
des autres engrais que de la marne. La marne blanche principalement
qui est extrêmement cassante, leur est défavorable ; parce que la
marne par sa nature ressemble beaucoup à la craye, & nous avons
dit d'après l'expérience, que celle-ci dégrade à la fin les terres.

On répand avec succès sur un sol de craye de la marne pure qui
est rouge & bleue : cette méthode est fondée, parce que cette marne
est extrêmement humide & un peu gluante. Or la craye est un sol des
plus secs ; il est évident que d'un mélange si contrasté, il ne peut
résulter qu'une amélioration parfaite.

Ainsi ce que nous avons dit précédemment ne doit point empêcher le Cultivateur de marner des sols crayonneux, pourvu qu'il
mette en usage la marne rouge ou bleue ; parce que c'est de toutes
celles qui s'adapte le plus avantageusement à ces sols. Mais au défaut
de celle-là, il peut se servir de la jaunâtre pure ou de la noire, & au
défaut de l'un & de l'autre de la marne argilleuse, ou de celle qui est
composée d'argille & de sable : on remarquera seulement que la
meilleure de ces deux dernieres, est celle qui contient le plus de
marne.

Tome I.   Y

Quant au sol graveleux, il est certain que contenant beaucoup de sable, la marne lui convient ainsi qu'au sablonneux ; mais elle ne peut l'amender qu'autant qu'elle est argilleuse ; parce que les fumiers & les autres engrais lavés par les pluyes, passent à travers, comme à travers d'un crible, sans laisser aucune substance fertilisante à la couche supérieure du sol ; au lieu que l'argille lui donne de la liaison & de la consistance, & la rend propre à recevoir au grand profit du Cultivateur, tous les autres engrais dont il juge à propos de l'enrichir.

Nous n'avons donc plus, avant de passer aux différentes façons dont il faut marner les terres, qu'à examiner si le sol argilleux ne peut point recevoir la marne pour amélioration, suivant ce proverbe,

Celui qui marne des Argilles.

Ne marie jamais ses Filles.

La raison doit déterminer le Cultivateur à braver des proverbes qui n'ont ordinairement pour origine que l'ignorance des Paysans peu intelligens, & qui ne travaillent leurs terres que par tradition, craignant toujours d'offenser la mémoire de leurs peres, s'ils tentoient quelque innovation. Nous osons cependant dire avec confiance qu'il n'y a peut être point de sol qui s'adapte mieux aux marnes que les sols argilleux ; toutes les sortes lui sont favorables, si l'on en excepte la marne argilleuse : par exemple, les marnes pures s'incorporent facilement à ce sol, en détendent & divisent les parties & l'enrichissent considérablement. Les pierreuses restent à la vérité sur la superficie, jusqu'à ce qu'elles soient amollies par les diverses intempéries de l'air ; mais elles s'amollissent par gradation, se brisent & se dissolvent, & enrichissent le sol de leurs principes de fécondité. Il est vrai que les marnes mêlées de sable & d'argille ne lui sont pas toutes également propres : c'est au Cultivateur à distinguer celles qui sont trop argilleuses, & à les proscrire ; & si par hazard il n'en avoit point d'autres, elles pourroient encore lui être utiles en y incorporant la troisiéme partie de sable par la méthode des fosses dont nous avons déja parlé ; delà on doit conclure combien les marnes sablonneuses sont avantageuses aux argilles ; puisque par le sécours de ces marnes on peut d'un sol argilleux en faire un sol *loameux* ; de sorte qu'il devient un sol enrichi d'un engrais fin & gras : ainsi le Cultivateur possesseur d'un terrein argilleux, est un homme peu intelligent, si ayant à sa disposition de la marne quelconque, il n'en tire pas un parti très-avantageux,

CHAPITRE XVII.

Des différentes façons de marner.

NOus traitons ici un point important ; puisqu'il eſt queſtion de faire revenir à l'uſage de la marne beaucoup de Laboureurs, qui ſe ſont rebutés par les frais du marnage qu'ils ont fait, & le peu de profit qu'ils en ont retiré. Toutes les expériences par les différens Cultivateurs, nous ſerviront de guide, & la comparaiſon que nous avons faite du ſuccès des uns avec le peu de ſuccès des autres, nous donnera cette connoiſſance inſéparable de la bonne Agriculture, & qui eſt la véritable façon de marner les terres ſuivant leurs différentes qualités. Il eſt certain qu'il ſeroit difficile par la meilleure théorie, de fixer la quantité de marne qu'il faut répandre ; il y a des erreurs ſur cet article, dont on n'eſt pas encore revenu dans certains pays, où les Cultivateurs répandent une ſi petite quantité de marne ſur leurs terres, qu'à peine ſon effet eſt ſenſible : on en a vû n'en jetter que vingt charretées par acre (*a*),

(*a*) L'Arpent contient dix perches en longueur, & cent perches quarrées en danrées ſelon la maniere de parler en certains pays : une danrée eſt la ſixiéme partie de cent perches, elle fait par conſéquent ſeize perches treize pieds deux pouces chacune, à raiſon de vingt pieds la perche.

La perche dans l'Iſle de France contient dix-huit pieds, en d'autres endroits elle eſt de dix-neuf pieds, vingt, vingt-deux, & même juſques à vingt-quatre.

Dans le pays Chartrain & dans le Perche, elle eſt de vingt-deux pieds de long, qui étant multipliés par vingt-deux, font en quarré une ſuperficie de quatre cent quatre-vingt-quatre pieds.

Dans l'Anjou, Poitou, Touraine, & dans le Maine on ſe ſert d'une autre meſure qu'on appelle *la Chaîne* ; elle contient vingt-cinq pieds en longueur & en quarré ſix cent vingt-cinq pieds.

En Bretagne la Chaîne contient vingt-quatre pieds de longueur, & en quarré cinq cents ſoixante-ſeize pieds.

On obſervera que dans la plûpart des Provinces, les cent Chaînes quarrées de vingt-cinq pieds de long chacune, ſont comptées pour un Arpent.

La meſure qu'on appelle Journal dans certains pays, a été ainſi déſignée de la quantité de terre qu'on peut labourer en un jour ; cette meſure varie beaucoup : dans le Duché de Bretagne, elle contient vingt-deux ſillons & un tiers, ou quatre mille vingt pieds : le ſillon contient ſix rayes ou cent quatre-vingt pieds, & la raye deux gaules & demie ou trente pieds, & la gaule douze pieds.

Dans le Duché de Bourgogne, le journal contient trois cens ſoixante perches quarrées ; le demi journal cent quatre-vingt, le quartier quatre-vingt-dix, la perche eſt de dix-neuf pieds de long & de trois cens ſoixante-un de quarré.

Le journal en Lorraine contient deux cens cinquante toiſes, la toiſe eſt de dix pieds de ong, & le pied de dix pouces.

& se plaindre avec aigreur de la fausseté des observations des Auteurs qui en ont vanté l'efficacité : en d'autres pays, au contraire, on surcharge tellement le terrein de marne, que c'est le renouveller au lieu de l'amender ; or nous avons fait voir que la premiere méthode est aussi inutile que la derniere est dangéreuse.

Il est évident que pour obtenir de cette amélioration tous les avantages possibles, il faut nécessairement garder un juste milieu entre ces deux extrémités. On doit bien se garder de substituer un sol de marne à celui qu'on veut marner, l'objet du Cultivateur doit se borner à la faire seulement entrer dans le sol, afin que d'une pauvre terre il en fasse une riche. Veut-il y parvenir ? il doit prendre pour regle générale, que cent charretées de marne suffisent pour un acre de terre. Nous avons donné dans la note toutes les diverses mesures, afin qu'un chacun réduisant celle de son pays en pieds de Roi, il puisse faire un usage exact & fidelle de la regle que nous établissons pour l'acre.

Nous avons observé d'après plusieurs expériences, qu'il est infiniment avantageux de semer les terres marnées sous le sillon.

Si l'on n'a pas l'avantage de profiter la premiere année de tous les effets de la marne, on a du moins celui de les voir subsister avec vigueur pendant dix, vingt ou même trente ans, rélativement à la nature du sol & de la marne.

Il n'y a point de méthode moins équivoque pour connoître la nature de la marne & sa bonté, que celle d'examiner la superficie du terrein marné après qu'il s'est écoulé quelques jours de beau tems. S'il paroît comme couvert d'une gelée blanche, il est certain que la marne que l'on a répandue est d'une excellente qualité, que l'on y en a mis la quantité suffisante, & qu'elle est bien incorporée au sol ; & c'est encore cette circonstance qui fait tomber dans l'erreur bien des Cultivateurs qui ont pris cette blancheur apparente sur la superficie des champs non marnés pour une indice de marne. Mais, nous l'avons dit, cette substance ne se trouve pas ainsi, à moins que ses couches ne soient tout à fait voisines de la superficie, ce qui n'arrive que fort rarement.

Nous indiquons les différens tems auxquels il convient de répandre

En Normandie on se sert du mot Acre, il contient cent soixante perches ou quatre vergées, la vergée est de quarante perches, la perche de vingt-deux pieds, le pied de vingt-quatre pouces.

En Languedoc, la mesure dont on se sert, s'appelle la Saumée, elle contient seize cens cannes quarrées, la canne contient huit pans en longueur, le pan contient huit pouces neuf lignes ; toutes ces mesures se réduisent en autant de parties qu'on veut.

les différentes marnes ; afin que le Cultivateur guidé par des regles invariables, n'en retarde ou n'en altere point l'effet ; si les marnes que l'on employe sont pierreuses, il faut les répandre de fort bonne heure ; si elles sont argilleuses, elles ne demandent point d'être employées sitôt ; quand elles sont mêlées de sable & d'argille, on doit les répandre plus tard ; les pures & sablonneuses exigent de n'être répandues sur le sol qu'extrêmement tard ; au reste le Cultivateur, outre ces documens, doit avoir en vûe l'effet qu'elles doivent produire pour l'année suivante ; mais pour bien de bonne heure que l'on répande les marnes pierreuses & dures, nous le répetons, le Cultivateur ne doit point se promettre de jouir de leurs effets dans la premiere année.

Des Praticiens expérimentés veulent qu'on amoncele les marnes pierreuses dans le champ, afin qu'elles soient amollies & rompues avant que de les répandre ; nous croyons cette méthode bonne, puisqu'elle est fondée sur l'expérience ; mais celle de les répandre au lieu de les amonceler, ne l'est pas moins, parce que, comme nous l'avons dit, toutes les parties de ces pierres sont bien plus exposées aux intempéries de l'air, & que leur division, est accelerée : nous voudrions donc que si on les amoncele, on eût de tems en tems l'attention d'arroser les monceaux ; afin de les dissoudre plus promptement, & de dégager les principes de fertilité qu'elles ont. Il est des pays où le Cultivateur impatient, les calcine dans des fourneaux faits exprès ; ces terres se prêtent aisément à ses vûes ; mais outre que la chaux qui en résulte est d'une fort petite qualité pour le bâtiment, c'est qu'elles perdent encore considérablement pour la végétation : cette méthode se pratique, il est vrai, avec avantage pour rétablir des terres dégradées. On observera qu'il faut cinquante charretées de marne calcinée par acre de terrein. Mais en suivant toutes les expériences faites, on remarque que l'on doit toujours & à tous égards donner la préférence aux marnes naturelles, c'est-à-dire, celles qui n'ont d'autre préparation que celle que la nature leur a donnée.

Quant aux marnes pures & sablonneuses, on doit les décharger au sortir de la marniere à distances égales, pour tout de suite les répandre de niveau sur le sol ; afin qu'elles se rompent & s'incorporent au sol.

Il faut bien se donner de garde de répandre les marnes argilleuses au commencement de l'hiver ; car au lieu de se rompre, les pluyes les rendent plus gluantes, & par conséquent au lieu d'amender, elles dégradent les terres ; cependant en cas que le Cultivateur n'eût que de cette marne & qu'elle eût même le défaut, ce qui arrive quelquefois , de devenir plus gluante étant exposée à l'air, nous lui donnons le moyen d'en faire usage avec succès ; il faut y répandre de la chaux de marne ou bien de la chaux ordinaire bien mêlée avec du fumier pourri ; elle se brise soudain , & la récolte qu'elle procure dédommage avec usure de la dépense de cette attention. C'est ainsi qu'en Agriculture des accidens deviennent pour un Cultivateur actif & intelligent, des sources de profits considérables.

Rarement trouve-t-on les champs de niveau dans les terreins qui ont une situation horizontale ; on y voit souvent des monticules ; il faut dans ce cas avoir l'attention de faire décharger sur ces petites élévations les charretées de marne pour de-là les répandre sur les parties inférieures , & de laisser sur la hauteur une couche beaucoup plus épaisse que dans le bas : si le champ est absolument de niveau, la marne doit être répandue le plus également qu'il sera possible ; mais si le champ est situé en pante, pour peu qu'elle soit roide, il faut mettre la moitié plus de marne dans le haut que dans le bas ; c'est ainsi que le champ rendra une récolte également abondante dans toute son étendue. En effet, les pluyes en entraînent toujours assez dans la partie la plus basse du champ : nous voudrions que pour épargner le travail, toute la marne fût répandue dans la partie supérieure , il est certain que pour peu que les années soient pluvieuses , les eaux en dépouilleroient assez le haut du terrein pour en enrichir le bas.

On a vû des Cultivateurs , qui jaloux d'accélérer la division même des marnes pures ou sablonneuses , répandoient de la chaux de marne : l'expérience leur a appris que cette méthode étoit quelquefois dangereuse , & toujours inutile.

Quant au tems le plus propre au marnage des terres, il est nécessaire de distinguer, non-seulement la nature de la marne , mais encore la nature du sol : si le terrein est dur & gluant, il faut le marner au commencement de l'hiver ; si au contraire il est léger, il faut le marner au printems ou en été. Mais regle générale, il faut s'attacher principalement à bien examiner la nature de la marne , c'est le point essentiel : il n'est pas moins important d'avoir attention à la qualité du climat. On sent assurément que ce seroit trahir les premiers élemens de l'Agriculture, si l'on marnoit dans le même tems les sols des pays méridionaux que ceux des pays septentrionaux : ainsi dans les cantons du Royaume qui sont au midi, les marnes

pures & sablonneuses ne doivent être jettées tout au plus qu'un
mois avant le dernier labour, les pierreuses doivent être long-tems
avant mises en tas sur le sol, & si l'on a la commodité de l'eau, il
faut les arroser souvent; si cette ressource importante manque, il
faut avoir l'attention de couvrir les monceaux de marne de gazon
épais, de quatre, cinq & même six pouces, la verdure en dedans
portant sur la marne & la racine en dehors, exposée aux intempéries de l'air. Cette méthode accélere la division & la dissolution de
ces marnes, dont la dureté impatiente quelquefois, pour ne pas
dire toujours, le Cultivateur avide, mais peu intelligent: on doit
se comporter d'une maniere toute opposée dans les pays septentrionaux, par la raison contraire, que l'on doit sentir, & qu'il est par
conséquent inutile de rapporter.

Il arrive ordinairement que les marnes glaiseuses dont les parties
sont si intimément liées, que leur division est très-lente, sont l'unique ressource du Cultivateur. On remarque que dans ces cantons,
la tuye & les autres plantes, qui, suivant les anciens Auteurs, annoncent une stérilité invincible, ce qui est faux, y sont en abondance. On peut s'en servir avantageusement: l'on en fait des tas mêlés
avec les marnes glaiseuses, & l'on y met le feu qui les divise promptement. On observe que les couches soient séparées par des intervalles, pour donner entrée à l'air & aux vents, & par-là favoriser
le brulis, sans quoi le feu seroit étouffé, & l'on manqueroit son
objet : cette opération faite, on répand soudain les brulis aussi également qu'il est possible, ce qui se fait avec facilité, pourvu qu'il
ne fasse pas du vent ; car on ne sçauroit croire combien cette circonstance fait des inégalités sur le sol; elles se font sentir par la récolte.

Nous finissons ce Chapitre par une observation importante ; la
voici : Si le Cultivateur, après huit ou dix récoltes de bled, se
détermine à mettre son sol en pâturage, il doit se comporter dans
ce changement suivant la nature de la marne dont il s'est servi. Si
la marne étoit pierreuse ou sablonneuse, ou pure, l'herbe viendra
en abondance sans qu'il soit obligé de donner d'autre culture ; mais si
la marne étoit argilleuse, il doit se comporter différemment ; la
raison, la voici : les récoltes auront épuisé tous les sucs végétatifs,
& il ne restera plus d'autre substance sur le sol, que les parties
gluantes de la glaise, qui entre, comme nous l'avons fait voir,
dans la composition des marnes argilleuses ; de sorte que par ce
changement, il n'obtiendra qu'une herbe languissante. Il faut donc

dans ce cas, après les huit ou dix années de récolte, qu'il répande
fur le fol du fumier mêlé avec de la chaux ; en fuivant cette métho-
il jouira encore de deux ou trois récoltes de bled, & l'herbe fera
enfuite abondante & admirable ; les récoltes, pour peu que le Cultivateur foit intelligent, lui indiquent affez le befoin que les fols
ont d'être rafraîchis, ou le tems de les changer en pâturages.

CHAPITRE XVIII.

De la grande fertilité des Terres marnées.

IL eft furprenant que la marne étant le premier & le plus naturel
de tous les engrais, nous foyons obligés d'en faire fentir
toute l'utilité ; il eft certain que les avantages que le Cultivateur en
retireroit font confidérables. Les Romains en faifoient beaucoup de
cas, & regardoient cette amélioration comme la plus folide de
toutes : nous avons des Auteurs Latins qui confirment ce que nous
avançons ; il y a même encore dans certaines Provinces d'Angleterre des puits que leurs Ecrivains appellent *Marlaria*, où l'on
retiroit des marnes pour l'engrais des terres.

Si l'on compare les produits des marnes avec ceux des fumiers
ou autres engrais, il n'eft point de Cultivateur qui ne fe détermine
à leur donner la préférence. Nous avouons que les premieres dépenfes font plus grandes, & que les frais excedent de beaucoup ceux
des autres engrais ; mais auffi quelle différence de fertilité & de
durée ! Les fumiers, par exemple, ne durent guéres que deux ou
trois récoltes ; il faut donc les répeter fouvent : ajoutons qu'ils
n'ont pas autant de principes de fécondité ; ainfi l'excédent des
produits des marnes & leur durée comparés avec les frais annuels du
fumage & l'infériorité de la récolte, il eft démontré que l'on
gagne au moins le vingt-cinq pour cent en préferant les marnes. Nous
voyons par des expériences, qui à la vérité, ne font pas auffi fréquemment répétées, qu'il eft à fouhaiter qu'elles le fuffent, des
fols ftériles, à peine capables de fournir de la fubftance aux mauvaifes herbes, donner des récoltes les plus abondantes par le fecours
des marnes ; nous obfervons, d'après un Cultivateur Anglois,
qu'ayant répandu cent charretées de marne graffe, mais un peu argilleufe, fur un acre de terrein décidément ftérile, il effuya la

premiere

premiere année toutes les railleries d'homme à fistême ; mais que les
trois années suivantes ses récoltes firent bientôt taire ses railleurs.
Qui ne sçait que les innovations quelconques sont toujours exposées aux obstacles, aux railleries & à la censure ! Quelque dépense
que nous occasionne le marnage, il faut qu'elle soit bien grande, si
ce soin ne nous procure pas des profits ; ceux qui par leurs attentions
& leur industrie se tirent d'affaires dans la culture de leurs terres,
n'osent pas se déterminer à proscrire leurs usages, intimidés qu'ils
sont par les dépenses du marnage, & encore plus par le peu de connoissance qu'ils ont de la propriété des marnes : c'est donc aux personnes éclairées à donner l'exemple en bravant les plaisanteries des
ignorans ; on est assuré de l'emporter toujours, quelles que soient
les années, sur ceux qui ne pratiquent que le fumage.

Voici une Lettre d'un Cultivateur Anglois, qui peut-être déterminera encore plus décidément à l'usage des marnes.

» Mon foin, dit-il, est toujours meilleur que celui de mes voi-
» sins, & par conséquent mes bestiaux se trouvent beaucoup
» mieux nourris. J'ai beau dire que je ne dois cet avantage
» qu'au soin que j'ai de marner mes terres à pâturage aussi-bien
» que mes terres à labour, ils ne se laissent point entraîner par
» l'expérience. Il m'est arrivé d'endommager beaucoup une belle
» prairie en y répandant de la marne argilleuse, & une autre
» fois j'ai enterré l'herbe en la surchargeant d'une trop grande
» quantité de marne ; mais enfin à force de répeter ces expériences,
» j'ai trouvé la marne la plus propre aux pâturages & la pro-
» portion convenable. Je choisis toujours la marne la plus légere
» & la plus divisée, sans m'arrêter à la couleur : j'en répands vingt
» charretées par acre ; méthode qui m'est extrêmement lucra-
» tive. »

» Voici encore, c'est l'Auteur qui continue, ce que l'expérience
» m'a enseigné : » Quand je veux labourer une piéce de terre, je
» la marne deux ans auparavant avec trente charretées de marne
» par acre ; par ce moyen ma premiere année me rend autant que
» la seconde & troisiéme année des champs de mes voisins qui
» marnent aussi leurs terres à bled ; la premiere année je ne mets
» point de froment ; ma premiere récolte est en avoine : les sui-
» vantes sont en froment ou en orge ; pour mieux incorporer
» la marne au sol, je passe la herse sur la marne avant le labour ;
» les terres varient pour la quantité de marne qu'il leur faut ;

Tome I.   Z

» mais en général elles n'en demandent que cent cinquante char-
» retées par acre.

Il est très-peu de pays en France où l'on marne les pâturages & les prés. Aussi ne doit-on pas être surpris de voir sur une superficie d'une vaste étendue une récolte de foin si peu proportionnée à la quantité de terrein : il seroit donc de la derniere utilité d'établir cet usage & de l'encourager pour la multiplication & l'engrais des bestiaux.

CHAPITRE XIX.

De l'usage de la Boue pour engrais.

NOus entendons par le terme générique de boue, les boues des rues, des grands chemins, la vase des rivieres, des viviers, des étangs & des fossés ; la boue, quoique totalement différente des marnes, leur ressemble cependant plus que tous les autres engrais dans les effets qu'elle produit : elle n'est autre chose qu'une terre fine, molle & rafinée par l'action de l'eau ; telle est principalement la boue pure que l'on tire des fonds des rivieres où elle s'est rassemblée pendant une longue suite d'années, & qui est absolument dégagée des sables & d'autres matieres héterogenes.

Cette espece de boue est la plus molle & la plus grasse de toutes les substances terrestres, si l'on en excepte la marne dont l'efficacité dure très-longtems ; au lieu que l'action de la boue n'a d'autre qualité en elle-même que son parfait ameublissement, & que sa partie grasse est bientôt épuisée par les plantes dont elle anime la végétation.

La boue des viviers & celle des eaux croupies est moins pure & moins fine ; on observe qu'elle est le plus souvent argilleuse, & qu'il y entre du sable ; elle est un engrais inférieur au précédent.

La boue que l'on tire des fossés est encore moins bonne, parce qu'elle est composée de petites pierres & de sable, & qu'elle n'a guéres de parties grasses.

La boue des grands chemins est à peu près de la même nature que celle des fossés, avec cette différence, qu'elle est plus divisée, & que suivant les pays, elle est plus ou moins grasse.

Celle des rues forme un engrais plus puissant & de plus longue durée que toutes les précédentes, parce qu'elle est composée des urines, des eaux grasses qui s'écoulent des leviers, des stercorations des animaux de voiture, des épluchures des légumes, de vieux chiffons, de vieilles savates, d'animaux domestiques morts, comme chiens & chats, des décombres des bâtimens ; toutes ces matieres mêlées & confondues ensemble, font un engrais actif, puissant & durable, mais non autant que la marne ; il demande d'être incorporé au sol avec la charrue, si l'on veut en ressentir promptement les effets.

L'action de toutes ces boues est différente ; les unes ne font que ce que fait le fumier, c'est-à-dire, ne servent qu'à fertiliser pour l'instant le sol, comme la boue des rivieres ; les autres à fertiliser & donner du corps au sol par l'argille qu'elles contiennent, comme celle des viviers & des étangs ; les autres, quoique portant avec elles fort peu de principes de fécondité, servent à rompre les sols gluants, comme celles des fossés & même celles des grands chemins. Les dernieres enfin, comme celles des rues des grandes Villes bien peuplées, non-seulement rompent d'abord le sol, mais encore lui donnent du corps & une fertilité presque aussi constante que celle de la marne.

Le Cultivateur partant de la connoissance de la nature de ces différens engrais, ne peut point s'équivoquer sur les moyens de les adapter aux différens sols dont il est en possession ; par-là il voit assurément que la boue des rivieres est celle qui est le plus analogue aux sols mols des prairies & des pâturages, qui en général n'ont besoin que d'être rétablis de leur épuisement par une terre fine, meuble ; la boue des viviers convient à un sol léger ; la boue des fossés à un sol argilleux ; celle des rues des grandes Villes à toute espece de sol, mais principalement aux glaiseux.

Un avantage qui est particulier à la boue de riviere, c'est qu'elle se lie parfaitement au fumier. On remarque que lorsqu'on a répandu ce mélange sur les prairies, & qu'il est survenu quelques pluies, on trouve sur la superficie la paille absolument dépouillée, ce qui prouve que les parties adipeuses & les plus fines de ce mélange se font incorporées par le secours des eaux au cœur du sol, qui rend des récoltes étonnantes.

On sçait que les Jardiniers principalement font un cas singulier de la terre qu'ils appellent *vierge*, c'est-à-dire, de la terre qui n'a rien produit. La vase est de toutes les terres celle qui en approche le plus.

On remarque dans certains pays que les Cultivateurs se servent avec affez de fuccès pour améliorer les fols fecs & graveleux, de la terre des Communes, de Peloufe, & quelquefois même de Pelade, quand ils ont le bonheur d'en trouver qui foit un peu fubftantielle ; l'expérience prouve que la vafe de riviere produit fur ces fols des effets bien plus fenfibles ; il eft certain qu'il eft moins difpendieux & moins penible, & d'une vertu beaucoup plus efficace, furtout pour les pâturages.

Quoique la vafe des viviers ou des étangs s'amalgame plus difficilement que celle de riviere avec le fumier, nous confeillons cependant d'en faire ufage dans les fols fecs à pâturage qui font pierreux, graveleux ou fablonneux. On met une partie de fumier bien pourri fur trois de cette vafe que l'on mêle bien enfemble, & que l'on répand auffi également qu'il eft poffible.

Quant aux terres molles qui fe font épuifées par les récoltes qu'elles ont rendues, on les revivifie avec de la boue ou vafe de riviere bien mêlée avec de la fiente de volaille, ou de la crotte de mouton, on répand ce mélange fort légerement fur le fol ; car il vaut mieux répéter fouvent la même opération en petite quantité chaque fois, pour ne pas trop échauffer le fol.

Si le fol eft argilleux, on peut mêler de la boue des foffés avec de la craye & du fumier pourri, & en répandre une quantité convenable.

Voici une recette d'un Cultivateur dont les pâturages l'emportent toujours fur ceux de fes voifins : il a fait creufer dans fa baffe-cour une foffe de huit pieds de profondeur ; la terre fortie de cette foffe eft une terre molle au-deffous de laquelle il a trouvé une terre argilleufe ; il fait jetter dedans, premierement de la paille, des herbes des hayes qui ne font pas encore montées en graine, & répand par-deffus une partie de la fouille & une certaine quantité de fumier de vache, il recouvre encore ces fubftances d'herbes aquatiques, qui viennent dans les foffés marécageux, dans les marcs & dans les viviers, fur lefquelles il répand de la boue des viviers des eaux croupies & des foffés ; ce mélange eft enfuite couvert avec de la paille ; il laiffe pourrir le tout enfemble dans cette foffe qui reçoit toutes les eaux de la baffe cour ; quand le tout paroît bien amalgamé & bien pourri, il le répand fur fes pâturages dont la beauté mérite toute l'attention des vrais Cultivateurs ; nous ne connoiffons perfonne qui ait effayé cette amélioration pour les terres molles à bled ; mais il eft comme certain qu'elle feroit très-avantageufe. Nous pourrons inceffamment rapporter le réfultat de l'effai que nous en avons fait faire dans une terre à neuf lieues de Paris.

CHAPITRE XX.

De l'usage de l'Argille comme engrais.

ON a jusqu'à nos jours ignoré que l'argille pût servir d'engrais, puisque le sol qui est principalement composé de cette substance, est celui qui en exige le plus. L'expérience nous prouve cependant qu'elle sert très-efficacement à améliorer certains sols, pourvû qu'on en fasse usage avec discernement. Or la stérilité d'un sol ne peut être causée que par la trop grande quantité de l'une ou de l'autre des substances qui entrent dans sa composition, & il n'est aucune de ces substances qui ne puisse servir d'engrais à une autre; en suivant les opérations de la nature & sa maniere de procéder, nous la voyons faire sortir ses meilleures productions du mélange proportionné de différentes matieres, qui séparément prises, seroient par elles-mêmes stériles. Tout l'art du Cultivateur consiste donc à l'imiter & à sçavoir atteindre le dégré proportionné de toutes ces matieres lorsqu'il veut en faire un mêlange utile: pour parvenir à cet objet important, il doit donc s'attacher à connoître la cause de la stérilité d'un sol, secondement suppléer à ce défaut par les amandemens qui lui paroîtront les plus convenables.

Nous voyons les Anglois, qui sans contredit sont les plus grands Cultivateurs, se servir avec un succès étonnant de l'argille comme engrais sur les terreins sablonneux, pierreux & graveleux; ils l'employent telle qu'elle sort du puits, & la mélent avec le sol; il est certain que si la nature avoit mêlé de l'argille avec un sol sablonneux & graveleux, il seroit beaucoup plus fertile. Or le Cultivateur peut par son industrie suppléer cette fertilité en faisant ce mêlange. Nous le répetons encore; l'argille donne à ces sols la consistance, & les rend plus susceptibles d'autres engrais; elle tempere par sa fraîcheur naturelle l'excessive chaleur du gravier & du sable, qui, comme on le voit dans les saisons seches, brûle entierement les récoltes: deux avantages aussi importans méritent assurément toute l'attention du Cultivateur.

On doit toujours préferer l'argille de puits, parce qu'elle est plus pure que celle de la superficie, & que n'ayant rien produit, elle approche plus de la nature de la terre vierge; quoique la jaune &

la rouge ayent de la qualité, elles sont cependant de beaucoup inférieures à la bleue, surtout pour le sol où l'on trouve un peu de terre mêlée avec le sable ou le gravier; parce qu'elle contient une espece de graisse à peu près semblable à celle de la marne.

Elle a cela de commun avec la marne, que comme elle, elle porte dans le sol sablonneux des principes de fertilité durable. On voit en Angleterre des terres sablonneuses qui ont été fertilisées pendant 30 ans par l'argille jaune, & qui ont conservé cette fertilité, même jusques à 40. Nous devons ajouter encore pour le profit du Cultivateur, que c'est de tous les engrais celui qui coûte le moins; soixante ou soixante-dix charretées suffisent pour un acre.

Mais comme cet usage n'est presque point connu en France, nous devons prévenir le Cultivateur qu'il ne doit point se décourager si cet engrais ne répond pas d'abord à ses vûes malgré toute son industrie. Cette substance est si gluante, qu'il faut au moins deux ans avant qu'elle se soit incorporée au sol: mais s'il est constant, il verra son sol à force d'être brisé par la charrue & la herse, changer de nature, & renfermer en lui une fertilité aussi durable que sa vie.

Il ne faut pas s'attendre, il est vrai, à d'aussi bonnes récoltes sur ce sol que sur un bon sol bien marné, dont le produit est assurément plus fort: mais aussi l'engrais coûte beaucoup plus. Ainsi les dépenses & les revenus de l'un & de l'autre sol bien calculés, on trouvera que la somme du produit net du sol sablonneux, engraissé avec de l'argille, sera égale à la somme du produit net du sol de bonne terre bien marnée.

Voilà l'utilité de l'argille employée telle qu'elle est dans sa nature: voici comment on peut l'amender elle-même par l'art. Réduite en poudre, elle devient une bonne terre meuble; c'est pourquoi le Cultivateur devroit adopter l'usage de la calciner, ou de la brûler pour la rendre plus utile dans l'Agriculture; car ce n'est pas la substance de l'argille qui traverse par elle-même l'accroissement des plantes, c'est la contexture compacte & tenace de ses parties. Or, rien n'est plus propre à sa décomposition que le feu; il faut donc la calciner dans des fournaux bâtis exprès, & elle devient un engrais excellent pour les sols légers & secs; parce qu'elle se rompt aisément, & qu'ainsi préparée, elle s'incorpore promptement au sol.

CHAPITRE XXI.

De l'usage de Loam comme engrais.

LOAM est un excellent engrais, & jusqu'ici l'unique connu pour engraisser un sol graveleux composé de petites pierres ou cailloux sphériques unis, & d'un peu de terre meuble ; il y a des terreins où le peu qu'il y a de cette terre, est enfoncé par les pluyes. Les cailloux paroissent entiérement dépouillés ; on y répandroit en vain du fumier deux années de suite ; on en sent bien la raison. L'argille pure ne se mêle point avec ce sol malgré les fréquens labours qu'on lui donne : les figures rondes n'entrent & ne touchent la superficie des corps qu'on leur présente, que par un point presque imperceptible ; mais avec loam, même avec le rouge, on peut améliorer ces sols pourvu qu'on en répande vingt ou vingt-deux charretées par acre : cette substance se mêle parfaitement avec le gravier rond, & rend ce sol capable de bonnes récoltes ; il paroît même changer entiérement sa nature.

Il y a des sols sablonneux qui sont naturellement si durs, qu'ils ne peuvent point former corps avec l'argille. Elle ne s'y incorpore point du tout ; qu'on y répande du loam dans lequel l'argille prédomine sur le sable, cet engrais se mêlera fort bien avec le sol.

Loam n'est pas moins favorable aux sols qui abondent en craye. Les sols crayonneux sont toujours chauds, secs & légers, au lieu que loam argilleux est froid humide & gluant ; ainsi c'est attaquer ces sols par leurs contraires, & la méthode est infaillible.

On emploie aussi loam avec avantage sur les sols mous & légers ; quoique l'argille par elle-même ne se mêle point facilement avec cette espece de terre : on sçait par expérience que le sable qu'il contient prépare l'argille à la division de ses parties, ce qui est l'effet des labours, & par-là la rend propre à s'incorporer à la terre meuble.

On ne sçauroit trop vanter l'utilité de cette substance, parce qu'elle est peu connue, rélativement à l'usage avantageux qu'on peut en faire dans l'Agriculture, & qu'elle est de toutes les terres la plus commune. Elle est d'autant plus utile, qu'elle prépare les terres aux fumiers & autres engrais que l'on veut adapter aux différens fols; car le grand art dans l'Agriculture eſt de ne pas perdre des engrais ſur des ſols légers & dégradés. Or, loam leur donne du corps, ce qui les rend propres à retenir tous les engrais naturels ou artificiels qu'on leurdonne.

CHAPITRE XXII.

De l'uſage du Sable comme engrais.

ON n'ignore point, ou du moins on ne devroit point ignorer que le ſable eſt un bon engrais pour les terres argilleuſes.

Il y a trois ſortes de ſables, ſable de mer, ſable de riviere, & ſable de puits. Dans l'origine, les deux premiers ſont à peu près la même ſubſtance, puiſqu'ils ne ſont l'un & l'autre que le ſable de puits bien lavé. L'unique différence que l'on y obſerve, conſiſte en ce que le ſable de mer eſt impregné de ſel : on trouve encore une autre eſpece de ſable de mer compoſé de coquillages briſés. Regle générale, tout ſable de mer contient toujours un peu ou beaucoup de ſubſtance écailleuſe.

Pour donner plus d'éclairciſſement au Cultivateur, nous eſtimons qu'il eſt néceſſaire de diſtinguer quatre ſortes de ſables, ſable de puits qui eſt compoſé de petites pierres mêlées de terre ; ſable de riviere, qui ne conſiſte qu'en petites pierres que l'eau a abſolument dépouillées ; ſable de mer compoſé de ces mêmes petites pierres bien lavées, mais qui ſont empreintes du ſel de la mer, & qui ſont mêlées de coquillages, de plantes & d'animaux marins impregnés de la ſalure de la mer, & ſable de mer écailleux, qui n'eſt formé que de coquillages calcinés & diviſés en pouſſiere ; on pourroit en ajouter un cinquiéme, c'eſt le ſable des grands chemins.

Si nous les avons ainſi diſtingués, ce n'eſt que parce qu'ils produiſent des effets différents. Lorſqu'il n'eſt queſtion que de rompre & de diviſer un ſol gluant & tenace, le ſable de riviere doit être préféré au ſable de mer ; c'eſt en effet le ſel qui ſeul ajoute au prix du ſable de mer : nous parlerons de ſon utilité dans un chapitre où nous devons conſidérer le ſel comme engrais.

Le ſable commun ſert beaucoup plus efficacement à rompre & échauffer les ſols argilleux que le ſable de puits ; parce que la terre qui eſt mêlée au ſable de puits, émouſſe & retarde l'action des angles

gles faillans des petites pierres, dont le propre est de rompre & de s'insinuer dans l'argille. Quand on n'a point de sable de riviere, il faut se servir des sables des grands chemins ; mais il faut les enlever soudain après que les pluies les ont dépouillés de toute la poussiere.

Pour bien fertiliser un sol, les Cultivateurs intelligens se servent d'un mélange que l'expérience a accrédité : on mêle du sable avec du fumier pourri, ou du fumier nouveau de cochon, ou de volaille, & dans ce cas le sable de puits est aussi estimable que tout autre. On a remarqué que cette espece d'engrais produit des effets merveilleux, même sur les sols les plus difficiles & les plus pauvres.

Il y a une méthode excellente pour se servir du sable de puits ; il faut en répandre jusques à une certaine épaisseur dedans la bergerie. Le fumier & l'urine des moutons l'enrichissent considérablement & le rendent propre à fertiliser un sol ; parce que la substance terrestre qui est attachée aux petits angles de ce sable, retient la graisse & l'humidité.

On observera aussi que ce seroit en vain que l'on entreprendroit d'amender avec du sable seul un sol de gravier, de craye, ou *d'oam*. Cet engrais ne convient qu'aux terres argilleuses & encore plus aux glaiseuses, pourvu qu'il soit sécouru de beaucoup de labours, pour qu'il s'incorpore bien avec ces deux especes de sols.

Quant aux deux especes de sable de mer que nous avons fait remarquer ; sçavoir, celui qui ressemble au sable de riviere, mais avec cette différence, qu'il est empreint du sel de la mer, & celui qui est composé de coquillages pulverisés, de beaucoup de matieres végétales & animales, comme d'Algue ou Varech, qu'on appelle aussi Sard dans certains pays, & goémon en d'autres, il est certain que ce dernier contient beaucoup plus de principes de fertilité que le premier, qui ne laisse pas cependant d'animer beaucoup par ces sels la végétation.

Le sable salé fin & le moins dur, est le meilleur, n'importe de quelle couleur il est. Le sable du rivage, qui est tantôt sec & tantôt mouillé à proportion des marées, est préférable à celui qui est plus avant dans la mer. On doit l'enlever avant qu'il soit sec, & le porter tout de suite sur le terrein & le labourer le plutôt possible.

Ce sable est principalement favorable à un sol argilleux ou loameux ; il faut en répandre depuis huit jusqu'à dix tonneaux par acre. Ceux qui ont acquis la pratique dans l'Agriculture observent, qu'il n'y a point d'engrais qui doive être employé avec plus de discernement que le sable, attendu que le peu est inutile, & le trop nuisible ;

car on a remarqué que si la dose est trop petite, elle ne produit aucun effet; & que si elle est trop grande, elle endommage le sol & le rend stérile: il n'y a donc qu'une quantité moderée, telle que nous venons de l'indiquer, qui soit avantageuse.

Comme cet engrais fait d'abord sentir son efficacité par la grande facilité avec laquelle les différens labourages l'incorporent au sol, nous conseillons, après avoir commencé par une récolte de froment, d'en tirer trois autres de bled, & de mettre ensuite le terrein pendant cinq ou six ans en pâturage, que l'on fauche seulement la premiere année, & que l'on abandonne les années suivantes aux bestiaux; les herbes qui y viennent sont d'une qualité qui l'emporte sur celles des autres pâturages; on a remarqué que ce sable communique une si grande chaleur au sol, que la neige s'y fond presque dans l'instant qu'elle y tombe.

Le sable que l'on tire des petites bayes & d'autour des rochers s'adapte à tous les sols & les anime; nous ne connoissons point d'engrais plus riche: il n'en faut que cinq tonneaux par acre; on n'a besoin de le renouveller que de dix en dix ans. Il convient beaucoup au froment & encore beaucoup plus à l'orge; sa tige, il est vrai, y vient très-courte; mais l'épi est épais & d'une longueur surprenante.

Les herbes qui poussent sur des sols engraissés de ces sables, ont la tige courte, mais les feuilles nombreuses; il y vient beaucoup de trefle blanc qui est une herbe très-nourrissante.

Le sable que l'on tire des caps & des pointes de terre est ordinairement composé de fragmens de coquillages; il est d'une vertu admirable dans les terres stériles situées en collines & qui sont argilleuses; le bled qui y vient a la tige courte & l'épi long. L'herbe qui y croît y est aussi extrêmement courte, mais épaisse, succulente & douce. Si les coquillages qui entrent dans la composition de ce sable sont blanchâtres, leur effet est plus prochain; parce que c'est une preuve qu'ils sont plus calcinés; au lieu que quand ils ne le sont pas, il faut donner le tems au soleil & à l'air de les réduire en poudre, ce qui se fait peu à peu, & conséquemment retarde l'effet de l'amendement; les coquilles blanchâtres produisent tout au plus trois récoltes de bled & cinq ou six ans de pâturage.

CHAPITRE XXIII.

De l'usage du Gravier comme engrais.

NOus avons fait voir que les graviers étant naturellement chauds, on doit en faire usage pour rechauffer les sols froids ; ceux - ci sont ordinairement gluants. Or, le gravier les échauffe, les rompt, les divise & les ouvre à l'action des pluyes, & par conséquent aux racines des plantes.

Les sols argilleux & les glaiseux sont de tous les sols ceux que l'on amende le plus ordinairement avec le gravier. Pour bien remplir cet objet, on choisit les graviers qui sont le plus fournis de petites pierres à feu ; mais si le sol que l'on veut amender est argilleux, il faut bien prendre garde que le gravier que l'on emploie, n'abonde point trop en glaise, ou même en argille. Sans cette précaution, les espérances du Cultivateur seroient trahies ; la raison, c'est que l'argille ou glaise qu'il apporteroit sur le sol avec le gravier, ne seroit qu'ajouter au vice qui en suspend la fertilité.

Nous avons vû un champ argilleux, amendé d'abord avec du gravier mêlé de petites pierres à feu, & ensuite avec du fumier, rendre d'excellentes récoltes. Cependant le Cultivateur nous a assuré qu'avant cet amendement, le fumier n'y produisoit aucun effet. Ce n'est donc qu'à la faculté que le gravier a, de briser & de diviser l'argille, qu'il devoit l'action du fumier. Il faut, il est vrai, prendre bien garde que ce gravier ne soit point surchargé de pierres plus grosses qu'une noix ; parce qu'alors le sol seroit affessé & rendu plus compacte ; & que d'ailleurs, les tiges des plantes, en supposant qu'elles pussent percer la superficie, seroient accablées, & même étouffées par leur poids.

Voici une circonstance remarquable, & qui prouve combien la pratique de la connoissance des terres est essentielle. Un Cultivateur avoit un sol argilleux, auquel le fumier ne pouvoit point communiquer son action. Enfin, las d'y porter en vain du fumier, il s'avisa de plonger la charrue plus profondément qu'à l'ordinaire, il trouva un gravier chargé d'une grande quantité d'écailles d'huîtres pétrifiées : il répéta ses labours, & fit tous ses efforts pour en amener vers la superficie la plus grande quantité possible

& pour les incorporer au sol , ses récoltes devinrent abondantes.

Le gravier peut être aussi très-utile sur un sol *loameux*, où l'argille domine beaucoup sur le sable : il empêche que le sol , à mesure qu'on le laboure , ne se forme en grosses mottes ; il concourt même à l'action du sable contenu dans le sol , & par ce moyen , l'entretient dans un état d'ameublissement favorable à la germination.

CHAPITRE XXIV.

De l'usage de la pierre comme engrais.

ON ne doit point être surpris de nous voir introduire dans l'Agriculture la pierre comme engrais. Nous avons dans le premier Livre fait mention d'un sol pierreux que l'on estime avec raison beaucoup plus que les sols sablonneux mêlés de terre & de pierre ; & en parlant des graviers , nous avons dit que ceux où l'on trouvoit fréquemment des petites pierres à feu, étoient préférables aux autres. C'est pourquoi, si un sol pierreux est fertile, & si un autre sol qui n'a point de pierre est stérile, il est certain que celui-ci sera amendé & fertilisé par les pierres ou rocailles qu'on y répandra ; pourvu du moins que la terre, qui compose ces deux sols soit de la même nature.

De plus, il faut observer que si le gravier , comme nous l'avons déja remarqué, échauffe le sol , il est comme démontré que des éclats de pierre à chaux sont plus efficaces pour remplir cet objet, que les pierres qui entrent ordinairement dans la composition du gravier.

L'expérience prouve qu'un sol froid , gluant & de peu de valeur , sur lequel les engrais ordinaires font peu ou point du tout d'impression , s'amende parfaitement avec les éclats de pierre, comme rocailles, ou rocher pourri , & gravois. Toutes ces substances s'incorporent au sol, & lui communiquent une fertilité constante. On trouve dans l'histoire l'usage des pierres comme engrais ; on rapporte que des étrangers arrivés à Syracuse en Sicile , ayant entrepris les amendemens des terres, commencerent par les décharger de toutes les pierres & cailloux qui couvroient la superficie ;

qu'après cette opération, ayant donné trois labours , ils les enfe-
mencerent, & que leurs espérances furent entiérement trahies ; ces
gens infatigables, bien loin de se décourager, répandirent sur le
terrein les mêmes pierres, donnerent des labours fréquents & profonds, ôterent avec soin les mauvaises herbes, employerent des
engrais , & firent des récoltes abondantes.

Ce trait d'histoire a assez de rapport à une expérience que nous
avons faite en petit dans le Gatinois sur un terrein couvert pour le
moins de trois pouces de cailloutage & rocaille. Nous en avons
fait découvrir une superficie de vingt pieds : nous avons été fort
surpris de trouver sous la premiere croûte, une couche de terre qui
avoit une espece de mousse, nous l'avons défrichée, & nous y avons
fait remettre une grande partie de la rocaille. Nous avons ensuite
donné quatre labours en tout sens & bien profonds. L'orge que nous
y avons semée y est venu d'une beauté admirable : l'épi en étoit
très-bien garni. Le Propriétaire surpris d'une fertilité à laquelle il
ne s'attendoit point, s'est promis de mettre en valeur cette espece
de sol, dont ses possessions sont principalement composées : ces
essais sont d'une très-grande utilité. Ils nous conduisent à des découvertes fructueuses, & à nous faire estimer des fonds que l'on a
l'imprudence d'abandonner à leur prétendue stérilité. Nous observerons toutefois à notre lecteur, qu'une très-grande partie des
pierres dont nous venons de parler, consiste en éclats de rocher
pourri , qui s'émiette par le froissement d'autres pierres qui sont
tranchantes , & qui ressemblent à la pierre à fusil ; on voit qu'en
remuant souvent ces terres, le choc des pierres dures & tranchantes
contre les rocailles , doit briser , diviser , & enfin ameublir les
dernieres, qui n'ont vis-à-vis des premieres qu'une bien foible
dureté à leur opposer.

CHAPITRE XXV.

De l'usage de la craye comme engrais.

LA craye est un engrais dont on ne sçauroit trop observer les
qualités ; dès qu'on est parvenu à bien connoître sa nature, on
ne peut l'employer trop fréquemment. Ses effets durent long-
tems , mais il faut bien prendre garde qu'elle appauvrit à la fin le

sol ; à moins que le Cultivateur ne soit assez intelligent pour remédier à cet inconvénient. Elle est favorable aux deux sols les plus
mauvais que nous ayons, au sol gluant argilleux , & au sol purement sablonneux ; elle sert aussi de préparation pour les sols qu'elle
amende, aux autres engrais qu'on veut & qu'on doit y répandre.

Dans le mot générique de craye nous comprenons plusieurs sortes
de substances blanchâtres, qui ne différent que par leurs différens
degrés de dureté, & qui produisent plusieurs effets : regle générale de laquelle le Cultivateur ne doit jamais s'écarter dans le choix
des crayes ; il doit toujours préferer la plus molle , parce qu'elle
est de toutes celle qui se prête le plus aux impressions de l'air ;
car il faut que cette substance se divise & s'émiette pour communiquer son activité au sol.

La craye réduite en chaux est un excellent engrais. Mais lorsqu'elle est réduite en poudre par l'air , on doit préferer cette calcination naturelle ; parce qu'elle conserve plus de force, & que ses
effets durent beaucoup plus long-tems que ceux de la chaux ; il est
vrai que la chaux agit plus promptement ; mais tout Cultivateur intelligent préferera toujours l'autre avantage à celui-ci.

La craye molle & grasse se divise avec facilité exposée au soleil
à l'air & aux pluyes ; au lieu que la craye pierreuse reste sur le sol deux
ou trois ans sans se briser, & par conséquent sans produire d'effet.
On doit donc la rejetter , pour peu qu'on ait d'espoir d'en avoir
d'autre. On trouve ordinairement la craye molle sous une couche
d'argille jaune marneuse, que les pluyes & les gelées d'un hyver
ont la propriété de diviser & de rendre propre à être incorporée
parfaitement au sol. Cette craye divise les argilles les plus gluantes ,
ouvre leurs pores à l'air , aux pluyes, à tous les autres engrais,
& aux racines du bled.

Il paroîtra étonnant aux Cultivateurs qui n'ont point des principes, que l'argille & la craye qui employées séparément sont stériles , soient par leur mêlange d'une fertilité admirable. L'expérience
prouve qu'un seul labour sur une terre argilleuse que l'on a amendée
avec de la craye , produit plus d'effet que trois sur la même terre
lorsqu'on n'y a pas répandu cet engrais : on remarque même (&
c'est à quoi il faut bien prendre garde) que ce sol secouru de la
craye, acquiert une vertu si active & si productive , que si l'on ne le
rafraîchit pas par d'autres engrais, ou si on ne le rétablit point par
une jachere convenable , il s'épuise tellement au bout d'un certain
temps par les récoltes abondantes qu'il donne , qu'il reste absolument sans principes.

Mais il eſt des moyens de prévenir cet accident ; ſurtout que le propriétaire ne perde jamais de vûe l'avis qu'il va recevoir. S'il afferme ſes poſſeſſions , qu'il ſe défie de ſon Fermier , & qu'il ne ſe laiſſe point éblouir par les belles récoltes qu'il verra ; le fermier eſt ordinairement avide , & comme ſon bail n'eſt par l'uſage imprudenz établi en France , tout au plus que de neuf ans, il cherche à faire ſon coup de main le plutôt qu'il lui eſt poſſible. Le propriétaire accoutumé par la nature de ſon ſol à des récoltes médiocres, afferme à bas prix : le Fermier, au contraire , connoiſſeur, voit au premier coup d'œil la qualité du terrein & le parti avantageux qu'il peut en tirer ; c'eſt pourquoi pour profiter de la modicité du prix , il pouſſe le terrein qui eſt argilleux de craye toute pure ; mais un propriétaire inſtruit n'eſt point la victime ; il défend expreſſément de répandre de la craye pure , parce qu'il ſçait qu'afin que l'amélioration ſoit avantageuſe , il faut ſur une charretée de craye mettre trois charretées de fumier & une charretée de vaſe de riviere ; vingt-cinq ou trente charretées de ce mélange ſuffiſent pour un acre pendant dix ou douze ans, après lequel tems on peut renouveller ce même engrais ſans jachere , continuer à travailler ce ſol d'une génération à l'autre, & jouir toujours de la même fertilité.

Si l'on a l'avantage d'avoir une craye fine & molle , il faut la creuſer au Printemps , & la répandre tout de ſuite ſur le terrein ; parce que l'air l'épuiſe pendant l'hyver ; ſi au contraire la craye a une certaine dureté, il faut la creuſer en Octobre , & l'expoſer aux pluies & aux gelées pendant l'Hyver ; au Printemps on la rompt, on la répand , on donne un labour ; après qu'on y a ſemé du bled , on répand une certaine quantité de ſuye de cheminée : cet engrais eſt d'une efficacité ſurprenante ; mais ſi on n'a que de la craye pierreuſe , il faut la briſer autant qu'il eſt poſſible , la répandre ſur la terre, & la laiſſer expoſée à l'air une année ou deux avant que de la labourer ; par cette méthode, elle s'amollit , & le labour qu'on lui donne l'incorpore plus facilement au ſol ; & d'ailleurs, pendant tout ce tems, la terre a profité des petites molécules que les pluyes ont détachées.

Quelques Cultivateurs intelligents ont prétendu que l'uſage de la craye ſe bornoit aux ſeules terres labourables ; mais l'expérience prouve que l'on peut s'en ſervir utilement ſur les terres à pâturages ; elle donne du corps , de la douceur à l'herbe, & la rend plus ſucculente ; il eſt vrai qu'elle n'en augmente point la quantité ; mais les beſtiaux s'y engraiſſent beaucoup mieux , & les vaches qui y pâturent, donnent un lait beaucoup plus butireux : on obfervera qu'il faut que la craye foit affez molle pour s'émietter en la foulant avec le pied, avant que de la répandre fur les terres à pâturages.

Suivant la méthode de l'ancienne Agriculture, on répandoit de la craye fur les terres marnées : il y a même des pays où l'on ne peut point détruire cet ufage, quoiqu'il foit très-inutile, comme des Cultivateurs diftingués par leurs lumieres, & par des expériences fuivies avec exactitude, l'ont obfervé : or, on fçait combien il eft important de diminuer les opérations en Agriculture, fi l'on veut y multiplier les avantages.

CHAPITRE XXVI.

De l'ufage du Sel comme engrais.

L'USAGE du fel comme engrais, a été long-tems interrompu; il étoit cependant très-recommandé dans l'ancienne Agriculture. Les expériences heureufement répétées de nos jours, prouvent cependant fa grande utilité. Le fel gris eft celui qui convient le plus aux terres ; il contient plus de principes, parce qu'il fe forme par l'expofition de l'eau de la mer au foleil & aux vents, dans des foffes peu profondes; au lieu qu'on ne fait le fel blanc qu'en faifant bouillir l'eau de la mer fur le feu, ce qui caufe une évaporation qui ne laiffe que la partie faline pierreufe.

Il eft certain qu'on ne peut pas employer de fubftance plus fertilifante que le fel pour les terres à bled ; mais il faut s'en fervir avec beaucoup de prudence : trois boiffeaux fuffifent au commencement par acre pour les terres les plus ftériles : il feroit dangereux dans la fuite d'en mettre plus d'un ; le fel eft un engrais analogue à toutes fortes de fols; il faut le répandre fur le terrein en même tems qu'on feme le bled, parce que la premiere pluye le diffout & le porte dans le cœur du fol.

Il eft des pays où l'on mêle la boue des foffés remplis d'eau falée avec de la chaux & de la craye molle, cet engrais eft d'une efficacité merveilleufe pour les terres ftériles.

Le fel blanc fi commun dans certains pays, n'eft point à négliger, comme il l'eft, pour engraiffer les terres ; quoique nous ayons dit que le feu en évapore confidérablement les parties les plus fpiritueufes , rituèuses, il eft cependant d'un très-grand fecours ; pourvu qu'on ait l'attention d'en augmenter la dofe au moins d'un tiers.

Nous parlerons dans la fuite au Livre du labourage, de la méthode de tremper dans la faumure le bled deftiné à la femence, ce qui lui donne beaucoup de force, & le garantit de la nielle.

CHAPITRE XXVII.

De l'ufage de l'Algue ; appellée dans certains pays goemon, en d'autres fart & en d'autres varech comme engrais.

L'ALGUE n'eft point un engrais qui foit à la portée de tous les Cultivateurs ; il n'y a que les Habitans des côtes maritimes qui puiffent en profiter : c'eft un préfent de la mer ; on fçait que tout végétal pourri fait un excellent engrais. Nous venons de voir l'efficacité du fel. Or, l'algue a le double avantage d'agir fur le fol par fes fels alkalis, & par les fels marins dont elle s'impregne en croiffant dans la mer.

Il y a des curieux qui l'ont analyfée fuivant toutes les regles de la chimie, & qui y ont trouvé à peu près les mêmes principes que dans les animaux : on a vû par le fécours du microfcope, qu'elle eft toute couverte de petits infectes, qui vivent fur fa furface gluante, & dans fes petites denrelures ou cavités ; de forte qu'il eft des Sçavans qui ont cru que l'algue n'étoit point précifément une plante, mais qu'elle n'étoit qu'un amas de ces infectes ; au refte, cette difcuffion n'entre point dans l'ordonnance de cet ouvrage ; ainfi, peu nous importe qu'elle appartienne au regne animal ou au regne végétal ; il nous fuffit rélativement à notre objet, de faire fentir au Cultivateur fon utilité comme engrais, tant par fa propriété végétale, en fuppofant qu'elle foit du regne végétal, comme il y a toute apparence, que par le fel qu'elle contient, & la quantité d'infectes dont elle eft toujours couverte ; car il n'eft point de Cultivateur qui ne connoiffe par expérience les grands principes de fertilité du regne animal.

Il eft des cantons fur les bords de l'Ocean, où l'on tire du fond de la mer l'algue mêlée avec la vafe : on laiffe pourrir ce mélange avant que de le répandre fur le fol ; c'eft un des plus riches engrais qu'on puiffe lui donner.

Tome I.   Bb

Il est d'autres cantons où les rivages sont sablonneux ou pierreux, & où par conséquent on ne peut point avoir de la vase. Les Habitans arrachent l'algue des rochers & des pierres, ramassent celles que les orages & les tempêtes poussent vers les bords, & la répandent sur leurs terres sans autre préparation; les récoltes y sont d'une abondance qui surprend.

Ce qui prouve évidemment que l'algue est du regne végétal, c'est que sans être cependant ligneuse, elle se conserve presque entiere dans le sol pendant la premiere année malgré les labours, ce qui n'arrive point dans les animaux; puisque dès qu'ils sont privés de la vie, ils se putrefient & se décomposent dans peu de tems: on observe que la seconde année, sa putréfaction commence, que la fertilité augmente, & qu'elle continue la troisiéme. Ainsi les terres doivent la fertilité de la premiere année au sol & aux insectes, celle de la seconde est l'effet de la putréfaction des feuilles & de ses parties les plus tendres; celle de la troisiéme appartient à la putréfaction de la tige & des parties les plus ligneuses de l'algue.

Il est des pays où les Cultivateurs, par une avidité mal entendue, & qui tourne à leur désavantage, mettent l'algue en tas, & la couvrent pour accélerer sa putréfaction, avant que de la répandre sur le sol ; il est bien vrai que par cette méthode, on donne au sol une vie étonnante; mais aussi on risque de l'épuiser, & l'on s'expose au versement des plantes , qui recevant trop de nourriture, poussent leur tige à une hauteur qui n'est pas proportionnée à leur grosseur, ce qui les met hors d'état de résister aux impulsions des ouragans, & aux poids des grandes pluyes : on a remarqué d'ailleurs, qu'en supposant qu'aucun de ces accidens n'arrive, il est certain que la premiere année emporte tous les profits; puisqu'il est vrai que la seconde & troisiéme année, les terres n'y rendent que des récoltes très-médiocres. Nous conseillons donc au Cultivateur de répandre son algue sans aucune préparation, dès qu'il l'a tirée de la mer : par cette méthode, sans épuiser son terrein, il jouira de trois récoltes abondantes, qui lui produiront sans contredit beaucoup plus que la premiere dont nous venons de faire voir les inconvéniens.

CHAPITRE XXVIII.

De l'ufage des coquillages de mer comme engrais, & de leur
fperme.

IL y a deux raifons puiffantes qui doivent déterminer le Cultivateur à faire ufage des coquillages de mer comme engrais. La
premiere, parce qu'ils ont fervi d'enveloppe à des animaux, qui
fûrement leur ont communiqué quelques parties de leur nature,
& que, comme on le verra dans la fuite, tout ce qui provient du
regne animal, contient des principes de fertilité; la feconde, c'eft
que l'air les calcine & les réduit en une efpece de chaux, & l'on a vû
combien elle eft en général favorable aux terres.

Nous voyons ces coquillages en trois états différents; c'eft ce qu'il
faut en effet bien diftinguer fi l'on veut en tirer un parti avantageux:
d'abord il y a des coquillages que l'on tire récemment de la mer, où
que l'on trouve jettés tout récemment fur le rivage par les flots; ils
font luifants, particulierement en dedans, & fouvent nuancés de
différentes couleurs; d'autres ayant été très-long tems expofés
fur le rivage, font calcinés par l'air & par le foleil, ils font blanchâtres, mais ne font pas luifants. Les derniers enfin font des coquillages calcinés par le feu, & réduits en chaux: le Cultivateur doit
fçavoir les adapter à la différente nature de fes terres, pour en faire
un ufage profitable.

Le fperme des poiffons à écaille, eft un engrais très-riche; il eft
plein de petites écailles: on le trouve ordinairement fous les rochers, & fouvent en abondance dans les lits des rivieres cù le flux
& reflux ont lieu. Ce fperme fe diffout aifément, on doit le préférer au fumier; une charretée de cette fubftance produit autant &
même plus d'effet que trois charretées de fumier.

On préfére ordinairement, & c'eft avec raifon, les coquillages
récemment jettés fur le rivage pour engraiffer un fol pauvre de
bruyere; mais il faut bien obferver fi le fol eft gluant; & en ce
cas, on doit indifpenfablement calciner les coquillages & les réduire en chaux: ceux qui font calcinés par l'air & le foleil, font
très-favorables aux fols compofés de fable & d'argille, ils y produifent à peu près le même effet que la chaux.

Il ne faut point cependant imaginer qu'on puiſſe faire uſage des coquillages, tels qu'on les tire de la mer, ou qu'on les trouve dans les greves ; il faut au contraire, commencer par les rompre à coups de marteau ou de maſſue, ou les faire broyer dans un moulin avant que de les répandre ſur les terres. Plus ils ſont attenués & diviſés, plutôt ils produiſent leur effet ; car ſi on avoit l'imprudence de les ré-pandre ſans avoir pris cette précaution, ils empêcheroient le bled de croître, & reſteroient très-longtems ſans communiquer leur vertu au ſol, attendu qu'ils reſteroient dans leur entier pendant pluſieurs années.

Quant aux coquillages qui ont été long-tems expoſés à l'air & au ſoleil, & qui ſont preſque calcinés, ils ſont beaucoup plus aiſés à ſe diſſoudre ; cependant nous conſeillons de les calciner au feu pendant une demi-heure ; cette méthode accélere leur diſſolution, & les terres en profitent plutôt : cet engrais ainſi préparé, excite une fermentation dans le ſol, le diviſe, le ramollit & le fertiliſe pour pluſieurs années ; quelquefois même il rend un ſol de trop ferme & trop gluant qu'il étoit naturellement, ſi léger, qu'il ne peut plus ſoutenir les racines du bled ; alors le Cultivateur doit le mettre en pâturage pendant deux autres années, l'herbe en eſt bonne & douce ; au bout de ce tems, il peut le labourer avec grand avantage.

Quant à la quantité, il en faut vingt charretées par acre ; on obſervera que ſi l'on a l'attention de les calciner au feu ſeulement pendant demi-heure, ils affectent le ſol peu à peu, l'animent inſenſiblement, & que leur efficacité dure pendant douze ou quatorze ans ; mais que lorſqu'ils ſont calcinés & réduits en chaux, leur effet eſt à la vérité plus ſubit, mais qu'il ne dure point ; ainſi de ces obſervations, le Cultivateur doit conclure qu'il doit néceſſairement préférer pour ſon avantage la petite calcination, à moins que le ſol ne ſoit ſi ſtérile & ſi froid, qu'il ſoit obligé pour le rechauffer, de les réduire en chaux.

CHAPITRE XXIX.

De l'usage des parties d'arbres & de plantes comme engrais.

TOUT ce qui tient au regne végétal est un très-bon engrais, après avoir acquis le degré de putréfaction convenable ; le Cultivateur doit donc avoir l'attention de ramasser les herbes qui ont le plus de suc avant qu'elles soient montées en semence, les feuilles d'arbres, toutes sortes de bois pourris, les écorces d'arbre, celles même qui ont servi aux Tanneurs, les sciures de bois, enfin tout ce qui croît du regne végétal, les jetter dans la fosse à fumier afin que toutes ces substances pourrissent & se mêlent avec les fumiers des étables & des écuries ; cet engrais est d'une efficacité admirable.

Nous ferons cependant une observation rélativement aux terreins humides. Les sciures de bois, les bois pourris, & les bois qui ont servi aux Tanneurs, mêlés à sec avec du plâtre, du fumier de cheval, du fumier de cochon, & la crotte de mouton font un engrais beaucoup plus efficace sur cette espece de sol : la raison en est bien évidente ; comme l'objet du Cultivateur ne doit être que de dessécher & d'échauffer ces sols humides, il ne peut mieux se conduire qu'en leur donnant des substances spongieuses qui pompent l'humide qui y est contenu, & des matieres échauffantes pour les animer & y exciter une fermentation qui ne leur est point naturelle ; la stercoration des hommes y est aussi très-avantageuse.

CHAPITRE XXX.

De l'usage des cadavres des animaux comme engrais.

LE regne animal ne mérite pas moins l'attention du Cultivateur, que le regne végétal, rélativement aux principes de fertilité qu'il renferme en lui même. Le plus grand avantage qu'un Cultivateur puisse avoir, c'est d'être à portée de plusieurs especes d'engrais & d'en avoir une parfaite connoissance pour en faire usage suivant la commodité du transport, & suivant qu'ils font analogues à la nature des améliorations qu'il a befoin de faire, fe mettant fort peu en peine de l'ignorance de fes prédéceffeurs qui n'ont pas fçû en profiter ; car en vérité la tradition eft de tous les obftacles celui dont on triomphe le plus difficilement : ce qui produit de bons effets dans un canton, en produit auffi dans un autre, pour peu que les fols foient analogues, & qu'ils approchent réciproquement de leur nature ; il eft certain que le hazard a fait d'abord connoître aux hommes que les parties des animaux ont une efficacité admirable pour engraiffer les terres ; des charrognes jettées par hazard dans des champs, ont fait voir les principes de fertilité contenus dans le regne animal : cette premiere obfervation a fait raifonner & a deffillé les yeux au Cultivateur. C'eft ainfi que fur les côtes de la Norvege, on amende les terres avec les rebuts des bateaux des Pêcheurs, qui préparent une grande quantité de morue & d'hareng pour l'exportation. La même méthode s'obferve avec un fuccès étonnant en Terre Neuve ; ainfi, les Cultivateurs qui font à portée de fe procurer cette efpece d'engrais, auroient grand tort de le négliger.

Quand un Cultivateur eft voifin d'une Ville, il peut faire un forfait avec des Bouchers ou autres perfonnes, pour avoir les abbatis des bœufs, des moutons & d'autres animaux ; comme auffi le fang & le poil. Les Cultivateurs Anglois font fi convaincus de l'efficacité des parties de la laine qu'on met au rebut, des peaux de lapins & du poil des autres animaux, qu'ils donnent fept, huit & même jufques à neuf fchellings du boiffeau ; il en faut trente boiffeaux par acre : cet engrais produit deux récoltes abondantes, après quoi fa vertu eft épuifée.

Les cornes des animaux font auffi un très-riche engrais. Suivant l'ancienne Agriculture, on ne recommandoit que les cornes des pieds des animaux qui ruminent. Mais cette méthode eft d'autant plus ridicule, qu'elle ne porte fur aucun principe : toutes les cornes font également efficaces, avec cette différence toutefois que celles des jeunes animaux produifent leur effet plus promptement : il faut les répandre fur les terres avant le labour. On en met trente boiffeaux par acre ; leur fertilité agit depuis quinze jufqu'à vingt ans. L'avantage de cet engrais eft effentiel ; puifque l'expérience prouve qu'il agit avec efficacité dans toute forte de fols.

Il faut obferver que les cornes des têtes des beftiaux, ont à la vérité la même vertu ; mais qu'étant beaucoup plus fermes que celles des pieds, parce qu'elles contiennent moins d'humide, il faut les diviſer en parties très-minces, & les répandre ſur les terres, avant que de les labourer, pour les expoſer à l'action des pluyes de l'air & du ſoleil, ce qui les rend fléxibles & plus propres à s'incorporer aux ſols.

CHAPITRE XXXI.

De l'uſage du fumier en général comme engrais.

L'Usage du fumier eſt général ; mais on ne porte pas aſſez d'attention à la différence des qualités & des vertus des différents fumiers, ni à la maniere d'adapter ces différentes eſpeces aux différens ſols, ni même (ce qui fait la honte de l'Agriculture Françoiſe) au tems convenable de le porter ſur le terrein & de l'y répandre, ce qui eſt cependant d'une conſéquence infinie dans cette branche de l'Agriculture.

On ne peut point nier qu'il n'y ait une très-grande différence dans les propriétés des excrémens des différens animaux ; auſſi avons-nous jugé à propos d'en faire des articles ſéparés pour mieux inſtruire le Cultivateur ſur un point auſſi utile & néceſſaire. Nous commençons d'abord par le fumier en général.

On laboure & l'on ſe ſert des engrais pour rompre & diviſer le corps du ſol, qui eſt ſouvent trop gluant & trop reſſerré : plus un ſol eſt diviſé, plus ſes molécules donnent aux racines des plantes la liberté de s'étendre, de pomper leur nourriture, & par conſéquent plus elles cooperent à leur accroiſſement; or ce méchaniſme eſt l'effet du labourage & de la fermentation cauſée par le fumier. Tout fumier en général tend à la fermentation & fermente en effet ; mais les uns plutôt, les autres plus tard ; ce mouvement interne mollit le ſol & le fertiliſe ; car on obſerve qu'une plante quelconque acquiert plus facilement un parfait accroiſſement ſur une terre fumée que ſur un tas de fumier ſans terre : preuve bien certaine que ce n'eſt pas le propre du fumier de nourrir préciſément les plantes, mais ſeulement de diviſer le ſol & de l'ameublir de façon à porter ſes principes de végétation dans les organes des plantes ; objet que l'on remplit en rompant & diviſant les terres par les ſecours de la charrue & des fumiers.

Le Cultivateur pourroit déja tirer de ce que nous venons de dire, des inductions sur la façon dont on doit fumer les terres légeres ; mais ce point important sera traité d'une maniere plus détaillée ; en général, le fumier pur ne produit pas de bons effets sur un terrein sablonneux. Les petites pierres dont le sable est composé, ne sont pas unies ensemble, & le fumier n'a point la vertu de diviser chaque grain.

Nous voyons le mauvais effet du fumier sur les sols sablonneux des marais de Paris, où les légumes forcés par la quantité de fumier croissent, pour ainsi dire, dans l'ordure & la pourriture : qu'on compare la saveur des navets des champs avec celle des navets de ces marais, on observera la supériorité des premiers sur les derniers. Qu'on fasse bouillir des choux des environs de Paris, l'eau dans laquelle ils auront bouilli puera ; au lieu que l'eau dans laquelle on aura fait bouillir des choux venus sur un sol naturel, rendra une odeur agréable ; si le Cultivateur fumoit aussi abondamment ses terres, son bled auroit peut-être le goût de fumier.

Le fumier s'échauffe par la fermentation, & communique sa chaleur à tout ce qui l'environne, avantage que les sols & les plantes en reçoivent ; cette connoissance sert à indiquer au Cultivateur le temps propre à répandre le fumier sur ses terres relativement à leur tempérament froid ou chaud, & relativement au climat.

La bonne Agriculture consiste donc à ne point perdre de vûe toutes ces différentes circonstances. Donner trop de fumier à un terrein, c'est s'exposer à de grands frais & à peu de profit ; ne pas leur en donner assez ou point du tout, est une autre erreur également & même plus préjudiciable.

Monsieur Tull prétend que le fumier réfroidit les terres après les avoir un peu échauffées au commencement. Il dit que l'on a observé que des récoltes entieres de froment avoient totalement péri par les gelées sur des sols fumés ; tandis que le froment s'étoit parfaitement bien conservé la même année sur les sols de même nature qui n'avoient pas été fumés. On répond à cette observation, que cet accident venoit sans doute de la situation basse du terrein, où l'eau qui environnoit les racines du bled venant à se glacer, les avoit alterées ; il faut surtout en Agriculture plus d'une observation pour bien constater un effet général. Monsieur Tull n'auroit-il pas cedé trop aveuglément à l'illusion de son sistême qui le fait déchaîner contre l'usage des fumiers ? Lorsqu'on veut introduire une innovation, on s'aveugle aisément. Les moindres observations qui la
favorisent

favorifent font prifes pour des autorités irréfiftibles ; mais quand on travaille de bonne foi pour le bien commun , on ne conclud jamais du particulier au général. Auffi nous verra - t - on dans le courant de cet Ouvrage plaindre tous les Cultivateurs qui ont adopté fon fiftême ; on verra dans le Livre du Labourage que ce n'eft point ici un efprit de parti qui nous guide ; la juftice que nous y rendons aux lumieres profondes & utiles de ce fçavant Ecrivain, nous mettra à couvert de tout foupçon de partialité.

Il y a des terres qui font plus propres que d'autres à recevoir le fumier ; il y en a auffi qui en exigent des efpeces particulieres jufqu'à une certaine quantité. Nous croyons qu'on ne fçauroit trop inftruire le Cultivateur fur ces points importans , pour les mettre en état de fe tenir en garde contre quelques Ecrivains modernes outrés , qui accufent de folie , d'obftination ou d'ignorance ceux qui ne fe prêtant point à leurs innovations, ne veulent point rejetter l'ufage du fumier , dont l'utilité eft confacrée par tous les tems & par tous les Auteurs.

Nous avançons donc avec toute la confiance que mérite la pratique de tous les tems , qu'il n'eft point d'engrais plus prompt & plus univerfel que le fumier , & qu'on en tirera tous les avantages poffibles en fe comportant fuivant la méthode que nous allons donner. Alors on répondra aux ennemis du fumier , que les accidens , qui arrivent dans les récoltes, & qu'ils attribuent à cet engrais , font caufés , tantôt par le mauvais choix de l'efpece , tantôt par le défaut de proportion , tantôt par la maniere de le répandre fur les terres , tantôt par le tems peu propre à cette opération , tantôt enfin par l'ignorance de ceux qui ne fçavent pas adapter cet engrais à la nature de leur fol.

CHAPITRE XXXII.

De l'ufage du fumier de Cheval.

LE fumier de cheval doit, afin que le Cultivateur bien inftruit en tire tous les avantages poffibles, être divifé en plufieurs fortes.

Il n'y a point lieu de douter, pour peu qu'on connoiffe le méchanifme du corps des animaux, que la différence qui regne entre

leur fumier ne foit l'effet de leur différente nourriture ; car il eft
bien certain que la ftercoration de ceux qui fe nourriffent de chair
n'eft pas la même que celle de ceux qui fe nourriffent d'herbage,
& que la ftercoration de ceux qui reçoivent leur nourriture autant du regne animal que du regne végétal, ne foit encore bien différente des deux premieres.

Quoique les chevaux fe nourriffent tous également des végétaux, on doit cependant mettre une très-grande différence entre
l'herbe verte & humide qu'ils mangent dans les pâturages, & le
foin & la paille qu'on leur donne dans l'écurie ; les grains qu'on leur
fait manger eft encore une circonftance confidérable qui ajoute
à la qualité du fumier. Il faut auffi ajouter une autre différence :
comme par fumier de cheval on entend ordinairement la crotte
mêlée avec la paille qu'on leur donne pour litiere ; on peut par
conféquent le confidérer comme étant compofé d'autres mélanges.

Afin donc que nous conduifions le Cultivateur à une parfaite
connoiffance de cet engrais, il faut le confidérer dans trois états
différens, comme pur & fans mélange, comme ramaffé dans les
grands chemins, & comme fortant de l'écurie. Dans le premier
état c'eft la crotte pure du cheval ; dans le fecond il eft mêlé avec
de l'urine & de la pouffiere ; dans le troifiéme, il eft mêlé avec de
l'urine, de la paille, de la thuye, ou autres chofes dont on peut
faire la litiere.

Ces circonftances bien confiderées forment une grande différence ; il y a encore d'autres obfervations à faire fur le tems dans
lequel on l'employe ; par exemple, quand il eft tout récent ou quand
il a été humecté par les pluyes, ou quelque temps après qu'il a été
mélangé. Pour bien diriger le Cultivateur, nous difons donc
que le fumier pur & fans mélange n'a qu'une chaleur moderée ; que
le fumier d'écurie qui a fermenté avec de la paille & de l'urine eft le
plus chaud de tous, & que la crotte ramaffée dans les grands chemins
eft très-fertile, quoiqu'elle ait très-peu de chaleur.

Il y a auffi une très-grande différence entre le fumier de l'écurie
qui eft en fermentation & celui qui a déja fermenté & qui eft bien
pourri. Dans le premier état il eft trop riche, c'eft pourquoi la quantité doit être beaucoup inférieure à celle du fumier bien pourri. Nous
donnerons dans le courant de cet Ouvrage des Avis, qui feront
juger fainement de toutes ces circonftances, & nous fommes affu-
rés, que ceux qui ont adopté la méthode de Monfieur Tull, s'ils
pratiquent nos documens, n'auront point lieu d'avoir abjuré fon

fiftême ; il eft certain que la connoiffance des différens degrés d'extinction que l'on doit donner aux fumiers eft la pierre de touche de la bonne Agriculture ; puifque c'eft par cette méthode qu'on adapte les engrais aux différens fols, relativement aux différens climats. Ne feroit-il pas en effet abfurde de révoquer en doute, qu'un fumier donné à un fol léger dans unpays chaud, au même degré qu'on le donneroit au fol de même nature dans un pays froid, doit néceffairement produire un mauvais effet, & qu'il doit réfulter le même inconvénient de cette méthode pratiquée fur les fols fecs & fur les fols humides ?

Quand les Médecins prefcrivent aux malades l'ufage du fumier de cheval, ils préferent celui des chevaux entiers, non - feulement parce qu'ils font plus vigoureux que les jumens & que les chevaux hongres ; mais bien plus à caufe de leur nourriture qui eft feche, puifqu'ils font toujours renfermés dans l'écurie ; la même raifon doit déterminer le Cultivateur à donner la préférence au fumier des chevaux entiers & de ceux qui ne font nourris qu'avec du fourage fec.

La ftercoration des animaux n'eft qu'un compofé des parties groffieres des alimens, de la falive qui s'y mêle par la maftication & la déglutition, & de l'humeur digeftive de l'eftomac & du fiel. On peut donc la confidérer comme un mêlange de matiere végétale bien triturée & de l'humidité animale, qui doit, fuivant les principes déja établis, la rendre un engrais très-riche : il eft donc évident que plus la nourriture eft forte, plus le fumier doit être riche & fpiritueux. De-là il s'enfuit que le fumier des chevaux nourris dans l'écurie avec du foin & du grain, & mêlé, comme il l'eft ordinairement, quand l'écurie eft bien difpofée, avec l'urine, doit être le plus riche. Auffi un Cultivateur intelligent a - t - il l'attention de faire paver fes écuries afin que la terre ne profite point de cette fubftance précieufe, & qu'au contraire elle fe mêle avec la crotte & la paille.

De ce méchanifme établi, il réfulte que le fumier des vaches n'eft pas auffi chaud que celui des chevaux ; parce qu'elles font nourries ordinairement d'herbes ; par la même raifon la fiente de volaille doit être le fumier le plus chaud de tous, parce qu'elle fe nourrit ordinairement de bled. Ainfi ces principes joints aux expériences, indiquent au Cultivateur que le fumier de cheval convient aux fols froids, & le fumier de vache aux terres chaudes. Par la même raifon, le fumier de cheval mêlé avec des fables, des graviers, & même du plâtre, devient un engrais infaillible pour les terres

humides & froides , & celui de vache mêlé avec de la glaise ou
de l'argille , fait un amandement admirable pour les terres légeres
& fablonneufes. Cette obfervation conduit néceffairement à une
autre ; c'eft d'être attentif au climat froid ou chaud pour donner
à ces engrais le degré d'extinction , ou leur laiffer le degré de
chaleur convenable ; afin que leur efficacité fe développe plus promptement & plus utilement.

La ftercoration des hommes eft donc, en fuivant nos principes,
celle qui de toutes a le plus de force & de vertu à caufe de la
viande que nous mangeons , & de notre boiffon qui eft toujours
fpiritueufe ; mais auffi cet engrais doit-il être adminiftré avec prudence, foit relativement à fa quantité, foit relativement aux différens degrés d'extinction qu'il faut abfolument lui donner, fi le Cultivateur ne veut point voir toutes fes efpérances trahies ; fon activité
eft fi grande, que , par exemple , dans les fols légers elle brûle &
confume entierement les graines.

Si la ftercoration des hommes a tant de force , il eft bien évident
que celle des cochons occupe le fecond rang pour fon activité ;
parce que ces animaux fe nourriffent de parties animales & végétales , en un mot , de tout ce qu'ils trouvent ou qu'on leur préfente. Il eft vrai que plus les fumiers font fpiritueux , plus ils font
prompts , mais auffi qu'ils s'évaporent facilement. Le point important pour le Cultivateur , c'eft de s'en fervir dans le tems convenable ; une pluye douce qui dure feulement deux ou trois heures le
porte au cœur du fol, au lieu que s'il eft porté dans un tems fec,
& que s'il refte feulement pendant un jour fec & venteux , il perd
prefque toute fa qualité.

Mais comme il y a un moyen de contenir fes parties fpiritueufes ,
nous confeillons de ne jamais l'employer pur fur les terres à bled. Il
faut au contraire le mêler avec du fumier commun & autres matieres,
comme glaife ou argille , ou gravier , ou pierres , ou plâtre , enfin
avec la terre propre à la nature du fol qu'on veut engraiffer ; ce
mêlange, on le voit , garrotte les parties les plus déliées de ce fumier , en empêche l'évaporation , & le rend beaucoup plus utile au
fol. On peut encore , pour remplir cet objet , mettre en ufage la
méthode fuivante.

Il faut bien paver les toits à cochon , afin que l'humidité ne
perce point , & que le fumier & l'urine fe mêlent enfemble avec
les matieres qu'on y jettera. La défroque des jardins , comme
écoffes de feves , de pois , d'herbes mortes & deffechées, en augmente

confidérablement la quantité, & ajoute à la qualité. On a l'attention de faire remuer de tems en tems cette litiere, afin que le mélange fe faffe parfaitement.

Deux avantages réfultent de cette méthode, la fanté de ces animaux & l'augmentation confidérable du fumier ; puifqu'il eft certain qu'on en acquiert autant avec un feul cochon qu'avec vingt. On prend de cette matiere à mefure qu'on en a befoin, & l'on a le foin de remplacer par de nouveaux mélanges ce que l'on en tire ; par ce moyen le Cultivateur fe trouve toujours pourvû de cet engrais.

Il eft des endroits où l'on couvre le fol du toit à cochon de craye, & après qu'elle eft abreuvée & impregnée de l'urine & du fumier de ces animaux, on l'employe avec un fuccès étonnant, & on a le foin d'en remettre autant qu'on en a tiré pour n'être jamais au dépourvû.

On peut encore à la place de craye couvrir le fol du toit à cochon de fable, de terre, ou de toute autre matiere qui convient le plus au fol que l'on veut engraiffer, & lever le mélange quinze jours après. Cette terre ainfi enrichie par le fumier, l'urine, & par la tranfpiration de ces animaux, eft un des plus excellens engrais.

Cette méthode paroît affez femblable à celle que nous avons donnée ci-deffus ; mais nous la trouvons fupérieure en ce que l'évaporation eft encore moins à craindre dans le toit, parce que le mélange s'y fait mieux, & que la tranfpiration du cochon le favorife d'avantage ; au refte, c'eft au Cultivateur à examiner la quantité de fumier dont il a befoin, pour donner la préférence à l'une ou à l'autre de ces deux méthodes.

Ce fumier généralement fi peu eftimé en France, l'eft tellement en certains cantons de l'Angleterre, que l'on feme des champs entiers de petits pois blancs pour la nourriture de ces animaux ; il eft vrai qu'on choifit les terreins les plus pauvres ; on y fait paître les cochons pour les engraiffer en les y laiffant nuit & jour. Il en réfulte donc deux avantages confidérables pour le Cultivateur ; le premier eft de bien engraiffer ces animaux ; le fecond, d'enrichir tellement le fol par ce fumier, que l'herbe non-feulement y eft excellente, mais encore qu'elle y abonde pendant plufieurs années.

Cette méthode pourroit conduire à une autre qui ne feroit pas moins avantageufe, ce feroit de femer du trefle mielleux pour les cochons, de renfermer un certain nombre de truyes prêtes à faire leurs petits dans des toits pratiqués à peu de frais le long des

hayes du champ où on auroit femé le trefle ; il faudroit d'abord y
nourrir ces animaux de navets bouillis , enfuite avec des navets
cruds , jufqu'à ce qu'elles euffent mis bas , & que le trefle eût atteint
le degré d'accroiffement propre à les nourrir ; alors on les lâcheroit
dans le champ , ces animaux profiteroient à vûe d'œil , ils pâture-
roient fans fouiller , & le champ fe trouveroit parfaitement engraiffé.
On pourroit pratiquer cette méthode fur le même terrein pendant
trois ans ; au bout duquel temps , comme le fol fe trouveroit amélioré par ce fumier & par l'urine , il donneroit d'abondantes récoltes
de bled fans autre engrais. Au refte , nous ne confeillons cette
méthode que conjecturalement ; ne l'ayant jamais vû pratiquer. Mais
nous ofons dire qu'elle ne peut que réuffir.

CHAPITRE XXXIII.

Du fumier des pigeons.

NOUS arrivons à un fumier dont la grande efficacité eft vantée
par les Ecrivains , & très-eftimée des Cultivateurs ; mais
malheureufement on ne peut point en avoir en grande quantité : c'eft
la fiente de pigeon. Nous obferverons en paffant au Cultivateur,
que le fumier de cochon eft beaucoup plus falubre aux arbres que
celui de la fiente de pigeon , parce qu'elle eft à un degré de chaleur
que les racines des arbres ne peuvent point foutenir ; mais en revanche , elle eft d'une efficacité fans égale en d'autres occafions :
comme en effet elle eft , à caufe de fa grande chaleur , préférable à tous
les autres fumiers pour améliorer les fols argilleux froids. Si l'on
vo't la tige de l'orge & du froment grêle & peu allongée dans ces fols
engraiffés de cette fiente , on ne doit point s'allarmer ; l'épi en récompenfe eft d'une groffeur étonnante & graineux : on a même
remarqué , que l'épi dans un champ engraiffé de la feule fiente de pigeon étoit quelquefois auffi long que la tige.

Mais il faut obferver que cet engrais eft non-feulement cher pour
celui qui l'achete ; puifqu'il vaut quinze fols le boiffeau , & qu'il en
faut quarante boiffeaux par acre ; mais encore plus pour celui qui le
vend , comme nous le ferons voir dans un Chapitre particulier que
nous deftinons à trouver la fomme des larcins que les pigeons font
pendant les femailles , que nous comparerons à la fomme des pro-

duits que peuvent rendre trois ou quatre pontes dans le courant de l'année.

Lorsqu'on fait usage de cet engrais, il faut le répandre à la main sur les terres aussitôt qu'on a semé le froment ou l'orge, & le herser avec la semaille ; la premiere pluye le porte au cœur du sol où il commence à agir sur les racines, & continue de communiquer son activité jusqu'à la pleine maturité des plantes ; mais ce qui augmente encore sa chereté, c'est qu'une seule récolte épuise toute sa vertu.

Ce fumier est excellent pour les sols humides & gluans ; mais on en fait un plus fréquent usage pour les sols noirs argilleux. Il est favorable aux arbres, pourvû qu'on le tempere avec d'autre fumier ; pur & sans mêlange, il fait de prodiges sur les terres à houblons, il donne une force & un esprit singulier à cette plante. Il y a une méthode pour augmenter le fumier de pigeon, ainsi que presque toutes les autres especes de fumiers, sans altérer considérablement sa vertu ; pourvû, toutefois, que cela se fasse avec discernement. Voici ce que l'expérience nous a appris.

On couvre le sol du colombier d'une fine terre noire & molle bien réduite en poudre, à la profondeur de trois ou quatre pouces. On retire cette terre trois ou quatre mois après mêlée de fumier & des balayeures des murs ; elle fait un engrais qui a une efficacité étonnante.

CHAPITRE XXXIV.

Du fumier de Volaille.

NOUS comprenons sous ce titre la fiente de poule, de dindon, d'oye, & de toute autre volaille que le Cultivateur peut nourrir dans sa basse-cour. Si nous nous arrêtions à l'ancienne tradition, chaque espece de fiente de volaille demanderoit un Chapitre particulier : car suivant l'ancienne Agriculture, la fiente d'oye étoit regardée comme un poison pour les herbes, & celle de paon brûloit le bled : Mais depuis qu'on a bravé ce préjugé, l'expérience a fait voir que la fiente de toute sorte de volaille est très-riche, & qu'elle a à peu près la même qualité.

Nous avons conseillé de mêler la fiente de pigeon avec une certaine quantité de terre. Deux raisons nous déterminent à conseiller

la même méthode à l'égard du fumier de volaille en général, &
particulierement de la fiente de poule ; premierement, parce que
ce fumier est presque au même degré de chaleur que celui de
pigeon, & qu'il peut par conséquent soutenir ce mêlange ; secondement, parce qu'il est si gluant, qu'on ne peut point le répandre
seul à la main aussi régulierement que celui de pigeon qui se desseche
au moindre air, & se pulvérise, pour ainsi dire, de lui-même.

Nous disons donc que le Cultivateur remplira son objet s'il mêle
le fumier de ses poules avec une égale quantité de terre fine molle,
qui sert à le rompre & à le diviser de telle sorte que l'on peut le répandre à la main avec la même facilité que celui de pigeon. On aura lieu
d'observer qu'il acquiert beaucoup plus d'efficacité par cette méthode,
que lorsqu'il est employé sans mêlange ; la raison en est bien évidente.
La petite quantité de terre avec laquelle on le mêle étant dans une
espece de fermentation, elle porte l'effet dans tout le sol ; de sorte
que soudain après que l'on y a passé la herse, le tout entre en fermentation & plus vîte & plus parfaitement.

On remarque que cette méthode est la plus profitable pour le
fumier de poule ; pourvu qu'on ait l'attention de le répandre aussitôt
après qu'on a semé le bled ; il est certain qu'il ne le céde pas à celui
du pigeon.

Il est des Cultivateurs qui le mêlent avec du sable ou avec des
cendres, dans le dessein de lui ôter ce gluant qui empêche qu'on
ne le répande uniformément : il y a des Auteurs qui ont beaucoup
accrédité cette méthode. Le mêlange de terre molle est préférable,
parce qu'elle accélere bien plus la fermentation ; & que d'ailleurs,
cette substance fermente même très-peu avec les cendres & encore
moins avec le sable.

Cet engrais est d'une égale utilité relativement aux prairies &
aux terres à pâturage : mais il seroit à souhaiter qu'on le mêlât aussi
avec de la terre, pour le dépouiller de ce gluant qui empêtre ces
sels, & retarde leur combinaison avec ceux du sol ; il est vrai que
ce n'est point avec la même terre. Nous conseillons de donner la
préférence aux terres que l'on trouve au fond des vieilles meules de
foin. Comme cette substance est humide, ayant été couverte de
foin, elle est d'une nature à recevoir plus aisément les impressions du fumier, outre qu'elle contient une grande quantité de
semence ; le printems est la saison qui convient le plus pour répandre
ce mêlange : les effets en sont admirables.

Quoique nous ayons dit que la fiente de poule est un engrais qui
favorise

favorife toutes fortes de terres labourables, il eft cependant bon d'avertir qu'elle eft encore plus eftimable pour les fols argilleux froids. Si on l'a vu quelquefois produire de mauvais effets, ils doivent être attribués à l'ignorance du Cultivateur ; car (nous remonterons fouvent aux principes établis fur le tempérament des terres & fur la différence des climats) fi l'on répand fans aucune confidération cet engrais fur un fol brûlant, il eft certain que la femence eft dévorée, & la récolte perdue : mais fi on a le foin de l'amender avec quelque terre qui contrafte avec le défaut dominant du fol, l'amendement eft infailliblement plus ou moins fenfible.

Ainfi, en deux mots le fol eft-il glaifeux ? mêlez la fiente avec un peu de terre molle bien fine, & avec quantité de fable ; après avoir donné les labours néceffaires, & répandu une certaine quantité de gravier, dont les petites pierres foient angulaires, répandez votre mélange auffitôt après que vous avez femé, l'amendement aura du fuccès.

Si votre fol eft extrêmement léger & fablonneux, faites au contraire votre mélange avec la terre molle & un peu d'argille ; & après avoir incorporé par quelque labour un peu de glaife au fol, femez & répandez le mélange, le fuccès eft également certain : quant au climat, s'il eft chaud, diminuez la quantité de la fiente ; fi au contraire il eft froid, augmentez-la.

Cet engrais qui a tant d'efficacité pour les terres labourées, & pour les pâturages, n'en a pas moins pour les arbres. Nous voyons (cette obfervation paroîtra peut-être finguliere à certains Cultivateurs qui ne s'attachent qu'aux grandes généralités de l'Agriculture,) nous voyons que les arbres fur lefquels les poules fe perchent, profitent beaucoup plus que les autres. Un Cultivateur attentif aux moindres circonftances, M. Worlidge nous affure qu'il a vû un cognier où les poules fe perchoient, porter une quantité incroyable de fruits, par la vertu de leur fiente qui tomboit au pied, & que les pluyes portoient jufques à fes racines.

Un autre mélange, qui principalement pour les pâturages, eft d'une efficacité finguliere, c'eft la fciure de bois, avec parties égales de terre molle & de fiente de poule.

Les fientes de paon & de dindon font de la même nature, & ont la même vertu que celle de poule. On devroit les raffembler & les mêler avec de la terre molle, & autres fortes de terres relativement à la qualité du fol que l'on veut amender, & au climat dans lequel il eft fitué.

<table>
<tr><td>Tome I.</td><td>D d</td></tr>
</table>

Il y a une erreur qui est vulgairement établie ; il est très-peu de Cultivateurs qui ne croyent que la fiente d'oye cause la stérilité : cette erreur est d'autant plus préjudiciable, que la fiente d'oye est un des plus riches engrais que l'on puisse donner aux terres labourées de quelque nature qu'elles soient, pourvu que l'on la mêle suivant la méthode que nous avons prescrite.

Le fumier de canard a encore plus de vertu. Si l'on se rappelle bien les principes que nous avons établis, en disant que la nourriture des animaux doit mettre le Cultivateur à portée de décider de la nature de leur fiente ; il est certain que celle de canard & d'oye doivent être nécessairement des engrais très-riches, puisque ces animaux se nourrissent en partie du regne végétal, & en partie du regne animal. Nous ajouterons même que les volatiles n'ayant point de canal pour la secrétion des urines, quoiqu'ils boivent comme les quadrupedes, leur fiente doit être plus divisible, à cause du dissolvant puissant avec lequel elle est continuellement mêlée, & que conséquemment leur fumier est empreint des sels répandus dans l'eau & de la terre molle extrêmêment déliée, qu'elle contient.

Mais comme en Agriculture il faut quelquefois abandonner le principe pour se rendre à l'expérience, nous observerons que la pratique prouve que les fientes d'oye & de canard ne sont pas au même degré de chaleur que celles de pigeon & de poule. Celles-ci sont beaucoup plus chaudes que celles-la, ce qui doit beaucoup surprendre les personnes qui ne se bornent qu'à la théorie.

De toutes les observations qu'on a faites jusqu'à présent sur le fumier en général, il résulte que tous ses effets peuvent être rapportés au double effet de sa fermentation ; le premier est de diviser, le second d'échauffer le sol. Or plus la substance contiendra de principes de ferment, plus elle fermentera ; plus elle fermentera, plus les parties volatiles s'évaporeront, & moins son effet durera. Ainsi les fermentations promptes & violentes causées par le fumier pur & sans mélange de volaille, ne durent gueres ; la terre qui par leur action a été gonflée, se resserre avant que les plantes ayent acquis la moitié de leur accroissement. Mais au contraire quand on mêle ces fientes avec la terre que nous avons indiquée, & suivant la méthode prescrite, la fermentation se faisant plus lentement, elle augmente par degrés & dure plus long-tems. En pratiquant nos conseils, le Cultivateur aura occasion de remarquer que ce gonflement & cette chaleur du sol, causée par le mélange prescrit, continue & dure dans un champ femé d'orge, depuis le tems qu'il a été répandu, jufqu'à la parfaite maturité de la récolte.

C'eft ici le lieu de donner un avis important au Cultivateur fur le rouleau dont on fe fert pour brifer les terres : il ne faut jamais l'employer en tems humide ; cette opération forme de groffes maffes de terre, ce qui empêche néceffairement tout l'effet de la fiente d'oye, en s'oppofant à la fermentation, & par conféquent au gonflement du foL En tems fec au contraire, le rouleau rend le fol uni, applati, rompt & brife les mottes ; & plus une terre eft divifée & ameublie, plus elle eft fufceptible de fertilité ; car le meilleur fumier avec peu de labours ne produira pas autant d'effet qu'un mauvais fumier, fecondé de plufieurs.

Mais quant à la fiente d'oye, comme la grande difficulté de la raffembler pourroit rebuter le Cultivateur, nous lui donnons un moyen dont il réfultera un double avantage, celui de la raffembler, de la répandre en même tems : peut-être furprendra-t-il par fa nouveauté ; mais enfin, quoiqu'il n'ait pas été mis en ufage, nous le préfentons avec d'autant plus de confiance, qu'il eft comme démontré infaillible : il confifte à parquer les oyes fur un champ de froment pendant l'hyver, & les y laiffer jufques à ce qu'elles l'ayent mangé raz de terre. On fçait qu'elles l'aiment beaucoup : elles laifferont en dédommagement un fumier riche bien répandu, que les gelées & les pluyes rompront & diviferont fuffifamment, & qu'elles porteront au cœur du fol : le bled auprintems s'élevera avec force, & la terre étant parfaitement améliorée, conduira une récolte abondante à fa pleine & parfaite maturité.

La même erreur qui profcrit la fiente d'oye pour les terres labourées, la profcrit auffi pour les pâturages ; mais l'expérience prouve qu'elle porte également à faux, pourvu que pour les pâturages, au lieu de la mêler avec de la terre molle, on la mêle avec la terre d'une vieille meule de foin.

On voit dans la Norvege plufieurs petites ifles, où un fi grand nombre d'oifeaux aquatiques vont faire leurs nids, que la terre en eft couverte. Les Habitans font un trafic confidérable de leurs œufs & de leurs plumes ; dès que ces animaux font partis, la terre couverte de leur fiente pouffe une herbe épaiffe & excellente ; ils y mettent leurs beftiaux, qui y acquierent en peu de tems une graiffe furprenante. La même chofe arrive fur les côtes Occidentales de l'Ecoffe ; tant il eft vrai que le fumier des oyes & des oifeaux aquatiques, bien loin de nuire à l'herbe ou aux beftiaux qui en mangent, produit au contraire le pâturage le plus riche & le plus sain qu'on puisse défirer ; & c'eft cette obfervation qui nous a déterminés à confeiller le parquement des oyes.

CHAPITRE XXXV.

De la Stercoration des Hommes.

NOus avons déja dit que la ftercoration des hommes a une grande vertu pour engraiffer les terres : il eft donc en fa place de donner au Cultivateur une connoiffance de fa nature.

Nous avons obfervé que le fumier des animaux qui fe nourriffent de chair, eft le plus riche : or, comme nous tirons une grande partie de notre nourriture du regne animal , nos excrements doivent former un riche engrais. D'ailleurs, comme nous buvons des liqueurs qui ont fubi la fermentation , il eft certain qu'une partie fe mêle avec nos excrements , & leur communique cette grande difpofition que nous leur voyons à la fermentation.

La ftercoration & l'urine de tout animal mêlés enfemble, font les meilleurs engrais : les curieux n'ignorent point les propriétés de l'urine de l'homme ; les chimiftes en tirent une liqueur auffi forte que l'efprit de corne de cerf. La fameufe matiere inflammable, appellée phofphore, eft faite avec notre urine : ceux qui travaillent à cette opération pour la rendre parfaite, y ajoutent des excrements. En Flandres, les Cultivateurs attentifs à fe fervir de cet engrais , en connoiffent par une expérience avantageufe, toute l'efficacité. On le vend publiquement pour le répandre fur les terres à bled. En Languedoc, on en engraiffe beaucoup les vignes : on l'étend pendant quelque tems fur un lit de terre molle , & on le laiffe expofé au foleil & aux pluyes pour l'éteindre ; à mefure que l'odeur diminue, l'extinction s'opere : on le mêle enfuite avec une plus grande quantité de terre molle avant que de le répandre fur la terre.

Il y a d'anciens Auteurs qui confeillent de mêler de la paille avec cet engrais ; mais après plufieurs expériences, on a vu que ce mélange ne réuffiffoit pas.

Au refte, nous avouons que cet engrais eft très-dégoutant pour les ouvriers qui le préparent, & qui le répandent fur la terre : nous oſons même avancer, que l'évaporation qui ſe fait en le remuant, n'eſt point ſalubre : il eſt vrai qu'une longue extinction pourroit remédier à cet inconvénient. Pour remplir cet objet, il faudroit d'abord, quand on l'expoſe au ſoleil y jetter beaucoup de matieres abſorbantes, comme la ſciure de bois des branches pourries d'arbres, des cendres qui ont ſervi à la leſſive, & l'étendre fort mince, afin que les pluyes & le ſoleil le pénétrent plus facilement.

Quant au dégoutant que certains Auteurs, & même que celui que nous prenons pour guide, lui donnent pour ceux qui mangent du pain fait du froment produit de cet engrais, nous avançons que cette obſervation pourroit bien porter à faux, parce que toute matiere qui a ſubi la fermentation eſt abſolument purgée.

CHAPITRE XXXVI.

De l'Urine.

QUOIQUE nous ayons dans les Chapitres précédens fait aſſez ſouvent mention de l'urine mêlée avec les différentes eſpeces de fumiers, & que nous en ayons fait voir toute l'utilité; il eſt cependant néceſſaire d'inſtruire le Cultivateur des effets de l'urine pure & ſans mêlange; d'autant plus qu'on ne peut guéres avoir acquis des connoiſſances ſur ce point important; puiſqu'il n'y a preſque point d'Auteur qui en ait parlé d'une maniere ſatisfaiſante.

Notre urine, ainſi que celle des animaux, brunit la plante ſur laquelle on la met abondamment & la tue à la fin. C'eſt ſans doute cette obſervation qui a établi le préjugé de croire qu'elle nuit à l'accroiſſement de toutes ſortes de plantes; c'eſt pourquoi, conſéquemment à cette opinion, les anciens Cultivateurs avoient autant d'attention à empêcher que l'urine ne ſe mêlât avec le fumier, que nous en avons aujourd'hui à faire ce mêlange.

On doit obſerver qu'il eſt des ſubſtances qui employées dans leur état naturel, détruiſent les plantes; mais qui bien combinées avec d'autres, concourent viſiblement à leur accroiſſement. La chaux, par exemple, employée ſeule eſt nuiſible à une grande partie des plantes; cependant elle eſt de tous les engrais celui qui porte le plus de principes de fertilité dans pluſieurs ſortes de ſols, comme nous le ferons voir dans la ſuite. Le ſel n'eſt pas moins nuifible que la chaux ; fi on en répand une trop grande quantité, il deffeche & tue, ainfi que l'urine, les plantes, fi on en met à leurs racines. Or nous avons cependant fait voir que le fel favorife la végétation, quand on en fçait faire un ufage prudent. L'urine qui n'agit que par les fels qu'elle contient, adminiftrée avec intelligence, doit donc auffi produire un bon effet. Toutes ces fubftances prifes & employées dans leur état naturel ont une activité trop violente, mais corrigées par des mélanges convenables, elles répondent aux vûes du Cultivateur intelligent.

L'urine a cet avantage fur les autres engrais chauds, qu'elle fermente facilement, & que par cette fermentation elle fe décompofe & change, pour ainfi dire, de nature. On ne connoît pas affez l'ufage de l'urine fermentée ; les Hollandois qui en ont découvert tout le prix, affurent avec raifon, qu'elle eft un des plus riches engrais. Auffi leurs Cultivateurs tournent-ils toutes leurs attentions fur l'urine de leurs beftiaux qu'ils employent quelquefois pure & fans mélange, & quelquefois avec le fumier où ils ont eu le foin de la faire couler pour en accélerer la fermentation.

L'urine même employée dans fon état naturel, n'eft pas auffi funefte aux plantes que l'on fe l'imagine. Il eft bien vrai que fi on en répand fréquemment, elle leur donne la mort ; cependant l'expérience prouve que lorfqu'on n'en a donné qu'une certaine quantité convenable, à la vérité leur couleur s'altere, mais qu'enfuite elles reprennent infenfiblement leur couleur naturelle & deviennent plus belles & plus vigoureufes ; pourvu qu'on ceffe de leur en donner.

Le fumier par lui-même, quel qu'il foit, fi on l'employe dans fon état naturel, eft auffi nuifible que l'urine ; furtout fi on l'entaffe dans le tems de fa fermentation autour des plantes : répandu en trop grande quantité fur plufieurs fortes de fols, il y nuit à leur accroiffement, puifqu'il les brûle & les dévore. Si donc on partoit des anciens principes que l'ancienne Agriculture avoit établis fur l'urine, il faudroit par la même raifon qu'on en profcrivoit l'ufage, profcrire auffi celui des fumiers, ce qui affurément feroit d'une abfurdité infoutenable.

L'urine en général favorife beaucoup plus les terres à bled, que celles à pâturages. Aujourd'hui on n'en emploie point dans la culture des terres où l'on veut planter des arbres : cependant, fuivant les anciens, l'urine eft un excellent engrais pour toutes fortes d'arbres. Qu'on life les Auteurs Latins ; on les voit confeiller l'ufage fréquent de l'urine long-tems gardée pour cet objet, ce qui prouve qu'ils mettoient une très-grande différence entre l'urine nouvelle & l'urine fermentée.

Nous avons parlé de l'induftrie d'un Cultivateur qui s'eft procuré des récoltes abondantes, en répandant fur fon terrein des chiffons trempés, & prefque pourris dans l'urine; preuve certaine que fon ufage moderé, loin de nuire à la végétation, au contraire la favorife.

Nous avons auffi parlé du fumier de cheval humecté d'urine, & nous obferverons aux Cultivateurs, que ce fumier, lorfqu'il eft trop imbibé d'une urine récente, eft très-nuifible; mais lorfqu'il eft au contraire defféché, & que les parties fpiritueufes de l'urine font évaporées; quoique par le goût on fente qu'elle a confervé fes fels, il favorife la végétation, & procure des récoltes abondantes.

Il réfulte donc de toutes ces obfervations, qu'il étoit important de mettre fous les yeux du Cultivateur, que la plus grande partie de l'Agriculture roule fur la connoiffance des différentes natures des différents fumiers; que cette connoiffance porte principalement fur celle qui a pour objet les divers degrés d'extinction qu'il faut donner aux fumiers, & qu'afin que le Cultivateur en retire tous les avantages poffibles, il doit les adapter (ces degrés) aux différents temperamments desfols, & aux différentes temperatures de l'air, ou pour mieux dire, aux différents climats. Cette connoiffance une fois bien acquife, met le Cultivateur en état de tirer un parti très-avantageux de certaines fubftances dont le Cultivateur moins intelligent que lui, craindra de faire ufage, les regardant comme nuifibles.

CHAPITRE XXXVII.

Des Chiffons.

LEs matieres les plus abandonnées & rebutées, deviennent des matieres précieufes dans les mains d'un Cultivateur intelligent & induftrieux: il n'eft rien dont il ne faffe de puiffants engrais. Les chiffons les plus fales & les plus pourris, dont on ne peut faire du papier, font ceux qu'il préfére pour enrichir fes terres.

Or, la raifon qui le détermine à cette préférence, eft bien fen-

sible ; leur saleté n'est que l'effet dela transpiration des corps, &
toute matiere animale , nous l'avons déja dit, est un excellent engrais.
D'un autre côté , plus ils sont pourris, plus leur dissolution se
fait promptement à l'air , & plus facilement les pluyes les portent
au cœur du sol.

L'utilité des chiffons de toile, comme engrais, vient de la matiere végétale, dont ils sont faits, & nous avons démontré que toute
substance végétale qui tend à corruption , ou qui est entierement
corrompue, favorise considérablement la végétation. Or, la matiere
végétale est dans un état parfait de dégradation dans les chiffons
pourris ; ils doivent donc produire un engrais aussi riche que le
papier usé qui est, comme on le sçait, fait de chiffons réduits en
bouillie , & qui sûrement porteroit dans les terres une fertilité
surprenante, si l'on pouvoit s'en procurer une certaine quantité.

En Angleterre cet engrais est si accrédité, qu'il y a des gens qui
ne font que ramasser les chiffons, ils les gardent en tas dans des
caves, & les vendent ensuite aux Laboureurs ; l'odeur qu'ils rendent
tient beaucoup de la puanteur de la punaise. On remarque que les
bleds qui viennent de cet engrais, sont les plus savoureux : ce qui
pourroit prouver que l'odeur ni le goût des engrais ne se communiquent point aux productions, & que les parties odoriférantes des
fumiers s'évaporent dans la fermentation de l'engrais & du sol.

Après qu'on eut connu l'utilité des chiffons de toile , & que le
résultat des expériences qu'on en a faites en eut établi l'usage, on
commença à essayer les chiffons de drap ; ils réussirent en certains
cantons, mais l'usage n'en devint pas aussi général que celui des
chiffons de toile. Nous avons dit qu'ils produisoient des effets merveilleux après avoir trempé dans l'urine ; ils ne sont pas moins esti-
mables employés sans ce mélange. La raison de leur fertilité est la
même que celle des chiffons de toile ; la fertilité de ceux-ci vient
de la substance végétale, & celle des chiffons de laine de la substance animale ; on doit même leur accorder la supériorité ; puisque
nous avons établi que les substances animales forment des engrais
plus riches que les végétales.

On trouve ces chiffons chez les tailleurs & chez les chiffonniers ;
ils sont à un prix médiocre , parce qu'ils sont d'un usage moins étendu que ceux de toile ; on pourroit s'en procurer facilement , surtout
lorsqu'on n'est pas absolument éloigné des grandes Villes ; ils
ont l'avantage de convenir à toutes sortes de sols , mais principalement aux argilleux & crayonneux ; ils échauffent & divisent le terrein.
D'ailleurs,

D'ailleurs, ils agiffent promptement ; leur effet fe rend fenfible en peu de tems. Pour accélerer leur activité, il faut les couper bien menu & les répandre auffi également qu'il eft poffible, immédiatement après qu'on a femé le bled ; vingt-cinq boiffeaux fuffifent pour engraiffer un acre.

Au lieu de chiffons, on pouffe l'induftrie dans certains cantons de l'Angleterre jufques à fe fervir de vieilles cordes ; on les éfile, on les coupe & divife autant qu'il eft poffible, & on les répand. Cet engrais eft utile comme venant de la fubftance végétale. Mais il ne faut pas s'attendre à le voir produire autant d'effet que les chiffons de laine & de toile ; parce que ceux-ci ont une vertu particuliere qui, comme nous l'avons dit, leur eft communiquée par la tranfpiration des perfonnes qui les ont portés.

Quand on veut que leur effet foit de plus grande durée, on ne doit point les couper en fi petits morceaux ; on les répand fur la terre avec la main & en plus grande quantité, & on les fait entrer dans le cœur du fol avec un labour qu'on donne vers la mi-Eté ; on les laiffe ainfi pour enrichir le terrein jufqu'au tems de femer. On s'en fert fur les fols de craye, & fur ceux qui font compofés de craye & de *loam*. C'eft ainfi que cet engrais dure beaucoup plus longtems ; au lieu que par la méthode précédente fon effet ne dure que pour une récolte. Nous ne fçaurions trop recommander l'ufage d'un engrais fi riche.

SECONDE PARTIE.

Des Engrais artificiels.

CHAPITRE XXXVII.

De la Chaux.

COMME il y a plufieurs efpeces de chaux qui different beaucoup entr'elles, il y a beaucoup d'obfervations à indiquer au Cultivateur fur les différentes façons de s'en fervir. Il eft donc abfolument néceffaire d'en faire connoître la nature & les effets : puifque fon ufage prend tous les jours faveur dans l'Agriculture. Il eft

certain que la chaux dans les mains d'un habile Cultivateur est un
engrais excellent ; comme, au-contraire, elle est une substance très-
nuisible dans celles d'un ignorant. Nous conduirons notre Lecteur
comme par la main, dans l'usage qu'il doit en faire.

Il y a plusieurs especes de chaux suivant les différentes substances
qui entrent dans sa composition. On peut en faire avec du marbre,
avec de la craye, avec les coquillages de mer, avec la pierre à
chaux, avec de la marne ; mais les deux principales especes sont
de pierres à chaux ou de craye ; ces deux-ci different beaucoup par
leur nature. Il est comme impossible d'indiquer laquelle des deux
est la meilleure ; car prises séparément, l'une est plus propre que
l'autre à certains sols. Ainsi nous conseillons à tout Cultivateur de
faire lui-même sa chaux ; il n'est question que de lui donner des
moyens très-aisés de choisir ses matériaux. S'il trouve sur son terrein de la craye & de la pierre à chaux, il peut en faire de deux
especes. Mais s'il ne peut avoir que l'une ou l'autre de ces deux
substances, il faut suppléer à celle qu'on n'a pas par le bon usage que
l'on fait de celle qu'on a.

Il n'est personne qui ne connoisse la craye : on tire de la plus
dure la meilleure chaux. On peut se servir de la craye molle marneuse dans son état naturel, & rendre la craye dure propre aux
mêmes usages en la brûlant.

La pierre à chaux est plus commune qu'on ne pense ; il y en a de
différentes couleurs & de différens degrés de dureté. Mais au lieu de
s'en rapporter aux prétendus connoisseurs pour la choisir, nous
allons mettre le Cultivateur en état de la trouver & de la choisir
lui-même.

Il faut, quand on cherche sur son Domaine de la chaux, porter
avec soi une bouteille d'eau-forte & en verser un peu sur chaque
pierre, qui ait quelque ressemblance avec la pierre à chaux ; il
verra que l'eau forte y causera un petit bruit & un bouillonnement,
si c'est de la pierre à chaux ; au lieu qu'elle découlera des autres pierres
comme de l'eau ordinaire. Ainsi signe certain sur lequel on ne
peut pas s'équivoquer : voit on l'eau-forte versée sur une pierre
faire un bouillonnement ? on peut réduire par le feu cette substance
en chaux ; au lieu qu'une pierre qui ne produit pas cet effet ne sera
jamais, ou du moins que très-difficilement réduite en chaux.

Lorsqu'après la recherche, on a trouvé sur ses terres de quoi faire
cet excellent engrais, il faut bâtir un fourneau ; pour cela il faut
creuser dans la terre une fosse en quarré aussi près qu'il est possible

de l'endroit où on a découvert la pierre à chaux. Le fourneau doit être construit à peu près en entonnoir, tel qu'on le voit dans la planche premiere, figure cinquiéme, il doit être solidement bâti, & doublé dans l'intérieur d'un mur de pierre à chaux. On menage un trou à la partie inférieure pour en retirer les cendres : on place au-dessus de ce trou une grille de fer, sur laquelle on met la premiere couche des matériaux. Au lieu d'une grille de fer, il y en a qui font une arcade de pierre à chaux : la grille est cependant à tous égards préférable.

Cette opération une fois bien établie & bien en ordre, on rassemble ses matériaux, c'est-à-dire le bois & les matieres combustibles, & la craye ou la pierre à chaux.

On peut employer pour le feu la matiere qui est le plus à sa portée. Le charbon de terre, le bois, le genêt, la tourbe même peuvent être mis en usage avec succès. La fougere, quoique substance extrêmement légere, remplit parfaitement bien cet objet.

Toutes ces matieres préparées ensemble ou séparément, on doit commencer par faire sur la grille une couche de pierre à chaux ou de craye, ensuite une couche de bois, ou de la matiere combustible dont on se sert, continuant ainsi par couches alternatives de bois & de pierre jusques à ce que le fourneau soit plein ; mais il faut cependant avoir l'attention que la derniere couche soit de bois, ou de toute autre matiere combustible.

Tout étant ainsi arrangé, on allume le feu par le trou qui est pratiqué dans la partie inférieure du fourneau pour la chûte des cendres. On le laisse brûler jusques à la partie supérieure du fourneau, c'est-à-dire jusques à la derniere couche. La chaux se fait d'elle-même : voilà la méthode ordinaire, & qui sûrement ne demande point beaucoup de peine ni d'intelligence. Cent fagots de trois pieds de longueur, suffisent pour brûler quarante boisseaux de craye : quant au charbon de terre, il n'en faut que dix boisseaux pour la même quantité de craye. L'opération est finie en vingt-quatre heures.

Mais on sent bien que si l'on se sert de fougere, il faut que les couches soient plus épaisses & plus serrées, parce qu'elle n'a pas autant de consistance que le bois, le charbon, ou la tourbe.

On observera que la pierre à chaux demande d'être plus long-tems dans le feu, & qu'elle exige par conséquent plus de bois. Mais on est bien dédommagé de cette modique augmentation de frais, par la supériorité de sa fertilité sur celle de la chaux de craye.

La craye perd un tiers de son volume par l'action du feu. La pierre en perd aussi à proportion ; trente boisseaux de craye rendent après la calcination vingt boisseaux de bonne chaux, & ainsi à proportion de la dureté ou mollesse de la craye.

Le marbre rend la chaux la plus fine, & fait le plus riche engrais ; mais il est bien rare que le Cultivateur puisse s'en procurer une suffisante quantité. Dans la Province de Derby en Angleterre, on trouve une espece de pierre luisante parmi les fouilles des mines de plombs, que l'on nomme *spar*, elle ressemble à de gros monceaux de sel gris, elle est même en quelque façon ressemblante au cristal obscur. Cette pierre est de différentes couleurs, on en trouve qui est blanchâtre, on en trouve aussi de brunâtre. On s'en sert pour orner des grottes ; cette pierre fait une chaux fine & riche qu'on répand avec succès sur les terres stériles, dont le sol est de pierre à chaux : un boisseau a autant de vertu que deux de toute autre espece de chaux.

Nous croyons que cette pierre n'est pas introuvable en France. Nous en avons vû à peu près de semblable dans un canton du Gatinois, près de Château-Landon : il y en a en effet de différentes couleurs. On y remarque comme dans la belle & fine pierre lierre des particules luisantes, que l'on prendroit pour du sel : nous avons eu l'attention d'en porter dans la bouche, elles laissent un goût un peu acide & plombé : ces pierres sont mêlées dans ce terrein dont nous parlons, de beaucoup de pierres à fusil, & d'autres pierres d'un blanc sale, faites exactement en forme d'œuf. Si nous avions eu sur nous de l'eau-forte, nous les aurions essayées ; mais comme nous ne faisions que passer, & que notre observation ne pouvoit être que momentanée, nous ne faisons que donner une induction sur cette substance ; afin que les Cultivateurs curieux en fassent l'essai.

Pour bien molle que soit la craye, on peut la réduire en chaux aussi-bien que la marne : on observera que l'on peut même gagner à faire cette opération, sur-tout sur la marne. Car, suivant M. Hale, un boisseau de chaux de marne, produit plus d'effet que cinq de marne naturelle. Nous osons avancer qu'il n'a pas encore bien connu toute son efficacité : l'expérience faite prouve qu'elle vaut encore mieux sur certains sols que dix boisseaux.

Pour choisir l'espece de marne dont il est à propos de faire de la chaux, le Cultivateur doit avoir recours à l'eau-forte. Celle qui fait bouillonner l'eau-forte, est celle qui convient. Ce seroit en vain qu'on brûleroit celle qui ne produit pas cet effet. C'est ici ordinairement qu'on employe la fougere & les autres substances légeres combustibles ; attendu que la marne ne demande point une si grande activité du feu, & qu'elle se réduit en chaux en dix-huit heures.

Voilà donc le Cultivateur instruit sur cette calcination, & supposé en possession de la chaux ; voyons à présent comment il doit s'en servir, & sur quelles especes de sols il peut la répandre avec certitude de succès.

CHAPITRE XXXVIII.

De l'usage de la Chaux comme engrais.

LA chaux ne produit pas des effets également heureux sur toutes sortes de sols : ils sont limités à certains terreins. Elle convient aux sols légers & secs ; mais elle ne réussit pas dans les sols pesants & humides.

Tout sol sablonneux, ou graveleux, ou pierreux, s'amende d'une façon étonnante avec la chaux : mais le sol argilleux ne reçoit pas de grands avantages de cet engrais ; presque toutes les terres stériles sont sablonneuses, ainsi l'usage de la chaux y feroit des merveilles : en partant de ce principe fondé sur l'expérience, quelle faculté n'auroit-on pas d'augmenter les revenus & la population de l'état, si l'on vouloit entreprendre de clore toutes les terres à bruyeres, & de les cultiver avec de la chaux : mais la science & l'amour de l'Agriculture ne sont pas encore assez universels pour oser esperer un changement semblable ; d'ailleurs, ceci n'est point à la portée du particulier. Des entreprises de cette importance n'appartiennent qu'à l'administration. Le seul gouvernement peut d'une seule parole animer & donner des ailes à cette science : de l'argent à un taux plus bas qu'il n'est en France, voilà le *fiat* pour l'Agriculture, & le *facta est* paroîtra aussitôt : toutes les autres précautions que l'on prend pour la faire fleurir, ne sont que des accessoires impuissants, tout autant qu'on ne remontera pas à ce grand principe. Que le Cultivateur trouve des ressources pour entreprendre, & qu'il voie ses soins récompensés d'un profit honnête, tous les bras se mettront en mouvement ; la paresse presque toujours précédée du découragement, ce vers rongeur des états, sera anéantie : on verra tout d'un coup sortir par ce secours & celui de la chaux , des terres les plus mauvaifes , des récoltes auffi abondantes que des terres les plus cultivées.

On fe fert ordinairement de la chaux fans mélange ; mais nous ofons affurer qu’elle produit des effets bien plus avantageux quand on la mêle avec d’autres fubftances..... mais veut – on l’employer toute pure ? il faut pour les terres les plus ftériles, la répandre toute chaude : quant aux autres terres, on peut la laiffer refroidir & la mêler avec d’autres matieres.

Lors donc que l’on veut l’employer pure & fans mélange, nous confeillons au Cultivateur de la repandre fortant du fourneau, & d’en jetter cent cinquante boiffeaux par acre, après l’avoir mife dans le champ par tas, qu’il doit avoir l’attention de couvrir de terre : on la laiffe ainfi recevoir les rofées & les pluyes jufqu’à fon entiere extinction. Par cette méthode, elle s’incorpore facilement au fol ; pourvu qu’on ait eu le foin de la bien labourer après l’avoir répandue auffi également qu’il eft poffible.

La pierre à chaux brûlée & répandue fans autre façon fur un fol pauvre fablonneux, & même prefqu’entiérement ftérile, le fertilifera fans doute : qu’on lui donne les labours ordinaires, on obtiendra par ce puiffant engrais une récolte abondante : mais il eft certain qu’elle le feroit encore plus, fi l’on fuivoit exactement la méthode fimple & peu embarraffante que nous venons de donner.

La pierre à chaux convient encore mieux aux fols graveleux & pierreux : la chaux de craye s’adapte mieux aux fols légers, ftériles, fablonneux. La craye molle un peu brûlée, ou bien les marnes crayonneufes, dont nous avons donné ci-deffus la connoiffance, font de tous les engrais celui qui favorife le plus les fols légers dans la compofition defquels il entre un peu de bonne terre molle ou végétale.

Voilà les documens que nous donnons fur la maniere d’employer les différentes chaux fur les différens fols, & qui ne font que le vrai réfultat des expériences qui ont été faites. Le Cultivateur doit fentir combien il lui importe d’acquérir cette connoiffance, s’il veut tirer tout le parti poffible de cet engrais, qui adminiftré fans confidération & fans intelligence, nuit au lieu d’être favorable : on a beau dire : la nature favorife toujours l’induftrie du Cultivateur laborieux ; il n’a qu’à faifir les avantages qu’elle lui offre. Mais pour en profiter, il faut qu’il apprenne à les connoître : voilà donc l’objet de fon étude ; car, par exemple, combien en eft - il qui ignorent que partout où il y a un fol pierreux, qui comme nous l'avons dit, demande de la chaux pour engrais, il se trouve communément de la pierre à chaux aux environs : or, si on l'ignore, comment se résoudra-t-on à cultiver un terrein ingrat qui ne payeroit point les peines & les dépenses ? Mais cette connoissance est-elle acquise ? l'expérience lui fait voir qu'un terrein très-souvent abandonné par ignorance, mérite tous les soins d'une culture suivie.

Venons à présent aux différentes matieres que l'on peut mêler avec la chaux, afin d'en tirer de plus grands avantages : il y en a trois; comme le fumier, la terre molle, ou la boue, & les cendres. Toutes les expériences qu'on a faites de ce mélange avec l'une de ces trois substances, ou avec toutes ensemble, ont eu un succès étonnant; ce qui assurément doit engager le Cultivateur à suivre cette méthode.

La chaux seule, nous l'avons dit, produit de bons effets sur les sols sablonneux stériles ; mais ils ne peuvent être comparés à ceux qu'elle y produit, mêlée avec du fumier de vache : on met ordinairement deux parties de ce fumier sur une de chaux que l'on prend sortant du fourneau. On met ce mélange en tas sur le terrein, & l'on le couvre avec de la terre que l'on enleve de la superficie du sol : cette opération doit se faire un an avant que de labourer le champ. Quand les roseés & les pluyes ont entiérement éteint la chaux, on rompt le tas, & après avoir bien mêlé la chaux, le fumier & la croûte de terre qu'on a mise par dessus, on répand ce mélange aussi uniformément que l'on peut ; on laboure ensuite le champ dans une saison convenable, & s'il est possible dans un tems brouineux, ou un peu pluvieux. Les récoltes sont très-abondantes, & le sol par cette méthode reçoit un engrais qui dure bien plus que la chaux employée toute seule.

Monsieur Hale rapporte qu'il a vu mêler la chaux avec du fumier de cheval pour engraisser des sols légers, & que ce mélange a réussi. Cependant, dit l'Auteur, l'expérience prouve que le fumier de vache mérite à tous égards la préférence : l'humidité que la bouse de vache contient, doit servir en effet à temperer la chaleur de la chaux : ainsi il n'est point étonnant qu'il conseille de la préférer ; & que l'expérience justifie ces principes.

L'engrais le plus efficace qu'on puisse donner à un sol graveleux maigre, est le mélange de la chaux avec la terre noire, molle & fine, ou bien la vase de riviere.

Si l'on se sert de terre molle, il faut en mettre quatre parties sur une de chaux ; si l'on employe la vase, on en met trois sur une de chaux. Mais il faut bien prendre garde que si l'on se sert de la vase, on ne doit point l'employer en sortant de la riviere, parce qu'elle éteindroit trop subitement la chaux : il faut donc la laisser pendant un certain tems exposée à l'air jusqu'à ce qu'il se fasse des crevasses sur la superficie, ce qui indique qu'elle est égoutée, & contient cependant encore dans son intérieur assez d'humidité pour agir sur les parties de la chaux : l'un & l'autre mélanges sont excellens, & nous ne sçaurions trop en recommander l'usage.

Quant aux terreins qui sont spongieux, la chaux mêlée avec des cendres faites de ces terreins même que l'on brûle, est l'engrais le plus puissant qu'on puisse leur donner. On met le feu aux matieres séches qui sont sur la surface, & on les laisse entiérement brûler ; par cette méthode, on brûle souvent deux ou trois pouces du sol. On laisse ces cendres qui sont également répandues ; on jette ensuite aussi uniformément qu'il se peut, environ cent boisseaux de chaux par acre, & l'on fait entrer le mélange jusqu'es au cœur du sol par le labour.

Mais si la superficie résiste au feu, ou si elle ne peut point brûler, on doit écher ou écobuer le gazon. Après que le gazon est brûlé, il faut mêler les cendres avec de la chaux de la maniere décrite ci-dessus, & l'on laboure. Ce mélange opere bien mieux que l'une ou l'autre de ces matieres employées séparément ; il amende tellement les sols de cette nature, que la premiere récolte, comme l'expérience l'a souvent prouvé, paye tous les frais de la culture & de la clôture.

Quant à la durée de la fertilité que la chaux donne, elle dépend de la nature du sol, de la nature de la chaux, & de la maniere de s'en servir. Ce qui rebute le Cultivateur de l'usage de la chaux, c'est qu'elle est chere, & que son effet n'est pas en raison de son prix : mais une industrie intelligente remédie à cet inconvénient. Nous avons assez indiqué que tout cet avantage ne dépendoit que de la connoissance de la nature du sol, de la nature de la chaux & des matieres avec lesquelles il est à propos de la mêler ; quand on a cette substance dans ses Domaines, on n'a que les frais d'exploitation ; or, comparés avec les produits de cet engrais, ils doivent encourager le Cultivateur : mais nous avons donné une connoissance si détaillée des différentes chaux, tant naturelles, qu'artificielles, que pour peu qu'on nous ait suivis, on conviendra qu'il n'est pas possible qu'un Domaine un peu étendu, ne renferme ou de la pierrre à chaux, ou de la craye, ou de la marne, & que par conséquent,

quent, on ne puiſſe ſe procurer avec peu de dépenſe un engrais ſi précieux.

Maintenant que le Cultivateur connoît les matieres dont il peut faire de la chaux, que nous lui avons auſſi donné la maniere de la brûler lui – même, ce qui lui épargne beaucoup de dépenſe ; qu'enſuite nous l'avons inſtruit ſur les moyens de rendre l'effet de cet engrais plus durable en faiſant les mêlanges que nous lui avons preſcrits, & en donnant à ſes terres les ſoins qu'il convient : il eſt à propos de lui annoncer à peu près la durée de cet amendement, relativement à chaque ſol, ou à la différente ſubſtance qu'il y mêle.

Une ſeule culture faite avec de la chaux de craye molle, dure autant que le fumier, c'eſt-à-dire trois ans. La chaux faite de pierre à chaux, & répandue ſur le ſol de la façon que nous avons preſcrite, dure cinq ans : lorſqu'on la mêle avec du fumier de cheval, elle ne dure pas tant, parce qu'elle s'évapore bien plus vîte & plus facilement : au contraire, mêlée avec du fumier de vache, elle pouſſe ſes effets juſques à la ſeptiéme année. Cependant nous ne cachons point au Cultivateur que les deux premieres récoltes produites par le fumier de cheval & la chaux, ſont beaucoup plus abondantes.

Nous obſerverons auſſi que la chaux mêlée avec les propres cendres du terrein, ne produit d'effet que pendant trois ans : mais que la terre n'eſt pas ſi appauvrie qu'elle le ſeroit ſi on faiſoit le brulis ſans mêlange de chaux.

La chaux mêlée avec la terre fine molle, eſt l'engrais dont les effets durent le plus, c'eſt-à-dire, dix ou douze ans ; pourvu qu'on rafraîchiſſe le ſol de tems en tems ; toutes ces obſervations portent ſur l'expérience ; le Cultivateur doit y ajouter foi.

CHAPITRE XXXIX.

Contenant des Additions fur la Chaux & les Engrais que nous venons de voir, envoyées à Monfieur Hale par un Correfpondant.

MONSIEUR,

» ON s'eft mis depuis peu d'années dans l'ufage de brûler
» une très-grande quantité de chaux ; parce que l'expérience
» a prouvé qu'elle eft l'engrais le plus efficace pour les fols les plus
» maigres & les plus ftériles : il eft donc important de bien con-
» noître cette fubftance précieufe, & de la confidérer dans tous
» fes différents états.

» On obferve qu'un fol de pierre à chaux, eft d'une nature
» riche & favoureufe, que les eaux qui en découlent amendent
» les terres ; au lieu que celles qui découlent des bruyeres ou autres
» fols durs, les altérent & les endommagent : on remarque auffi que
» les eaux qui coulent des champs fertiles, des riches prairies, des
» rivieres qui traverfent les grandes Villes, font très - efficaces &
» très-avantageufes au Cultivateur, pour arrofer les terres, lorfqu'il
» a cette commodité.

» Les mauvaifes terres à pâturages s'amendent parfaitement,
» lorfqu'on y laiffe pendant long-tems quantité de pierre à chaux
» en tas. L'herbe qui auparavant étoit groffiere & aigre, y de-
» vient par le fecours de cet engrais, fine & favoureufe.

» On trouve ordinairement deux fortes de pierre à chaux ;
» l'une eft par couches dans la terre : un homme peut en exploiter
» dix ou douze cens pefant par jour : cette efpece eft prefque toujours
» de couleur jaunâtre, & donne la chaux la plus blanche : l'autre
» tient beaucoup plus de la nature de la roche, & l'on ne peut ordi-
» nairement l'exploiter fans poudre à canon : elle eft par-là très-
» incommode ; parce que, pour peu qu'elle foit crevaffée, l'effet de
» la poudre s'échappe par les crevaffes. Les parties de cette pierre
» font fi ferrées, qu'elle eft fufceptible du même poli qu'on donne au
» marbre.

» Cette pierre eſt bleuâtre & beaucoup plus peſante que l'autre ;
» elle doit donc rendre plus de chaux quand elle eſt brûlée : elle
» n'eſt pas à la vérité ſi blanche ; mais l'expérience prouve qu'elle
» eſt plus forte pour les terres. On doit remarquer une ſingularité
» dans la pierre à chaux, c'eſt que ſon odeur & la fumée ne nuiſent
» point aux hommes qui paſſent leur vie à la brûler ; tandis qu'elle
» tue tous les vers & inſectes d'alentour, & qu'il arrive ſouvent que
» des perſonnes perdent l'uſage de leurs membres, & même la vie
» en couchant dans des appartemens tout récemment blanchis avec
» de la chaux.

   » On y trouve une infinité de différents petits coquillages, comme
» de moules, d'huîtres & des arêtes de poiſſon. Ainſi, en partant
» du principe que nous avons établi, on voit combien cette ſubſtance
» doit renfermer de fertilité, puiſqu'il n'y a point de ſubſtance plus
» fertiliſante que l'animale & le ſel.

   « On entretient le feu dans les fourneaux à chaux, depuis le mois
» d'Avril juſqu'au mois d'Octobre quand on a la facilité d'en vendre
» au public : ceux qui n'en font que pour leur uſage particulier, pra-
» tiquent la même méthode : s'ils ont aſſez de terrein à engraiſſer
» pour en faire la conſommation : les fourneaux une fois échauffés,
» ne conſomment point une ſi grande quantité de bois ou de charbon.
» Or, ſi on les laiſſoit refroidir à chaque fournée, on ſent combien
» grande ſeroit l'augmentation des frais & de la dépenſe.

   « Les fourneaux ordinaires où l'on fait de la chaux pour la vente,
» ont vingt-ſept ou trente pieds de profondeur. On les bâtit ſous la
» côte ou ſous la hauteur, ou bien on creuſe la terre, afin que les
» Ouvriers ayent de la place pour tirer dehors la chaux par l'ou-
» verture inférieure du fourneau, & pour mettre les ſacs à part, &
» afin qu'ils atteignent plus aiſément à l'orifice ſupérieur du four-
» neau, & qu'ils ayent une plus grande commodité pour le remplir.

   » Le ſol du fourneau doit être pavé de bonne pierre, & en pente
» vers l'embouchure pour faciliter le retirage de la chaux ; on met à
» deux pieds de hauteur du ſol, une pierre en travers, afin que la
» chaux puiſſe tomber de chaque côté par l'intervalle qu'on laiſſe
» à la partie antérieure & poſtérieure entre elle & le mur du four-
» neau, & pour empêcher que les pierres ne puiſſent tomber qu'après
» qu'elles ſont brûlées. Les côtés intérieurs du fourneau, doivent
» être doublés d'une eſpece de pierre, qui ainſi que celle de traverſe
» réſiſte au feu : il n'y a que la partie ſupérieure du fourneau qu'on
» peut doubler avec de la pierre à chaux, qui réſiſte pendant

» un an ; & que l'on peut renouveller le printems suivant.

» Le fourneau doit s'élargir peu à peu, depuis le sol jusqu'à neuf
» ou dix pieds, ce qui fait les deux tiers de la hauteur du four-
» neau, qui dans cet endroit doit avoir neuf pieds ou environ de
» largeur. De ce point, il se retraicit insensiblement vers la partie
» supérieure, jusques à ce qu'il n'ait plus que six pieds de largeur:
» par cette construction, les matieres brûlent beaucoup plus facile-
» ment ; on épargne beaucoup plus de bois, & on le ferme plus
» commodément pendant la nuit.

» On pose sur la pierre de traverse, ou sur la grille un lit de pierre
» à chaux & de bois, moitié de l'un & moitié de l'autre, & en mon-
» tant on diminue peu à peu la quantité de bois ou de charbon ; de
» sorte que quand on est arrivé à l'ouverture supérieure du fourneau,
» il y ait soixante parties de pierres à chaux sur vingt de bois ou de
» charbon de terre.

» On allume le feu avec du petit fagot, ou avec de la fougere :
» quand le fourneau est une fois échauffé, il ne faudra que la charge
» d'un cheval de charbon pour en brûler trois de pierre à chaux,
» pourvu du moins que le tems soit beau : un fourneau fera par
» jour soixante-dix ou quatre-vingt charges de chaux, chaque charge
» formant trois boisseaux.

» Il faut ordinairement quatre hommes pour bien servir un four-
» neau ; un pour exploiter la carriere, l'autre pour brouetter la
» pierre jusqu'au fourneau, & les deux autres pour le remplir,
» pour en tirer la chaux, pour emplir les sacs, & pour aider à
» charger les chevaux. Le salaire de celui qui est à la brouette est
» le salaire des Ouvriers ordinaires. Celui de l'Exploiteur de la
» carriere est à proportion que ce travail est plus ou moins pénible ;
» mais les deux qui ne quittent jamais le fourneau, ont un salaire
» double.

» Comme l'utilité de cet engrais a été suffisamment prouvée, &
» qu'il n'y a que la dépense de la construction du fourneau qui paroît
» allarmer le Cultivateur, il est à propos de lui faire sentir qu'elle
» n'est pas si grande qu'il le pense, s'il considere avec attention les
» avantages qui en résultent ; d'ailleurs cette dépense se réduit à si
» peu de chose, lorsqu'il n'a pour objet que d'avoir de la chaux pour
» son propre usage, qu'en vérité ce seroit négliger l'or pour épargner
» du fer. Il y a de petits fourneaux que nous avons vûs & qui n'ont
» coûté que trois ou quatre louis ; leur usage a été cependant sans pres-
» qu'aucuns frais de réparation jusqu'à trente ans ; on y brûloit

» neuf charretées de chaux par semaine : que le Cultivateur ait
» donc le soin de calculer les dépenses & de les comparer avec
» la somme des profits, il verra que sa crainte ne peut être que
» mal fondée & très-préjudiciable.

» Observation importante qu'il ne faut point perdre de vue &
» que les Brûleurs de chaux ont faite ; ils assurent que malgré
» toutes leurs attentions, & les ressources qu'ils employent, ils
» ne peuvent point empêcher que la pierre à chaux se réduise en
» poudre dans le mois de Mai : ils apportent pour raison de cet
» évenement, qu'il faut sans doute que le retour du Printems & de
» la chaleur influe sur la pierre, ainsi que sur les plantes & sur
» les animaux. Il résulte de cette observation, que l'on devroit se
» dispenser de brûler de la pierre à chaux pendant le courant de
» ce mois.

» Autre observation qui n'est pas moins importante. Il faut
» bien se donner de garde de mettre de la chaux près des matieres
» combustibles ; car pour peu qu'il y ait d'humidité, elle y mettroit le
» feu : la seule humidité de l'air ou de la terre peuvent lui faire
» produire cet effet : on a vu dans des jours humides la chaux mettre
» le feu aux sacs dont on avoit chargé les chevaux.

» On observe aussi que la pierre à chaux commune, qui a été
» quelques jours exposée à l'air, ne brûle pas si aisément, & ne
» fait pas une chaux d'une aussi bonne qualité que l'est celle
» qu'on fait de la pierre à chaux employée en sortant de la carriere.

» Il faut rompre les pierres, & les réduire à une grosseur pro-
» portionnée au fourneau ; celles qui sont rondes ne brûlent pas si
» facilement que celles qui sont plates ; il seroit donc à propos de
» les applatir, quand ce ne seroit que pour épargner le bois ou le
» charbon. La grande quantité des petites pierres étouffe le feu ;
» aussi s'en sert-on ordinairement quand on veut arrêter sa trop
» grande activité.

» Lorsqu'un Cultivateur veut répandre de la chaux toute pure
» sur ses terres à pâturages, je lui conseille de le faire de bonne
» heure ; c'est-à-dire, avant la mi-Été ; car on sçait par expérience,
» que la chaux répandue après cette saison, n'est pas si avanta-
» geuse, & que plus l'année est avancée, moins on retire de
» profit de cet engrais.

» Quand on veut en répandre sur les terres à bled, il faut ob-
» server le cours des labours ; mais on n'est pas si sujet à suivre la
» saison lorsqu'on la mêle avec le fumier, avec la terre molle, ou
» avec d'autres matieres.

» La chaux pure ne produit pas un effet si avantageux sur les ter-
» res où il y a beaucoup d'herbe : les bestiaux ne veulent point en
» manger , jusqu'à ce que les pluyes l'ayent dépouillée de la
» chaux qu'elles portent au cœur du sol ; il est bien vrai qu'après
» cette lescive l'herbe reste empreinte de sels qui plaisent beau-
» coup à ces animaux ; ils la mangent avec voracité : circonstance
» qui indique au Cultivateur qu'il doit éviter de répandre dans un
» tems sec de la chaux sur les terres à pâturages.

» Il est évident que les grands avantages que l'on tire de la
» chaux sont l'effet du feu qui en desseche toute l'humidité , en
» ouvre les pores , & y darde par son activité ses parties ignées :
» ainsi plutôt on s'en sert, plus son efficacité est sensible ; & par une
» conséquence bien claire, plus elle est exposée à l'air & à l'humidi-
» té , plus elle se refroidit & se forme en mottes : son action
» étant ainsi considérablement affoiblie , retarde conséquemment
» la fermentation, le seul objet que le Cultivateur se propose dans
» l'usage de cet engrais.

» Mais ce n'est point ici le lieu de philosopher sur les causes
» réelles des effets de la chaux, ni d'expliquer par quels moyens
» elle opere sur les végétaux : nous n'avons point envie de porter
» notre faulx sur le domaine des gens à systême ; il nous suffit d'ins-
» truire le Cultivateur de l'utilité de cet engrais, & de l'en convain-
» cre par l'expérience. Il est bien plus essentiel pour lui de con-
» noître tous les dégrés de force qu'il a , & la nature des sols ,
» tant à pâturages qu'à bled ; afin qu'il sçache l'adapter dans les
» saisons convenables , qu'il en tire tout l'avantage possible ; ce
» qu'il n'obtiendra jamais, s'il ne prend garde d'en trop surchar-
» ger ses terres, ou de leur en donner trop peu.

» M. *Ellis* prétend que la chaux convient mieux aux sols argil-
» leux, humides & froids ; parce qu'il a vu un de ses voisins amé-
» liorer avec succès ses terres argilleuses avec les rebuts de son
» fourneau à chaux.

» Mais ces rebuts ne sont autre chose qu'un mélange d'un peu
» de chaux, de cendres de charbon de terre , & d'autres matie-
» res quelconques qui s'y trouvent par hazard ; encore même une
» charretée de ce mélange ne vaut-elle pas pour l'amélioration trois
» boisseaux de chaux ; c'est pourquoi on le répand aussi épais que
» le fumier : d'ailleurs , si les terres dont parle M. *Ellis*, sont situées
» en pente ou sur des hauteurs, il ne seroit point étonnant que ce
» mélange qui participe beaucoup plus de la propriété des cendres

» que de celle de la chaux, les améliorât, parce qu'elles s'é-
» gouttent. On ne pourroit donc pas conclure de ce cas parti-
» culier, que la chaux convient généralement à tous les fols ar-
» gilleux, humides & froids.

» Nous obferverons en paffant, que comme il y a des fols qui
» font fi legers & fi fecs, qu'il feroit dangereux d'ajouter à ce
» défaut en leur donnant la chaux fortant du fourneau, il convient
» de la faire fufer, mais auffi de prendre bien garde de ne pas
» la laiffer trop longtems à l'air; parce que toutes les parties
» ignées s'évaporeroient, & que la chaux étant ainfi trop fufée,
» fe réduiroit en pouffiere, & ne feroit d'aucune utilité.

» On trouve près de Malmoé en Suede, au bord de la mer,
» une pierre à chaux, qui eft d'une qualité excellente, & qui
» doit néceffairement contenir beaucoup plus de principes de
» fertilité que toutes les autres chaux: il eft étonnant que les
» Suedois n'en faffent point ufage comme engrais ; car nous ne
» voyons pas qu'on en ait encore employé pour l'amélioration des
» terres. Nous en parlons ici, parce qu'il ne feroit point impoffi-
» ble d'en trouver dans quelque Canton de la France où il y a
» tant de côtes & tant de ports de mer. Si le hazard en procuroit
» à quelque Cultivateur, on ofe lui en garantir l'ufage, quoi-
» qu'on n'en ait jamais fait l'expérience.

» La chaux eft un amendement parfait pour un terrein fec de
» pierre à chaux où le fol a une certaine profondeur. Mais s'il eft
» extrêmement mince, la chaux non-feulement y feroit en pure
» perte, mais encore l'altéreroit confidérablement.

» Un Cultivateur intelligent ne répand jamais de la chaux fans
» mélange de terre fur un fol purement argilleux ou fablon-
» neux ; il y perdroit fa peine & fes frais.

» Tous les engrais en général, tant artificiels que naturels,
» donnés en trop grande quantité, & principalement la
» chaux, au lieu d'amender les terres, gâtent non-feulement la
» premiere récolte, mais encore les fuivantes, jufqu'à ce qu'enfin
» l'air & le foleil ayent remis la terre à un dégré de fermenta-
» tion propre à l'accroiffement des plantes.

» Quand cette faute n'a été commife qu'avec du fumier, la ter-
» re fe rétablit affez promptement; mais fi elle vient de trop de
» marne qu'on a donné, ou de l'eau falée dont le fol a été trop
» longtems couvert, il faut plufieurs années pour fon rétabliffe-
» ment. Il eft vrai de dire que la perte des premieres récoltes eft

» réparée dans la suite par l'abondance des suivantes, & par la
» durée de la fertilisation de ces terres. On a vu la même chose
» arriver des terres qui ont été couvertes trop longtems d'eau salée:
» si elles ont frustré pendant deux ans les espérances du Cultiva-
» teur, elles les ont bien remplies les années suivantes; les terres
» situées le long de la mer font une preuve bien évidente de la vé-
» rité de cette observation; cependant comme il est peu de Cul-
» tivateurs qui soient en état d'attendre ce dédommagement, &
» que chacun veut jouir le plutôt qu'il est possible, il vaut mieux
» prendre les précautions prescrites ci-dessus dans l'administra-
» tion des engrais. Pourquoi, en effet, éleve-t-on des digues, si
» ce n'est pour empêcher les marées d'inonder les terres, &
» afin que par ce moyen elles s'amendent peu à peu sans autre
» culture, & qu'elles deviennent d'excellens pâturages. La même
» gradation doit être pratiquée dans tous les autres engrais.

» J'ai répandu quarante boisseaux de chaux par acre sur une
» terre humide, dont le sol est tendre & mince : une partie de ce
» terrein est devenue en trois ans un pâturage excellent, tandis
» que le reste du terrein a été au moins six ou sept ans à s'amen-
» der; je lui ai donné un labour, une partie m'a rendu de bons
» navets, & l'autre une bonne récolte d'avoine : de sorte que
» tout le terrein est à présent un fort bon pâturage; je me pro-
» pose de le labourer dans deux ou trois ans, & de lui donner un
» peu de fumier, & je suis comme assuré que j'en tirerai un parti
» très-avantageux, de quelque façon que je l'employe.

» J'ai vu un terrein de pierre à chaux couvert d'un gazon ex-
» trêmement grossier, s'amender avec la chaux qu'on y avoit ré-
» pandue, & devenir un bon pâturage. J'ai vu aussi des personnes
» s'enrichir en prenant à ferme des pelades qu'ils ont rendu d'excel-
» lens pâturages par le secours de la chaux.

» Une Fermiere que je connois particulierement, s'est rendue fa-
» meuse par la bonté des fromages qu'elle vend : or ces froma-
» ges n'ont acquis cette bonté que par la qualité que la chaux don-
» ne aux pâturages où elle fait paître ses vaches; ce qui prouve
» que la chaux adoucit le sol au lieu de l'aigrir, comme le dit
» M. *Btridser*, & il ne faut pas croire non plus que son bon
» effet soit d'absorber l'humide, comme M. *Ellis* se l'est imaginé:
» cependant si quelque Cultivateur vouloit suivre l'opinion de
» ce dernier, & donner à ses terres humides de la chaux, qu'il se
» souvienne toujours que cet engrais, dans les terreins de cette

espece

» espece, passe trop avant dans la terre, que pour éviter cet in-
» convénient, il est à propos de labourer ; afin que la charrue
» en retournant la chaux la mette à portée de communiquer sa
» vertu au bled & à l'herbe.

» Le grand art de manier la chaux, & tout autre engrais,
» consiste à sçavoir en adapter toutes les especes, & en propor-
» tionner la quantité aux différens sols, ce qui assurément ne sera
» pas difficile dans les cas ordinaires de l'Agriculture ; pour peu
» qu'on veuille suivre avec attention les instructions que vous
» donnez. Dans les cas extraordinaires, c'est au Cultivateur à
» partir des principes que vous avez établis, & à risquer quel-
» ques expériences. Quand on a une bonne terre dont le sol est
» mince, il vaut mieux y répandre à deux reprises la chaux, que de
» le surcharger tout d'un coup. Je suis, Monsieur.... «

Comme les plus petites observations sont en Agriculture d'un prix
infini, nous nous exposons au désagrément d'être acculés de prolixité & de répétitions, plutôt que de laisser échapper la plus petite
circonstance dont il peut résulter quelque utilité pour les vrais Cultivateurs ; & surement pour peu qu'on nous life avec attention &
avec cet esprit que l'on doit à un Auteur qui n'a pour objet que l'u-
tilité publique, on verra que ce qui paroît être des répétitions, renferme des différences importantes. Que l'on ait la complaisance de lire
cette lettre avec le désir de s'instruire, on nous rendra justice ;
d'ailleurs, nous l'avons dit, nous travaillons d'après M. Hale, Auteur du Corps complet d'Agriculture, & l'on sçait que les Anglois
ne prennent point comme nous la superficie des sujets, qu'au contraire ils cavent profondément & les épuisent, pour ne laisser rien
à désirer aux personnes qui lisent, non pour s'amuser, mais pour
s'instruire à fond.

CHAPITRE XLI.

De la Suye comme engrais.

IL y a deux sortes de suye, l'une de bois ; l'autre de charbon de
terre. Elles sont différentes à bien des égards, mais l'une est à peu
près aussi avantageuse que l'autre au Cultivateur. La suye de bois est
solide & luisante ; celle de charbon de terre est plus déliée &

d'une couleur plus morte. Les Chymistes & les Apoticaires font
beaucoup plus usage de celle de bois ; mais dans les pays où le
bois & le charbon sont également communs, les Cultivateurs préferent la suye de charbon.

Il est des Auteurs qui ont écrit sur l'Agriculture, & qui sont par-
tagés sur la préférence de ces deux sortes de suyes. *Mertimer* prétend
que celle du charbon de terre soit la meilleure, & *Worlidac* donne
la supériorité à celle de bois. Malgré l'autorité de ces deux Auteurs
célébres, il vaut mieux s'en rapporter à l'expérience, elle est la
mere de la certitude. Il est bien vrai que la suye de bois favorise
plus certains sols, ainsi que celle de charbon de terre en favorise
plus d'autres ; mais celle-ci s'adapte à plus de sortes de terres. Il
n'est donc point surprenant que le Cultivateur lui donne en général la préférence ; au reste, la différence n'est pas si grande, qu'une
terre qui est amendée par une de ces suyes, ne le fût également, ou
à peu de choses près, par l'autre ; & conséquemment on ne tirera
jamais du choix qu'un petit avantage.

Nous avons fait voir le peu d'utilité & même le danger qui
résultoit de la chaux répandue sur les terreins argilleux ; il n'en est pas
de même de la suye ; elle est leur engrais propre ; elle y produit
autant d'effet que la chaux sur les autres especes de sols auxquels
elle s'adapte. Mais la suye a cet avantage sur ce dernier engrais,
qu'elle est favorable à tous les sols en général.

Venons à la méthode d'adapter les deux especes de suyes aux différens sols. Celle de charbon de terre convient mieux aux terreins
argilleux, crayeux & spongieux. Celle de bois mérite la préférence pour amender les sols graveleux, sablonneux & *loameux*.
Cette différence de propriété vient de la différence de leur consistance.
La suye de bois est en mottes fermes & dures ; celle de charbon de
terre est au contraire très-divisée. Or il est bien évident que les
mottes de suye de bois seroient très-longtems à se diviser sur un
sol argilleux ou spongieux, au lieu que celle de charbon de terre se
dissout & se mêle facilement avec le sol. Que l'on jette de la suye de
bois sur un terrein de craye, l'expérience fera voir que les mottes
restent très-longtems sans se diviser, au lieu que sur les sols sablonneux & *loameux*, les sables la coupent, la brisent & la divisent
en deux ou trois labours, & qu'elle s'incorpore tout de suite.

Mais si la suye de bois a l'inconvénient de se diviser beaucoup
plus difficilement que celle de charbon de terre, elle a sur celle-
ci l'avantage de durer plus long-tems. Il est vrai qu'en général le

Cultivateur n'exige de cet engrais que son prompt effet sur le bled ; aussi ses esperances ne sont-elles pas ordinairement frustrées ; car elle a un effet étonnant sur les sols argilleux, même les plus froids ; sa vertu agit & continue son activité depuis le commencement de la germination jusqu'à la parfaite maturité de la plante ; elle lui donne une vigueur étonnante. On en répand ordinairement vingt boisseaux par acre.

Nous avons dit que le fumier de mouton étoit le meilleur engrais pour les sols de craye secs ; la suye vient après, elle est presqu'autant estimée du Cultivateur. La chaux & la suye sont les deux principaux engrais des sols de sable, & l'efficacité de la suye sur les sols de gravier seroit beaucoup plus connue & plus accréditée, sans l'habitude qui a prévalu de parquer les moutons sur cette espece de terrein : pratique que nous n'attaquons point ; puisqu'il en résulte un avantage de plus que de la suye, qui est la perfection de la toison : c'est un article que nous nous proposons de traiter à fond, & de mettre dans toute son évidence pour tâcher d'amener à cette pratique presque tous les Cultivateurs du Royaume que l'on n'a encore pû convertir ni par le raisonnement, ni par l'exemple de nos voisins, dont les laines sont si parfaites que la concurrence est de beaucoup plus en leur faveur dans cette branche importante du Commerce.

La saison la plus favorable pour répandre la suye sur les terreins, est la derniere quinzaine du mois de Février. Il en est de la suye comme des autres engrais, elle demande d'être répandue avec toute l'égalité possible. Les pluies du printems la portent au cœur du sol : ainsi administrée elle est d'une efficacité merveilleuse.

Ses effets ne se bornent point aux seules terres à bled ; elle est pour le moins aussi utile aux pâturages, & particulierement à ceux qui tiennent beaucoup de l'argille. Que le Cultivateur l'employe comme nous lui avons indiqué, il verra les terres, qui ont été les plus steriles pendant plusieurs années, devenir par une seule culture de suye des pâturages fournis abondamment d'une herbe fine & savoureuse ; pourvû qu'il ait la précaution de la répandre avant les pluies du printems.

Mais lorsqu'on a le choix, il est certain qu'on doit à tous égards donner pour les pâturages la préférence à la suye de charbon de terre : la raison paroît bien sensible ; comme le sol n'est point labouré, & qu'il n'a aucun ameublissement, ses parties ne peuvent point agir sur les mottes de la suye à bois, elle est avant que de se rompre, très-longtems exposée à l'air, & sa vertu est évaporée avant que ces mottes réduites en molécules ayent la faculté de se porter au cœur du sol, ce qui est indispensablement nécessaire pour animer la végétation : de sorte que le terrein ne s'en trouve presque point du tout amelioré : quelques pluies legeres suffisent au-contraire pour incorporer au sol la suye de charbon de terre : elle est si divisée & pénétre si promptement, que quelques jours après qu'il a plu on n'en apperçoit point sur la surface.

Comme nous avons dit qu'il en faut vingt boisseaux par acre pour les terres à bled, il est bon d'avertir qu'il faut en augmenter la quantité d'un tiers pour les terres à pâturages, afin qu'elles s'en sentent plus longtems. Quelques Auteurs exigent qu'on en mette quarante boisseaux par acre, même sur les terres à bled : la pratique générale qui n'admet point cette méthode, ne nous empêchera point de la conseiller ; si on a la faculté de se procurer cet engrais dans la quantité que l'on peut désirer ; ce qui suivant les apparences doit être extrêmement rare.

Il est étonnant qu'aucun Auteur n'ait parlé de la suye de tourbe ; elle est cependant de toutes celle qui doit avoir le plus d'efficacité, puisqu'elle est formée de matieres bitumineuses & combustibles : il est vrai qu'elle est beaucoup plus compacte que les autres, mais qu'on pourroit obvier à cet inconvénient en la faisant briser. On en devroit faire de même pour la suye de bois ; cette opération n'est pas assez dispendieuse pour allarmer le Cultivateur : il n'est point de méthode, pour bien embarrassante qu'elle soit, pourvû qu'elle porte sur de bons principes, qui en Agriculture ne paye amplement les frais & les soins.

CHAPITRE XLII.

Des cendres comme engrais.

TOUTES sortes de cendres sont aux yeux d'un Cultivateur intelligent dignes de son attention : leur différence (il y en a assurément) vient des différentes matieres dont elles sortent par l'action du feu.

Les cendres de bois sont plus fertilisantes que celles de charbon de terre ; & celles du charbon de terre divisent beaucoup mieux un sol que celles de bois, l'enrichissent en même tems, mais non

au même degré que les autres : les cendres de charbon de terre font
donc préférables pour un Cultivateur, dont les poffeffions con-
fiftent en un fol argilleux gluant : celles de bois font extrêmement
favorables aux fols legers, pauvres & ftériles, ou aux fols trop
humides ; car toutes les cendres en général favorifent principalement les fols humides & froids.

Il y a des Cultivateurs qui entraînés par une économie mal-
entendue achetent les cendres qui ont fervi aux blanchiffeufes : c'eft
bien peu entendre fes propres intérêts ; elles font fans fubftance &
dépouillées abfolument de leurs fels ; elles n'ont tout au plus que
la propriété de la pouffiere : cependant confiderées comme telles
nous ne les ôterons point de la claffe des engrais, parce qu'il y a
une façon de leur rendre leur principe de fertilité. Si ces Cultivateurs économes avoient l'attention de fe faire donner ou vendre les
eaux des lefcives, & de les répandre fur ces cendres qu'on auroit
mifes dans une foffe pavée, ou dont le fol feroit couvert de glaife qu'on
auroit bien affermie, il eft certain que cet engrais feroit plus puiffant
que les cendres même de bois neuf : & il n'eft point étonnant,
ces eaux font chargées de tous les fels que les cendres ont dépofés,
& des parties huileufes de la tranfpiration. Or fi l'on fe rappelle
combien nous avons vanté les engrais qui fortent du regne animal,
on fe repréfentera aifément la fupériorité de celui-ci.

Mais fi d'ailleurs on veut employer ces cendres lefcivées fans
autre précaution, elles ne peuvent tout au plus avoir d'autre
utilité que celle de divifer les fols glaifeux ou argilleux, encore même faut-il les mêler avec du fable.

Lorfque les cendres font nouvelles, & que par conféquent elles
ont encore tous leurs fels, on doit les employer fans mêlange : mais
comme celles de charbon font moins riches, il faut les mêler
avec du fumier ; celui de cheval mérite la préférence : l'on peut
encore fi l'on veut les mêler avec toutes fortes de fumiers incorporés enfemble, parce que les cendres divifant le fol, elles ouvrent
la voie aux fumiers.

La dofe ordinaire des cendres de bois eft de quatre charretées
par acre, & de fix charretées, quand on fe fert de celles de charbon de terre : cependant cette quantité n'eft point prefcrite à la
rigueur ; heureux eft le Cultivateur qui peut l'augmenter, fes
terres ne s'en porteront que beaucoup mieux.

Nous venons de faire obferver que les cendres qui ont fervi aux
blanchiffeufes ont perdu toute leur efficacité : cette obfervation

prouve que l'eau peut dépouiller les cendres de bois de tous leurs ſels ; il réſulte donc qu'il faut les conſerver dans un endroit ſec, où elles ne puiſſent point recevoir d'humidité : ſans cette précaution on riſqueroit d'imiter ceux dont nous avons parlé, en répandant comme eux de la pouſſiere ſur ſes terres, au lieu d'y mettre un riche engrais.

Il n'eſt pas douteux que les cendres de charbon de terre n'agiſſent auſſi ſur les terreins que par les ſels qu'elles contiennent, quoi-qu'en moindre quantité que celles de bois. On doit donc par la mê-me raiſon les conſerver dans un lieu ſec ; car ſi on les expoſe aux pluies, elles ſe réduiront en une ſubſtance vaine & inutile ; mais on a trouvé par l'expérience l'art de les enrichir, en verſant deſſus toutes les urines & les eaux ſavonneuſes, ou autres liqueurs qui contiennent des ſels.

Les cendres de genêt de bruyere, de chaume & des mauvaiſes herbes, ne ſont différentes de celles de bois qu'en ce qu'elles ſont plus legeres, & qu'elles ſe dépouillent plus facilement de leurs ſels par les pluies ; c'eſt pourquoi il eſt plus avantageux de brûler ces matieres ſur le ſol que d'y en apporter les cendres ; d'a-bord parce qu'elles ſe répandent plus également, enſuite parce, que leur ſel qui ſe perdent ſi facilement, ne peut que tomber dans le ſol.

Les cendres de tourbe ſont encore plus douces & plus legeres ; elles ont la même vertu que celles des végétaux. Cet engrais en gé-néral, c'eſt-à-dire, toutes les cendres quelconques fertiliſent beau-coup les terres à bled & les terres à pâturages. Celles de tourbe reſ-ſemblent beaucoup à celles qui ſont faites par l'incinération des terres dont nous allons bientôt parler, avec cette différence ce-pendant, qu'en brûlant la terre, le ſol ſe trouve tout préparé à les recevoir.

L'uſage le plus efficace qu'on puiſſe faire des cendres de bois, c'eſt de les répandre avec la main ſur les terres où il y a du froment dès le commencement du printems.

Leur effet eſt bien plus ſenſible quand on les a conſervées à cou-vert & ſouvent humectées des urines quelconques. La quantité qu'on doit en répandre eſt depuis quarante-cinq juſqu'à cinquante boiſſeaux par acre : cette culture ſur les terres ſemées, rend une augmentation de produit preſqu'auſſi forte que celle de la cul-ture par la ſuye, & certainement ce n'eſt pas peu dire.

Les cendres de bois préparées & conſervées de la même maniere,

font également propres aux pâturages ; elles augmentent non-feulement la quantité & l'accroiffement des herbes , mais encore
elles détruifent tous les infectes qui s'attachent ordinairement aux
racines des plantes , au grand détriment de l'Agriculture en général.

Les cendres de charbon de terre font très-favorables aux pâturages
après qu'on leur a donné les mêmes attentions qu'à celles de bois :
cinquante boiffeaux par acre fuffifent , & font autant d'effet que
quatre-vingts des autres ; celles-ci font en effet plus actives & donnent plus promptement leur efficacité au terrein que celles de
charbon de terre ; mais en revanche leur effet ne dure pas autant.
Si elles produifent la premiere année une plus grande abondance
d'herbe , les années fuivantes cette fertilité diminue ; au lieu que les
cendres de charbon de terre fe foutiennent dans leur action pendant cinq ou fix ans : d'ailleurs elles ont l'avantage particulier de
donner au trefle , au fainfoin une faveur qu'aucun autre engrais
ne leur donne. Il faut feulement avoir l'attention , pour en tirer
toute l'utilité poffible , de les répandre fur le terrein vers la
mi-hyver ; afin que les pluyes les lefcivent & en portent les fels
dans le cœur du fol , & que la partie terreftre s'incorpore exactement à la furface.

Il eft des cantons où l'on les employe auffi fur les terreins femés
de bled ; il eft certain qu'elles y poduifent un bon effet ; mais il
l'eft encore plus que celles de bois font préférables.

Ainfi que la fuye de tourbe l'emporte fur toutes les autres
fuyes , de même fes cendres font fupérieures à toutes les autres ;
mais comme elles font extrêmement fines & légeres , il en faut
une très-grande quantité.

Outre l'ufage de toutes ces différentes cendres naturelles & pures,
on peut encore en faire des mélanges excellens ; par exemple ,
que l'on mêle des cendres de bois avec du fumier de vache , on en
formera un engrais des plus riches ; qu'on en répande fur les tas de
fumier & de toutes fortes de défroques , de boues , &c. elles y
répandent une efficacité admirable. Que l'on mêle des cendres de
charbon de terre avec de la terre & de la fiente de poule , elles
rompent , divifent la partie gluante de ce riche fumier.

Ainfi nous finiffons ce chapitre en faifant obferver que cet engrais
eft un de ceux dont le Cultivateur doit faire le plus de cas , que les
cendres de charbon de terre conviennent beaucoup aux fols argilleux , & celles de bois aux fols graveleux & *loameux* ; mais que

les deux especes favorisent tous les sols ; que la seule différence qu'on y trouvera consiste dans les profits qui ne seront pas, il est vrai, si grands que si on avoit fait choix de celles qui conviennent à tel ou tel sol.

CHAPITRE XLIII.

De l'incinération.

QUOIQUE par l'ordre que nous avons pris pour cet Ouvrage, nous ayons renvoyé l'article de l'incinération au neuviéme Livre, nous en parlerons ici relativement à la pratique pour suivre l'ordre de l'Auteur Anglois. La dissertation que nous avons promise sur cette importante partie de l'Agriculture, fermera le neuviéme Livre, ainsi que nous l'avons dit dans notre Préface.

Pour procéder à l'incinération, on écobue le gazon : ce terme que l'Auteur des Défrichemens a adopté n'est pas connu dans toutes les Provinces, puisqu'il y en a où l'on se sert du terme écher : pour fixer donc la signification de ce terme d'une façon intelligible à tous les Cultivateurs, écobuer ou écher n'est autre chose que lever la superficie du gazon à un ou deux pouces d'épaisseur, & plus encore suivant la qualité des sols ; car plus un sol a de substance, plus avant le gazon y plonge ses racines, & par conséquent plus profondément on doit y écobuer.

Le gazon étant une fois levé par mottes quarrées autant qu'il est possible, on les met en tas pour les faire sécher, ensuite on y met le feu pour les réduire en cendres ; on répand ces cendres sur la superficie d'un champ aussi uniformément qu'on le peut, & ensuite on les mêle avec le sol par le secours du labour. Voilà en général ce qui se pratique pour le brûlis ou incinération.

Avant que nous ne parlions des avantages qui résultent de cette opération, nous jugeons qu'il est avantageux de donner au Cultivateur quelques instructions pour la lui faciliter ; car la méthode pratiquée jusqu'à présent est susceptible de beaucoup de changemens qui ne peuvent que la rendre plus parfaite.

Il y a une espece de charrue qui demande un homme fort & robuste. La description que nous allons en donner en fera voir le défectueux. On l'a cependant mise en usage ; mais nous ne croyons

pas

pas qu'elle puisse beaucoup s'accréditer ; toute défectueuse qu'elle est. il en a résulté un très-grand avantage , puisqu'elle a donné occasion à un Particulier d'en imaginer une sur ce plan, mais perfectionnée au point qu'elle ne laisse rien à désirer. Le Laboureur la pousse à force de corps & de bras , à une petite profondeur au-dessous du gazon. Cet instrument est composé du tranchant d'une charrue affilé par les côtés pour couper le gazon, d'un manche & d'une planche en croix , sur laquelle le Laboureur appuye la poitrine. C'est avec ce pitoyable instrument qu'on coupe le gazon d'environ d'un pouce d'épaisseur plus ou moins suivant la quantité des racines des herbes ; car plus elles sont nombreuses , plus le gazon doit être coupé épais. Par cet instrument on le coupe par lambeaux d'un pied & demi de longueur , & de neuf ou dix pouces de largeur ; cette opération faite, on le retourne pour le faire sécher.

On apperçoit tout le défectueux de cette charrue ; mais il est évident qu'armée de ce tranchant & servie par un cheval , elle doit faire cette opération beaucoup plus promptement & plus avantageusement. Voici de quelle façon un Cultivateur intelligent l'a perfectionnée.

Le tranchant du dedans de la charrue doit s'élever au milieu en dos d'âne bien affilé, depuis la pointe jusqu'à la partie où on le fixe à une piéce de bois léger & fort , pointu dans la partie antérieure , & épais & renforcé dans la partie qui forme le talon. Ce tranchant doit avoir un pied de longueur & deux pieds de largeur d'un côté à l'autre : à la piéce de bois à laquelle le tranchant de la charrue est fixé , on attache bien solidement une autre piéce de bois qui panche tant soit peu en arriere ; elle est de la hauteur de deux pieds ; à celle-ci on enchevetre une autre piéce de bois en croix, à laquelle on attache le harnois du cheval ; on conçoit aisément qu'il n'y a point de Laboureur qui ne soit en état d'entendre cette méchanique ; les deux manches de la charrue & les planches qui servent à renverser le gazon doivent être aussi fixés à la piéce de bois en croix. Cet instrument tout simple qu'il est , est d'une utilité surprenante, & d'un avantage infini par les dépenses qu'il épargne.

On commence sur le bord du terrein , & à mesure qu'on avance on verra la motte de gazon que la charrue leve, se partager en deux parties égales par l'action du tranchant ou du dos d'âne affilé, dont nous avons parlé, dont l'une se renverse vers la haye , & l'autre

vers le champ. Quand on eſt au bout du terrein & qu'on veut re-
commencer, on dirige la charrue le long du gazon qui eſt tourné
en dedans du terrein, parce qu'il couvre une partie du ſol qui n'a
pas été écobuée, & on le renverſe en même-tems qu'on leve l'autre.

C'eſt ainſi qu'en continuant, tout le terrein ſe trouvera écobué,
& que les gazons ſeront rangés dans leur longueur de l'un à l'autre bout. Il eſt cependant bon de les couper à une grandeur convenable, & le même Auteur qui a imaginé la charrue, a inventé un
inſtrument tout-à-fait ingénieux, avec lequel on remplit en peu de
tems & à peu de frais cet objet.

On fait un rouleau ferme, large & peſant d'un tronc d'arbre. Le
chêne doit être préferé; on l'arme de cercles de fer tout autour,
laiſſant entre les cercles une diſtance de deux pieds; du milieu de
chaque cercle doit s'élever tout autour une lame de ſix pouces de
largeur renforcée dans la partie qui tient au cercle, & affilée par
l'autre extrêmité; ce rouleau ainſi armé, doit être tiré à travers
le champ & en croiſant. On voit que les lames enfoncées par le
poids du rouleau, couperont le gazon en parties raiſonnablement
grandes.

Cette opération finie, on procede au deſſéchement, on le met
en pile & on le brûle; cependant quelque ſimple que cette méthode
paroiſſe, il eſt bon d'avertir le Cultivateur, que tous les avantages qu'il en attend dépendent de l'attention qu'il portera à chaque
circonſtance de ce procedé.

Si le ſol eſt léger & le tems beau & chaud, le gazon ſeche en
le retournant ſeulement une fois. Mais ſi le terrein ou la ſaiſon eſt
humide, il faut abſolument le mettre en petits tas; on laiſſe un
vuide en dedans, & l'on laiſſe des eſpaces qui forment autant de ven-
touſes par où le vent entre librement & le ſeche promptement.

Quand le gazon eſt bien ſec, il brûle quelquefois ſans aucun ſecours d'autre matiere combuſtible: ce qui arrive quand le ſol eſt riche;
parce que le gazon y étant fort épais, il abonde en racines qui
ſuffiſent pour opérer l'incinération complette. Mais ſi le ſol eſt pauvre, & par conſéquent le gazon mince & peu chargé de racines,
il faut avoir recours aux bruyeres ſeches, ou à la fougere que l'on
met ſous chaque tas, & ſi le ſol eſt abſolument pauvre, on mêle parmi
les gazons des matieres combuſtibles; c'eſt pourquoi on peut
faire alors les tas beaucoup plus grands; cependant il vaut beaucoup mieux s'en tenir à la méthode qui preſcrit de les faire

petits ; parce que, comme ils sont plus nombreux, ils amendent une plus grande étendue de superficie ; car il ne faut pas croire qu'il faut rapporter aux seules cendres l'amendement, que fait l'incinération sur les sols de cette espece ; le feu les échauffe, & contribue beaucoup à la division de leurs parties, & par conséquent à leur fertilité.

Il y a des Cultivateurs qui font beaucoup valoir la méthode qu'ils ont adoptée d'élever les gazons au nombre de douze, de les lier bien soigneusement ensemble, laissant un vuide en dedans & des ouvertures en différens endroits qu'ils remplissent bien artistement d'herbes dessechées. On ne peut objecter à cette pratique que la perte du tems & de la peine. Or en Agriculture l'un & l'autre se rapportent exactement par un Cultivateur qui sçait tout apprécier à la somme des frais.

Mais voici la méthode la plus courte & la plus facile dont il résulte les mêmes avantages. Une brouette de gazon suffit pour chaque tas, & si les gazons sont absolument pauvres, on met dessous & entre les gazons un peu de fougere dessechée ; il faut les mettre debout, & après que les tas sont ainsi formés, on les laisse encore sécher un ou deux jours, ensuite on y met le feu.

C'est de l'exactitude & de l'intelligence avec lesquelles le brulis a été fait que dépend son succès ; on voit des Cultivateurs perdre les deux tiers des avantages de cette opération pour ne pas sçavoir le degré convenable du feu ; car enfin si l'on abandonne le gazon à la trop grande activité du feu, il est certain qu'il fait évaporer les parties les plus efficaces des substances que l'on brûle : plus on voit de fumée sortir du tas, & plus la perte de ces parties précieuses est grande. Il faut donc que le Cultivateur conduise son feu par degré, & qu'il fasse autant qu'il lui sera possible son brulis à feu couvert ; car quel est son objet ? N'est-ce pas de porter par les cendres des principes de fertilité dans sa terre, il doit donc s'attacher à leur conserver autant qu'il est possible les mêmes principes, objet important qu'il ne remplira jamais avec un feu ouvert. Nous donnerons plus d'étendue à cet article, & nous tâcherons de le traiter à fond dans la dissertation que nous devons donner sur l'incinération.

En attendant, pour bien se conduire dans cette opération, on observera avec nous les divers progrès du feu dans l'expérience suivante. Que l'on jette une plante quelconque dans le feu, elle se réduit en cendres ; mais que l'on observe bien que ces cendres pendant le brulis different beaucoup à l'inspection & dans leurs qualités. Quand la plante commence à tomber en cendres, elles sont

d'un gris noirâtre , & à mesure qu'elles restent plus dans le feu ;
elles deviennent de plus en plus pâles , jusqu'à ce qu'enfin on les
voit entierement blanches ; tandis qu'elles sont d'un gris noirâtre ,
elles ont beaucoup de goût ; au lieu que quand elles sont poussées par
le feu au degré de blancheur dont nous venons de parler , elles sont
presque insipides & sans goût.

Or pour peu que l'on soit versé dans la chimie , on doit voir que
la couleur noirâtre des cendres , & ce goût qu'on leur trouve ne
peuvent venir que des sels & de l'huile de la plante , & que cette
huile se consumant par le feu , les cendres doivent devenir pâles &
blanches , & par conséquent dépouillées de leurs principes ; d'ailleurs , comme ce n'est point ici notre objet de rechercher quels
peuvent être les principes de fertilisation des plantes , & que nous
abandonnons ces analyses aux curieux , peu nous importe d'en
instruire le Cultivateur , qui ne demande qu'à être conduit par la
pratique. Il reste toujours pour certain , que le feu ouvert emporte
toutes leurs vertus fertilisantes , & qu'il faut par conséquent un feu
lent & couvert pour les leur conserver.

Ainsi le Cultivateur n'a pour marcher d'un pas assuré dans cette
opération , qu'à bien observer en brûlant un tas de gazon , que s'il
brûle bien , tout le tas s'obscurcira & se noircira ; qu'un peu après
les gazons commenceront à craquer & à s'émietter ; qu'ensuite il
les verra se réduire en cendres d'un rougeâtre obscur , & que
parmi ces cendres il y aura de petites mottes mêlées , que ces
mottes un instant après tombent en cendres , dont la plus grande
partie devient d'un gris pâle & d'un blanc sale dans certains endroits.

Voilà en peu de mots toutes les gradations de l'action du feu ; il
est donc à présent facile de distinguer lequel de tous ces états de
l'incinération convient le plus à son objet. Lorsque le gazon se
noircit & que la motte est encore entiere , il est brûlé , mais imparfaitement. Lorsqu'il commence à craquer & à s'émietter , l'incinération est presque parfaite ; mais lorsque les cendres ont acquis la
couleur d'un rouge obscur , elle est dans son état parfait pour la fertilisation des terres. Chaque instant de feu que l'on donne après ce
signe , est un larcin que l'on fait à cet excellent engrais.

Considérons à présent , pour ne laisser aucun louche sur ce
point essentiel , le degré de feu qu'il convient de donner pour
obtenir cet état d'incinération. Tout feu violent dissipe la vertu
du gazon : il faut donc avoir l'attention de faire son brulis avec
un feu moderé ; il faut donc employer aussi peu qu'il est possible

de matieres combuſtibles. Il eſt encore plus prudent de ſe mettre
en état de n'en avoir pas beſoin en faiſant ſécher ſon gazon ; auſſi
voyons-nous que les cendres d'un gazon épais ſont meilleures que
celles d'un gazon pauvre ; la raiſon en eſt bien ſenſible. Le gazon
riche ſe conſume au feu ſans aucun ſecours de matiere combuſtible
étrangere : il brûle donc long-tems & lentement, ſurtout ſi l'o-
pération ſe fait à feu couvert.

Auſſi l'Auteur des Défrichemens rapporte-t-il, fondé ſur des
expériences répetées, que lorſque le feu avoit malgré lui pouſſé l'incinération juſqu'à rendre les cendres blanches, il s'appercevoit de
leur peu d'efficacité. Nous le répetons donc ; il faut abſolument
donner un feu lent ſi l'on veut conſerver aux cendres leur efficacité. Que le Cultivateur apprenne que la partie intérieure des gazons
ſe brûle bien plus vîte que leur partie extérieure ; qu'ainſi quand
celle - ci s'émiette lorſqu'on la frappe légerement, il eſt tems de
faire ceſſer le feu : que l'on prenne cependant bien garde que nous ne
donnons pas ce ſigne comme abſolument certain, indépendamment de toute circonſtance ; car la nature des gazons eſt ſi différente,
qu'il y en a qui reſtent liés enſemble lorſqu'on les frappe, même
après qu'ils ont été trop brûlés, & qu'il y en a auſſi qui s'émiettent
aiſément, quoique l'incinération ne ſoit point achevée : nous n'a-
vons prétendu donner que la méthode générale de connoître l'état
du brulis pour lui conſerver toute ſa vertu ; c'eſt donc au Cultivateur
à ſçavoir ſe conduire lui - même, & à faire ceſſer ou à continuer le
feu ſuivant qu'il voit que ſes gazons ont plus ou moins de conſiſtance.

On peut juger par la nature du gazon du degré de feu qu'il pourra
ſupporter & de la quantité de matiere combuſtible dont il aura beſoin. On ne ſçauroit croire combien il eſt important d'apporter
cette attention dans le procedé du brulis ; il eſt certain qu'il eſt parfaitement bien exécuté lorſque les tas brûlent préciſément autant
qu'il eſt néceſſaire pour qu'ils ſe tiennent debout ſur le terrein ; &
l'on voit que ce ſuccès dépend de la quantité de la matiere combuſtible que l'on employe, & de la nature des gazons ; car ſi on donne
trop de bois, de fougere, ou autre matiere combuſtible, le gazon
continuera de brûler en dedans, quoique l'extérieur ſoit ſuffiſamment calciné, comme il eſt arrivé à l'Auteur cité. Dès que la partie
extérieure eſt à peu près calcinée, il eſt donc à propos de rompre
les tas & de les répandre un peu pour accélerer leur extinction ;
cependant ils conſervent encore bien mieux leur efficacité, lorſque

le feu étant poussé avec prudence & par degré, ils s'éteignent d'eux-mêmes & restent calcinés & entiers ; au lieu que lorsqu'on est obligé de les rompre & de les répandre, on s'expose à voir le moindre vent en emporter les cendres les plus atténuées.

En supposant donc que le feu a été si bien conduit & si bien proportionné à la nature du gazon, que les tas suffisamment brûlés, restent entiers & débout, le Cultivateur se comportera avec intelligence en les laissant refroidir jusqu'à ce qu'il y tombe une ou deux pluyes ; après quoi il les répand dans un jour calme & sans vent.

On doit peler la surface du sol tout autour de chaque tas, de l'épaisseur de trois ou quatre pouces. On remue la pelade & le tas: ensuite on pele le sol un peu plus profondément à l'endroit où étoit le tas, & l'on rompt & mêle autant qu'il est possible le tout ensemble.

Or, cette opération qui paroît se contredire, & par conséquent ne pas devoir favoriser l'Agriculture autant que nous voulons le faire entendre, demande une explication : car il faut toujours mettre le Cultivateur en état de partir d'un principe certain, & celui-ci l'est assurément : nous lui avons déja observé que non-seulement les cendres de gazon, mais aussi l'action du feu contribuoient à la fertilité des terres, mais que ce n'est qu'à raison du degré dans lequel on tient le feu ; car s'il est poussé avec violence, il altere le sol & le dépouille des principes de végétation ; mais conduit avec prudence, il l'échauffe suffisamment pour qu'il se divise & s'ameublisse, ce qui de l'aveu de tous les Cultivateurs, est l'objet principal qu'ils ont a remplir.

Or, comme le sol qui se trouve sous le tas, & celui des environs feroient plus riches que celui qui se trouve assez distant des tas pour ne pas se ressentir de l'action du feu, le terrein ne seroit fertilisé que très-inégalement & par intervalle ; desorte que la récolte pousseroit trop vigoureusement dans certains endroits, & trop foiblement en d'autres, inégalité qu'il faut éviter avec soin, & que l'on évite en effet, si l'on pele le sol dessous & autour des gazons, & si l'on mêle la pelade avec les cendres ; d'ailleurs, la quantité de l'engrais se trouve par-là augmentée : on la distribue également sur le terrein. Alors elle porte une fertilité égale sur toutes ses parties.

Mais, observation essentielle sur laquelle le Cultivateur ne sçauroit trop insister, & dont aucun Ecrivain n'a point encore mis dans un assez grand jour le principe ; c'est que si les cendres font pouffées de trop de feu, elles deviennent blanches, & que comme le dit l'Auteur des Défrichemens, elles font vaines ou du moins prefque fans activité; & qu'au contraire, plus elles font d'un jaune foncé, plus elles font fertiles: la raifon qui n'en a point été jufqu'à préfent donnée, & qui eft cependant bien fenfible, puif-qu'elle porte fur les premiers éléments de la Phifique, c'eft que plus les végétaux font pouffés avec violence d'un feu ouvert, plus leurs huiles effentielles s'évaporent, & par conféquent plus leur fertilité diminue. En effet, pourquoi la fuye eft-elle un engrais fi puiffant, ce ne peut être que parce que la fumée dont elle fe forme, font ces mêmes huiles effentielles du bois ou du charbon? L'Auteur des Défrichements auroit donc confidérablement ajouté au méri-te de fes découvertes, s'il nous avoit préfenté cette raifon. Nous avons de fi fréquentes obfervations à faire, lorfque nous vou-lons fuivre pas à pas la nature dans fes opérations, qu'il n'eft point étonnant qu'il y en ait quelqu'une qui nous échappe malgré toute notre vigilance. Il réfulte de ce que nous venons d'obferver, que tout Cultivateur qui veut obtenir un brulis parfait, doit don-ner un feu auffi lent qu'il lui eft poffible, & former fon tas de ga-zon en forme de cheminée, fur l'extrémité de laquelle il met des quarrés de gazon en travers, laiffant d'efpace en efpace de pe-tites clarieres pour donner iffue à l'air, imitant autant qu'il lui fera poffible le tas repréfenté dans la figure de la planche troifiéme où nous le renvoyons; on y trouvera auffi la charrue à écobue, & le rouleau tranchant. Nous avons été obligés de renvoyer la livrai-fon de cette planche au tems où nous donnerons le troifiéme vo-lume; pour qu'elle foit bien intelligible; on aura la bonté de la mettre à la fuite des planches de celui-ci.

Il y a des Cultivateurs qui ajoutent aux cendres un peu de chaux; cette méthode eft non-feulement toujours inutile, mais encore quelquefois dangereufe. Les cendres ont par elles-mêmes affez de principes fans avoir recours à ceux de la chaux. On rifque de donner trop d'activité au fol, ce qui fait que la plante pouffe trop en herbe. Ainfi, il faut pour toute addition fe borner à la pelade du fol.

Quant à la faifon la plus propre à l'incineration, c'eft la mi-Mai. La furface de la terre eft alors en état d'être calcinée: parce que les pluyes du mois d'Avril ont fait pouffer l'herbe, & que les cha-leurs qui leur fuccédent ordinairement, ont feché le fol.

Dès que le brulis a été répandu, il ne refte plus qu'à labourer légerement ; il faut bien éviter de caver profondément : il suffit de renverser la superficie sur les cendres, ensuite on seme le bled.

Outre l'avantage de fertilisation, l'incineration a encore celui d'épargner la moitié de la semence. Il y a beaucoup de profit en semant du froment la premiere année qu'on a répandu du brulis sur le terrein ; il est vrai qu'il faut avoir l'attention de semer tard, c'est-à-dire au commencement de Novembre.

Ce qui devroit mettre cet engrais en grande recommandation, c'est qu'il ne convient en général qu'aux sols les plus mauvais, & qu'il y réussit toujours, pourvu qu'il soit bien administré ; car on doit éviter le brulis sur les sols riches : il ne s'adapte point du tout à la nature des sols pierreux, graveleux, ou crayeux ; cette méthode ne convient gueres qu'aux pelades stériles qui n'ont jamais été labottrées, ou qui l'ont été fort peu.

La fertilité du brulis ne dure que trois ans : après ce tems, le sol retombe dans sa premiere stérilité. Comme le brulis force le sol, il l'épuise, & il ne produit plus rien qu'après une jachere de dix ou douze ans.

Cependant il y a du remede à cet inconvénient. Il faut donc pour perpétuer la fertilité d'un sol qu'on a tiré de son inaction, que le Cultivateur après la premiere moisson, rafraîchisse son terrein avec des engrais ordinaires, & qu'il continue de le cultiver suivant la méthode des bons sols.

S'il a de la marne (& nous avons fait voir qu'il est presqu'impossible qu'il n'en ait point), il doit avoir l'attention d'en répandre, mais en petite quantité, entre la premiere & la seconde récolte ; c'est ainsi que son terrein sera aussi bonifié que les autres terreins marnés, & que recevant la même culture, il produira les mêmes avantages.

Au défaut de marne, on se sert du fumier, ou ce qui est encore mieux, d'une composition de fumier de cheval, de fumier de vaches & de vase de riviere.

Quoique nous ayons dit que le brulis ne convient qu'aux sols les plus stériles, il ne faut point le prendre à la rigueur. Les sols moins mauvais, c'est-à-dire, qui sont médiocres, tirent de grands avantages de cette culture ; car nous avons vû l'excellence des cendres, nous avons vû aussi que la terre s'amende par la chaleur que lui communiquent les matieres végétales que l'on brûle sur sa superficie : or, il est certain que les cendres peuvent être un très-bon engrais pour des sols qui n'exigent pas une incineration complette ;

plette; & fi l'on communique en même tems la chaleur à ces fols, l'effet fera encore plus fenfible. Ainfi tout Cultivateur qui veut répandre des cendres fur un champ , doit les faire fur le terrein même ; afin de communiquer en même tems de la chaleur au fol; cette méthode eft pratiquée en plufieurs endroits : comme on ne brûle pas le gazon dans cette opération , nous la nommerons incineration bâtarde; nous allons voir la façon de l'adminiftrer, & les avantages qui en réfultent.

CHAPITRE XLIV.

De l'Incineration bâtarde.

SI nous confultons les Auteurs , nous voyons que l'incineration dont nous venons de parler eft très - ancienne : mais l'inciné-ration bâtarde , non-feulement remonte plus loin, elle a été même de tout tems univerfellement pratiquée. Il n'y a que quelques Auteurs qui ayent parlé du brulis du fol ; mais tous fe font réunis à confeiller de brûler fur le fol fes productions, comme fougere, genêt, chaume ; c'eft pourquoi nous avons défigné ce brulis fous le nom d'incineration bâtarde, comprenant fous cette dénomination, tout brulis du produit de la terre , excepté le brulis du fol même.

Il eft certain que les cendres font par elles-mêmes un excellent engrais ; mais on donne dix fois plus de fertilité quand on les fait fur le fol.

Nous lifons dans les relations qui nous viennent des Indes Orien-tales, qu'on y brûle univerfellement le chaume , foudain après que la récolte eft faite pour préparer la terre à recevoir de nou-velles femences. Dans celles de l'Amérique, nous voyons que les naturels du pays font dans l'habitude de répandre fur leur terrein du bois fec, & de l'y brûler. Cette opération n'eft pas fi violente que celle de brûler le gazon, & elle n'appauvrit pas dans la fuite le fol.

Un bon Cultivateur prend des leçons utiles de quelque part qu'el-les lui viennent; pourvu qu'elles foient fondées en raifon, & éta-blies par l'expérience : ne rougiffons donc pas de celles que les Sauvages nous donnent; il eft certain que partout où le bois eft abondant, on feroit fort bien de répandre du petit bois fec dans un champ moiffonné, & d'y mettre le feu pour réduire le chaume en cendres.

Nous allons confidérer l'incineration bâtarde de quatre façons différentes. Premiérement, comme quand on brûle de mauvaises herbes sur les terres humides ; secondement, quand on brûle le chaume sur les terres à bled ; troisiémement, quand on brûle les productions des pelades & des communes ; quatriemement, quand on apporte des matériaux combustibles sur le sol pour les y brûler.

La méthode de brûler les mauvaises herbes sur les terres humides, est fondée sur l'expérience. Dans ces terreins, l'herbe est ordinairement aigre & courte ; il y croît une espece de mauvaise herbe, dont les feuilles occupent beaucoup d'espace, & étouffent la bonne ; ses feuilles sont ordinairement jaunes, & paroissent languissantes & fanées : vers le mois d'Octobre, elles se sechent & deviennent pailleuses : elles couvrent alors la terre de façon qu'à peine on peut appercevoir une pointe d'herbe : il faut alors les brûler. On doit pour cette opération choisir un jour sec avec un vent moderé : on prend le vent & on met le feu à un bord du champ, afin que la flamme poussée par le vent, la porte dans tout le terrein : on attend que les cendres ayent été un peu humectées par la premiere pluye, & soudain après on seme le champ bien épais avec de la graine de foin.

Il arrive souvent que le vent emporte toutes les cendres ; mais de cet évenement, on ne doit pas conclure qu'on ait perdu ses peines. La chaleur du brulis a tué les racines de ces mauvaises herbes, qui se nourrissent toujours au depens de la surface, & a préparé le sol pour recevoir la semence qui germine soudain, prend racine & gagne le dessus ; de sorte qu'au printems, elle est d'une vigueur étonnante. Ainsi cette méthode produit toujours une bonne récolte de foin, quelque contraire que le vent ait été lors du brulis. Mais si la pluye est survenue soudain après que les herbes ont été brûlées, & si elle a enterré les cendres avec la semence, la récolte est surprenante, & l'on ne voit plus de mauvaises herbes.

En d'autres endroits bas & humides où le sol est spongieux & couvert d'ajoncs, on écobue le gazon : on le brûle sur le sol, & l'on y seme de la graine de foin. C'est à proprement parler l'autre incineration ; & comme l'herbe n'épuise pas un sol autant que le bled, ce terrein formera pendant plusieurs années un pâturage excellent sans autre culture.

Cette opération est absolument indispensable dans cette espece de terrein ; parce que le seul brulis des mauvaises herbes n'est point capable de pomper la grande humidité qu'il contient, & que d'ailleurs cette culture est trop légere pour détruire les ajoncs.

Ainsi, regle générale & établie sur une chaîne d'expériences ; le brulis du seul chaume, quoique le résultat soit en très-petite quantité, amende mieux un fol que quatre fois autant de cendres qu'on y apporte.

L'expérience nous apprend encore, que le brulis réuffit parfaitement fur les terres qui donnent beaucoup de paille & peu d'épis ; car on voit fouvent des terres qui produifent de grandes tiges & de petits épis ; tandis que d'autres fourniffent un épi long & plein, & prefque point de paille, phénomene dont le Phyficien le plus verfé ne peut rendre raifon. Il faut donc s'en tenir à l'expérience, principalement en Agriculture : elle nous apprend que nous pouvons faire de ces fols les meilleures terres par le fecours du brulis fait fur elles-mêmes.

Nous avertiffons qu'il convient de labourer au moins à fix pieds de diftance tout le long de la haye, parce qu'il pourroit arriver que la flamme pouffée par le vent l'enflammeroit, & qu'il pourroit en réfulter des progrès très-préjudiciables que l'on ne pourroit point arrêter.

Si l'on veut encore donner une plus grande activité au brulis, on peut mêler un peu de chaux aux cendres de chaume, & labourer le tout enfemble après que la chaux a été éteinte par deux ou trois pluyes. Nous avons vû des effets puiffans de cet engrais ; c'eft pourquoi nous ne fçaurions trop recommander ce mélange.

On ne connoît pas affez en France l'avantage qu'il y auroit en brûlant les communes ftériles fans toucher au gazon. La vraie façon d'y procéder eft de lever avec la bêche toutes les racines des plantes fortes, comme celles des bruyeres, des genêts & autres, d'en faire de petits tas, jettant par-deffus la terre qu'on a levé avec les racines. Ces tas étant une fois préparés, on y met le feu dans un jour calme : ils fe réduifent promptement ; la terre qu'on a jettée fe trouve bien calcinée & devient avec les cendres un excellent engrais. Il eft inutile de toucher à ces tas qu'ils n'ayent été humectés par quelque pluye ; alors le Cultivateur doit choifir un jour fec & calme pour les répandre réguliérement & les enterrer par le labour auffi-tôt qu'il lui fera poffible.

Quand le fol de ces communes eft léger, il convient de mêler demi boiffeau de chaux avec chaque tas de cendres. On laiffe le tout enfemble jufqu'à ce que la chaux ait été éteinte & les cendres humectées par la pluye ; mais il faut bien fe donner de garde de faire ce mélange fi le fol eft argilleux.

Au refte, malgré toutes les précautions que nous prenons pour inftruire le Cultivateur, & qui nous jettent dans une efpece de prolixité, le raifonnement & le bon fens doivent le guider dans l'ufage de tous ces amendemens : s'il n'adapte fon engrais & la maniere de s'en servir à la nature de son terrein, il verra toujours ses espérances trahies.

En général l'incinération bâtardé ne réussit pas si bien que l'incinération parfaite, quoiqu'il y ait cependant des cas où il n'est point à propos de faire usage de celle-ci; mais partout où l'on peut la pratiquer, les frais ne doivent point étonner le Cultivateur, ses avances seront payées avec usure.

Quand cette méthode a été soigneusement exécutée sur un sol convenable, quelque stérile qu'il soit, les cendres, la terre calcinée, la chaux, & la chaleur qu'il a reçu sous & autour des tas, le fertilisent de façon qu'il est impossible de trouver un engrais plus efficace.

La derniere façon enfin de procéder à l'incinération bâtardé, c'est d'apporter de petites branches ou morceaux de bois, de bruyeres, de genêt, du chaume, & autres matieres combustibles sur le sol, pour les y réduire en cendres. Nous voyons des Auteurs avancer hardiment, que cette pratique ne produit pas plus d'effet que lorsqu'on y apporte les cendres faites; mais ils ne voyent point que l'on perd l'effet de la chaleur, qui assurément mérite quelque considération.

Pour s'en convaincre, qu'on amende uniformément un sol avec des cendres faites par la méthode des tas; que l'on mêle ou non de la chaux ou bruiis, que par l'effet du labour on incorpore bien également au sol cet engrais, on verra, il est vrai, une récolte belle partout. Mais on remarquera des espaces ronds où le bled sera plus beau & plus fin; & ces espaces seront précisément les endroits sur lesquels les tas ont été brûlés. Ainsi en partant de cette observation, il faut conclure qu'il n'y a que la chaleur, que les tas ont communiquée au sol, qui puisse produire cette fertilité particuliere; cette leçon doit être toujours présente au Cultivateur qui veut donner à ses terres la culture des cendres. Il ne doit jamais oublier qu'il doit les faire sur le sol. On remarque encore, que plus les matériaux sont légers, plus il y a de fertilité dans leurs cendres; de sorte qu'il est très-aisé de s'en procurer à peu de frais.

Description des deux planches.

Planche premiere, figure septiéme A A. Parquement de moutons; B. Berger. Figure 8. CC. Bergerie. D. Mangeoires qui sont au pourtour intérieur de la Bergerie. F F. Partie de la Bergerie ouverte, afin que les moutons soient toujours exposés au grand air. E E deux Mangeoires adossées l'une contre l'autre, & qui

Fig. 7.me
Fig. 8.me
A
C
F
D
I H G
Fig. 9.me
D C E E E E E B A

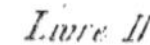

Fig. 3.me
Fig. 4.me
D
C
E
I
K
B
I
B
F
B
C
B
Fig. 2.de
B
Fig. 5.me
E E
D D
A
B
Fig. 1.ere
A
Fig. 6.me
A
C

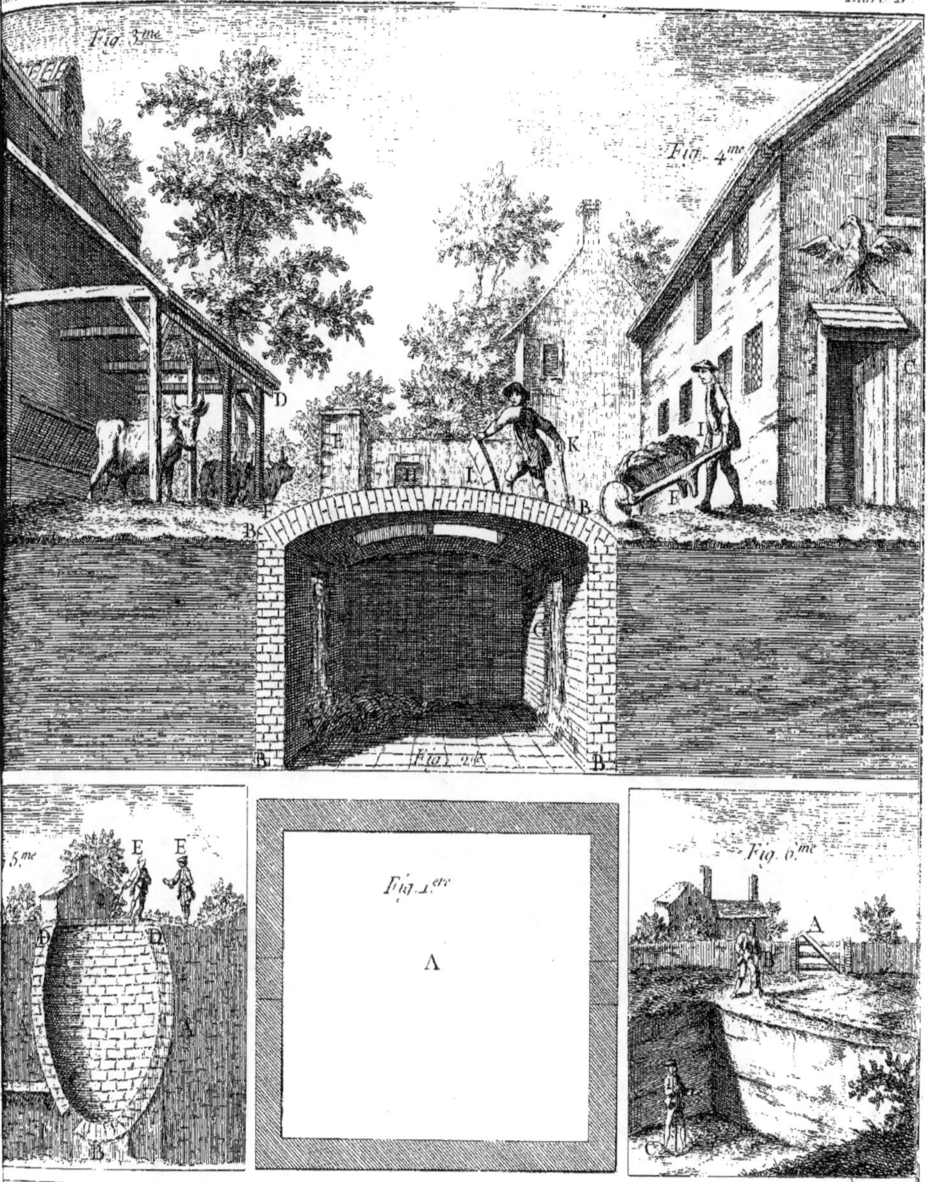

paſſent par le centre de l'un à l'autre bout de la Bergerie. G.
Homme qui leve de la terre pour la répandre ſur le ſol de la Bergerie. HH bêche à pied. I Brouette.

Figure neuviéme. A. pointe de la ſonde qui eſt d'acier. B. rainure de la ſonde , dans laquelle la terre entre telle qu'elle eſt ſous la
ſuperficie. C Manivelle qui ſert de manche à la ſonde. D Extrémité de la ſonde faite en écroue pour l'allonger quand on veut
ſonder plus profondément. E E E E E Sections de la ſonde
pratiquées de ſix en ſix pouces. Nous donnerons une ſonde dans
le troiſiéme Volume, qui ſera, & plus commode & plus ſûre pour
diſtinguer plus parfaitement les différentes couches qui ſont ſous
le ſol.

Planche ſeconde , Figure premiere. A. Plan de la foſſe à fumier.

Figure ſeconde BBBB élevation de la foſſe.

Figure troiſiéme D étable à vache.

Figure quatriéme C écurie. E Baſſe-cour F G. F G conduits de
l'écurie & de l'étable qui donnent dans la foſſe. H conduit de la
Baſſe-cour qui donne auſſi dans la foſſe. I Homme qui y brouette
du fumier. K Homme qui leve la trape L. de la foſſe.

Fin du premier Volume.

A V I S.

Pour répondre à l'empreſſement que les Provinces ont de recevoir l'Ouvrage complet, nous avons redoublé d'activité. Ainſi , au lieu
d'un Volume , nous en promettons deux , en ſuppoſant que les Gra-
veurs qui paroiſſent ſe prêter à notre zele , nous tiennent parole ;
mais choſe certaine , & de laquelle nous répondons au Public , on peut
compter ſur un d'un tiers plus fort que celui-ci pour le courant du mois
de Décembre ; nous ſommes déja en poſſeſſion de toutes les Planches
qui y ont du rapport. On nous obligera infiniment , ſi l'on apperçoit quelqu'erreur dans ces deux premiers Volumes , en nous les faiſant obſerver. Nous avons le bien public pour unique objet ; nous ne
craignons point de nous humilier par la rétractation ; nous ſerions au
contraire charmés qu'il n'y eût rien qui nous appartînt dans tout le Corps
de cet Ouvrage. Le ſeul titre d'Editeurs d'un Livre ſi utile rempliroit
toute notre ambition. Voilà la proteſtation publique & ſincere que nous
faiſons : on ne nous verra jamais la démentir.

TABLE

DES CHAPITRES

C ONTENUS DANS LE PREMIER VOLUME.

LIVRE II.

PREMIERE PARTIE.

PARTIE II

Des Engrais artificiels.

Fin de la Table des Chapitres du premier Tome.